SNS マーケティングのやさしい教科書。

写真・動画から広告まで、
ビジネスを加速させる最新技術

改訂4版

株式会社グローバルリンクジャパン／清水将之 著

エムディエヌコーポレーション

はじめに

『SNSマーケティングのやさしい教科書』の2024年改訂版は、Instagram、X（旧Twitter）、Facebookだけでなく 、YouTubeとTikTokという新たなプラットフォームを含めた最新のSNSマーケティング戦略を提供します。2016年の初版以降、SNSはビジネスにとって不可欠なツールとして定着しましたが、私たちは流行に流されることなく、長期的に価値を提供する普遍的な原則にフォーカスしています。

本書では、各SNSが提供する独自の機能と、それらをいかにしてビジネス戦略に組み込むかについて解説しています。視聴者の関心を引き、関与を深めるためのコンテンツの創造、共感を呼ぶブランドストーリーの構築、そしてコミュニティとの持続的な対話を通じて信頼関係を築く方法を探求します。これらは、プラットフォームの急速な変化やユーザー行動の変動に左右されず、一貫して適用可能な戦略です。

また、SNS運用の複雑さに対応するために、チーム内でのノウハウの共有と蓄積の重要性、および効果測定のための実践的アプローチについても言及します。ビジネスと顧客との間に橋渡しをするSNSの力を最大限に活用するための洞察を提供することを目的としています。

本書が、皆様が直面するかもしれないSNSマーケティングの課題に対する解決策を見つけ、ビジネスの加速に寄与することを願っています。本書を通じて、持続可能なマーケティングの実践につながる知識を提供できればと思います。本書の改訂にご協力いただいたすべての方に、心からの感謝を申し上げます。

株式会社グローバルリンクジャパン／清水将之

CONTENTS

CHAPTER 1 SNSマーケティングとは

CHAPTER 2 Instagramマーケティング

CHAPTER
3 X マーケティング

CHAPTER

4 YouTube マーケティング

CHAPTER

5 TikTok マーケティング

CHAPTER

6 Facebook マーケティング

CHAPTER

7 SNSマーケティングの分析と改善

CHAPTER

8 SNSマーケティング活用事例

本書の使い方

本書はSNSマーケティングについて知りたい方、実際に導入して活用してみたい方を対象に、基礎的なSNSマーケティングの知識から、Instagram、X、TikTokをはじめとしたSNSを活用したマーケティングを基本から、導入、運用、分析まで解説したSNSマーケティングの入門書です。本書は8つの章に分かれており、各ページは以下のように構成されています。

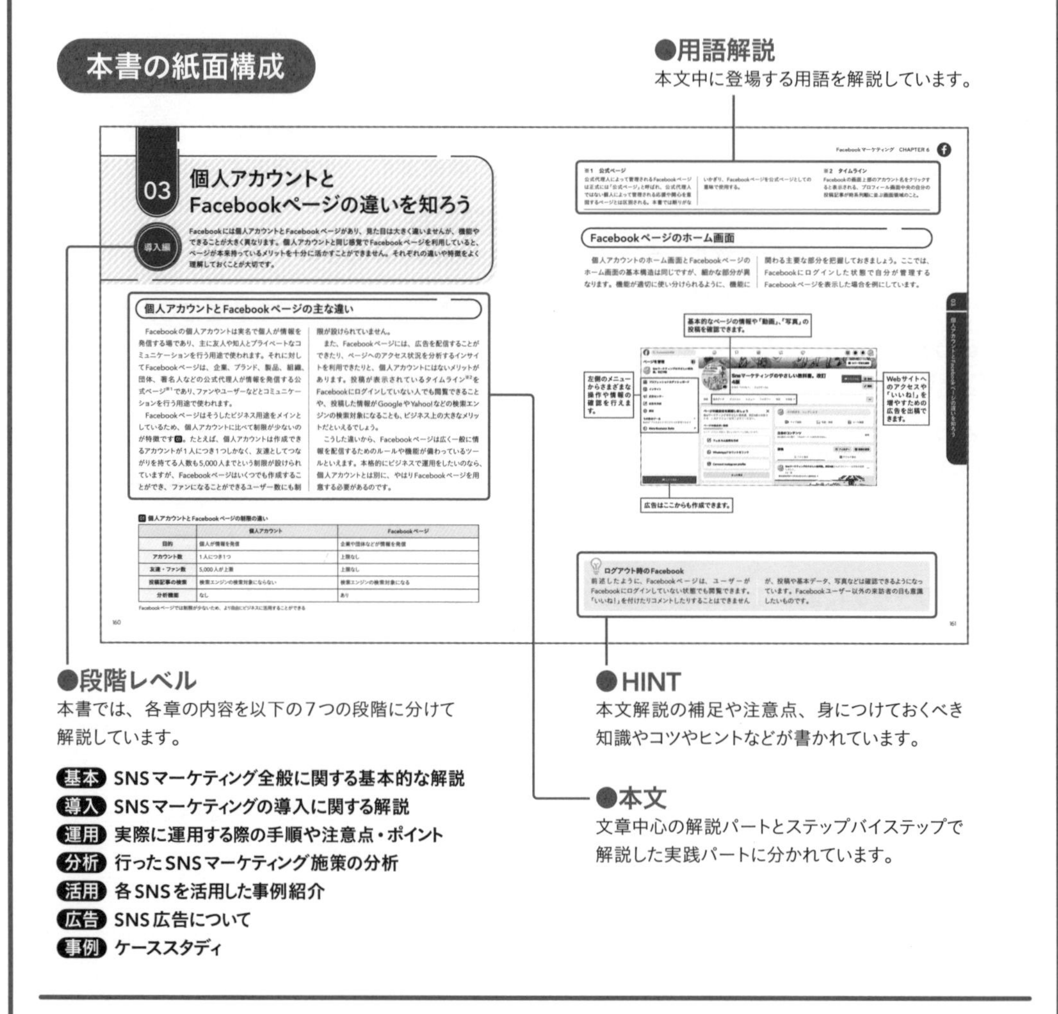

ご注意

本書に掲載されている情報は2024年3月現在のものです。以降の技術仕様の変更等により、記載されている内容が実際と異なる場合があります。また、本書に記載されている固有名詞・サイト名やURLについても、予告なく変更される場合があります。あらかじめご了承ください。

CHAPTER 1

SNSマーケティングとは

Webを活用したマーケティング手法が日々進化を続けている中で、Instagramや X（旧Twitter）、TiKTokなどといった人気のSNSを活用する「SNSマーケティング」の存在感はさらに高まっています。どういった理由でSNSマーケティングが注目され続け、どのような活用が有効なのでしょうか。

01 Webマーケティングの現状を把握しよう

Webマーケティングの手法は、ITやメディア、社会の変化にともなって、目まぐるしく発展を続けています。そのような状況の中、さらに存在感を増しているのがSNS（ソーシャルネットワーキングサービス）の活用です。では、どのような背景からSNSの活用が注目され続けているのでしょうか。SNSの観点から、まずWebマーケティングの現状を把握しておきましょう。

Webマーケティングにおける SNS

Webマーケティングとひと口にいっても、SEO[※1]対策やWeb広告など、実にさまざまな施策があります。これらはITや社会の変化に応じて絶えず変化を遂げているため、まずは現在の主要な施策の状況から把握しておきましょう。

富士通総研経済研究所の調査によれば、デジタルマーケティング手法やツールの利用率でもっとも高い割合を占めるのは、インターネット広告です 01。上位の施策を見るかぎり、商品・サービスなどの情報配信やSEO対策などで自社サイトに集客し、アクセス解析でWebサイト改善をしている企業が多いとうかがわれ、SNSを活用した施策は、スタンダードな施策になりつつある状況です。その割合は69.0%と高い割合になっており、SEO対策との差も2.6%程度で、数年前に比べるとその差は僅差になりつつあります。

さらに、株式会社テスティーの調査によれば、欲しいものの情報収集方法として「SNS」は男性で37.5%、女性で59.5%という状況になっているようです 02。SNSマーケティングもスタンダードな施策として認識されてきているのはないでしょうか。

01 企業が実施しているWebマーケティング施策

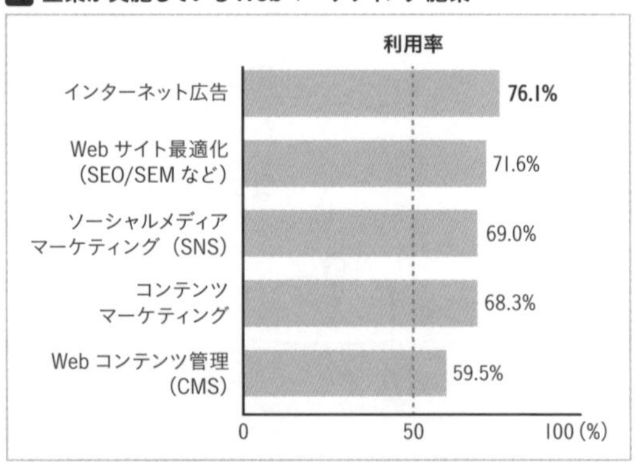

出典：富士通総研経済研究所「大企業のデジタルマーケティング取り組み実態調査」
https://www.fujitsu.com/jp/solutions/industry/manufacturing/contents/fi2019-5gad/fujitsu_theme04_report01.pdf

02 欲しいものの情報の入手先

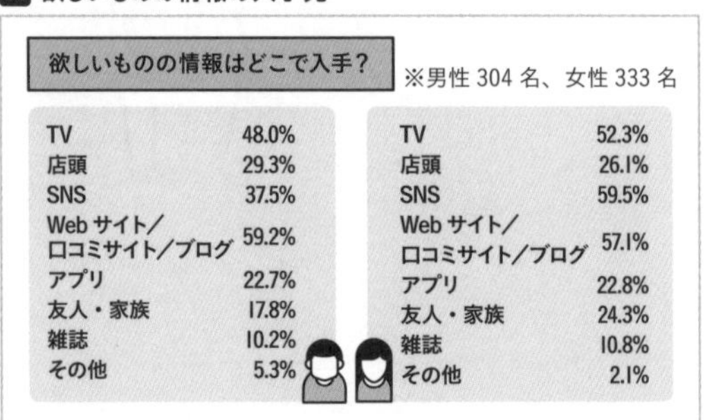

出典：株式会社テスティー『「SNSとEC」に関する調査』
https://ecnomikata.com/column/26944/

※1　SEO
GoogleやYahoo!などの検索エンジンの検索結果ページで、Webページが上位に載ることを目的として行う施策のこと。Search Engine Optimizationの略。

過熱するコンテンツマーケティング

ところで、企業が実施しているWebマーケティング施策の中で、注目されているのがコンテンツマーケティングです。コンテンツマーケティングとは、ユーザーにとって必要とされるコンテンツを積極的に提供することで、顧客獲得を加速させるマーケティング手法です03。Webサイトを検索エンジンの上位に表示させるSEO対策においても、有用なコンテンツを提供することが非常に効果的になってきています。

コンテンツマーケティングでは主に、自社サイトや自社ブログへの流入を目的とした施策と、SNSでの情報の拡散を目的とした施策がありますが、国内ではSNSを活用した施策が主流となっています。その意味でも、SNSを活用することが有効だといえるでしょう。

03 コンテンツマーケティングのイメージ

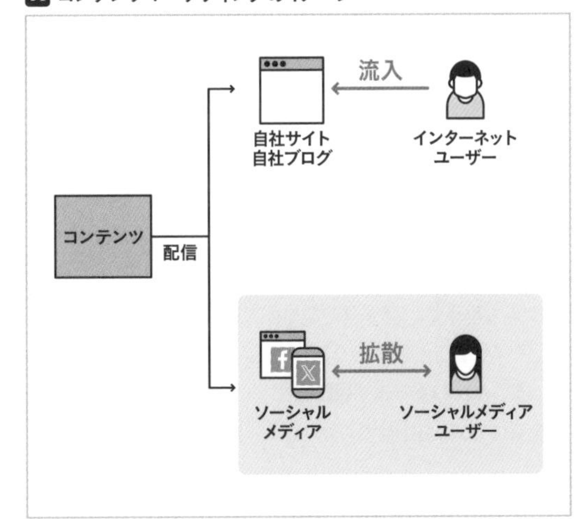

コンテンツマーケティングを行ううえでも、SNSの活用はますます重要になってきている

SNSユーザーの増加

SNSユーザー数にも注目してみましょう。2022年末には約8,270万人に増加しており、2024年末には約8,388万人にまで増加することが予測されています04。また、インターネット利用人口に対するSNSユーザーの割合は2022年末時点で82.0%となっており、インターネットユーザーの8割が利用しているこの状況を考えると、WebマーケティングにおいてやはりSNSは無視できない存在です。まだまだSNSが効果的に活用できていない企業こそ、反対にうまく活用すればチャンスが広がるといえるでしょう。

04 日本におけるSNS利用者数

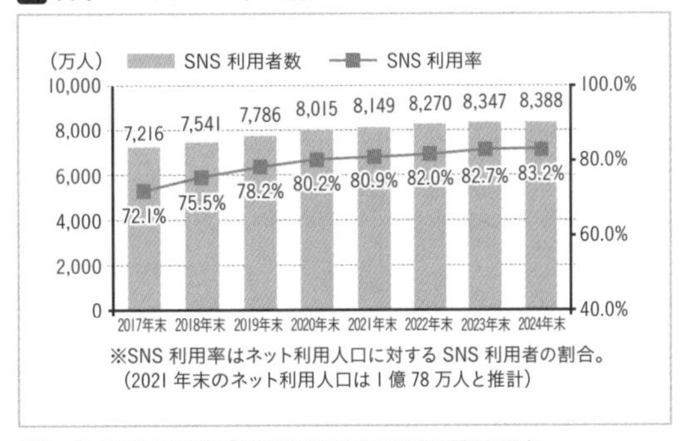

出典：株式会社ICT総研「2022年度SNS利用動向に関する調査」
https://ictr.co.jp/report/20220517-2.html/

02 スマートフォンの普及で高まるSNSの存在感

前のセクションでは、Webマーケティングにおいて高まりつつあるSNSの存在感に触れました。ここではさらに詳しく、SNSがますます重要になってきている理由について、スマートフォンの普及とからめて解説します。SNSマーケティングを展開するうえでのヒントにもなるため、しっかりと把握しておきましょう。

パソコンからのインターネットユーザー数は減少傾向

総務省の調査によれば、2022年末のインターネット利用率は84.9%であり、パソコンとスマートフォンの内訳を見てみると、パソコンからの利用者数は48.5%に対し、スマートフォンからの利用者は71.2%と大きく上回っていることがわかります01。

企業のWeb担当者であれば、自社サイトのアクセスログを見る機会が多いと思いますが、新たな集客施策を打ち出していない場合、前年比で大幅にアクセス数が伸びている企業は少ないのではないでしょうか。筆者の会社でも、顧客のWebサイトのアクセス数を分析する機会がありますが、パソコン経由のユーザーの流入数が減少しているケースを目にする機会が増えてきました。

01 インターネット利用端末の種類

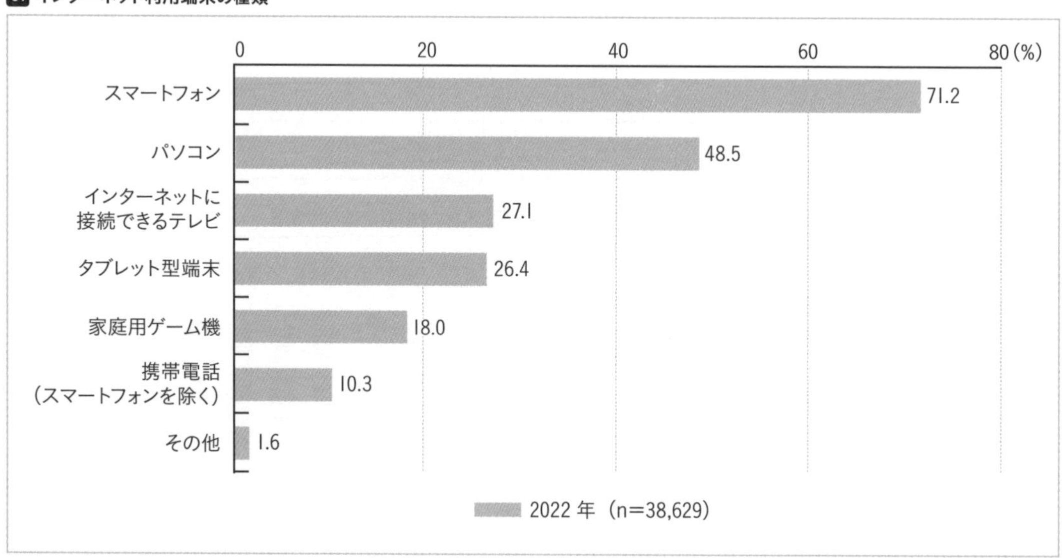

出典：総務省「令和4年通信利用動向調査」
https://www.soumu.go.jp/johotsusintokei/statistics/data/230529_1.pdf

企業がもっとも活用しているのはInstagram

これまでの解説で、SNSの存在感がもはや無視できないほどになっていることが再確認できたかと思います。そのためやはり企業としても積極的にSNSを活用すべきといえますが、この数年で新しいSNSが次々と登場し、消費者の好みや行動パターンも大きく移り変わってきました。ひと昔前のように、特定のサービスだけをおさえておけば大丈夫、といえる状況ではありません。

国内では2010年頃から企業のSNS活用が注目されてきましたが、当初は企業としてのアカウント（企業アカウント）を開設しただけで大きな話題になっていたものです。そうした状況から10年以上が経ち、今日ではSNSユーザー数の増加も手伝って、企業アカウントを持つことは特段めずらしいことではなくなりました。その先の施策が続かなければ、うまく活用できない状況なのです。

株式会社ニュートラルワークスによると、企業がもっとも活用しているSNSはInstagramです。そのほかはX、YouTube、LINEと続きます02。一方、今後注力したいSNSとして、InstagramやYouTubeが上位にランキングしています03。

02 企業が活用しているSNS

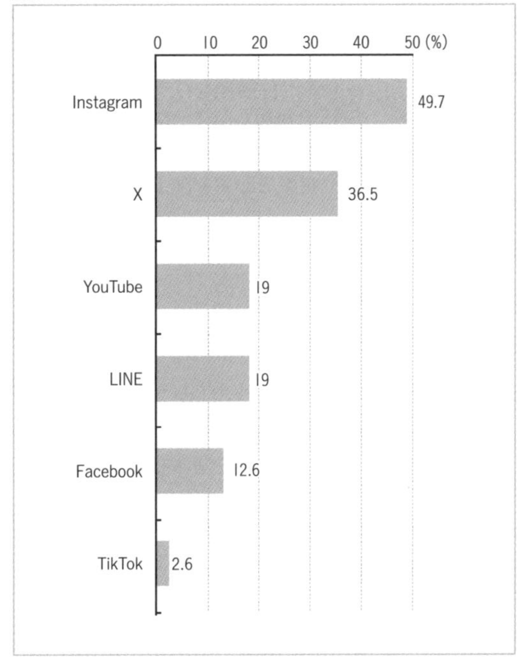

出典：株式会社ニュートラルワークス「企業のSNSマーケティングに関する意識調査」
https://n-works.link/blog/marketing/report-questionnaire-5

03 企業が今後注力したいSNS

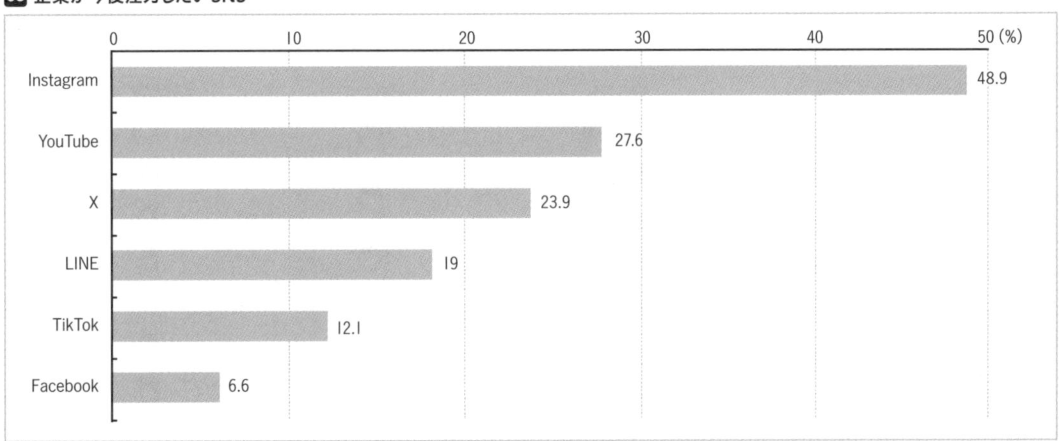

出典：株式会社ニュートラルワークス「企業のSNSマーケティングに関する意識調査」
https://n-works.link/blog/marketing/report-questionnaire-5

03 SNSマーケティングとは

これまでに確認したように、SNSの重要性は見過ごせません。そこで、XやFacebookなどのSNSを利用したマーケティング活動「SNSマーケティング」が大切になるのです。SNSを介してユーザーに有益なコンテンツを提供し、直接コミュニケーションを取ることで、ユーザーの満足度や企業の印象を向上させることが可能です。

SNSマーケティングはユーザー本位

SNSマーケティングを行ううえでもっとも注意したいのは、その本位とすべきは企業ではなく、ユーザーだということです。そのため従来の企業本位のWebマーケティングと同様の運用をしても、多くの場合、期待した効果は得られません。このことを理解するために、まずSNSマーケティングの概要を把握しましょう。01は、SNSマーケティングの一連の流れをまとめたものです。❶コンテンツを❷SNSに投稿することで、❸ユーザーに共感され、❹さらにユーザーの友達にコンテンツが共有されるしくみです。目的にもよりますが、結果として❺Webサイトのコンテンツへのユーザー流入が期待できるほか、SNSマーケティングの最大の特徴でもある❻エンゲージメント※1を得ることで、企業イメージや商品イメージの向上が期待できます。もちろんコンテンツによってはユーザーに共感されないこともあります。その場合は❸以降の流れが途絶えてしまうため、ユーザーを本位とし、いかに共感を得るかがポイントになるのです。

01 SNSマーケティングの流れ

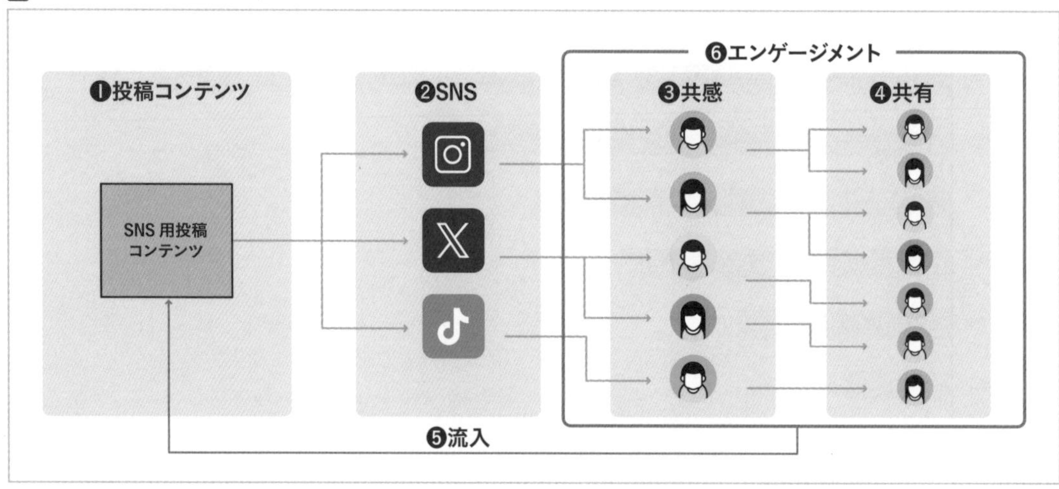

※1　エンゲージメント
企業もしくは商品やブランドと消費者の深い関係性を意味する「愛着度」。消費者は愛着のある対象に積極的に関与し、購買行動に出るため重要になる。SNSマーケティングが発達し、マーケティングに消費者の積極的な関与が見られるようになったことから、従来以上に注目する企業が増えている。効果指標として使う場合は、消費者の積極的な行動で広告などの効果を測ることをいう。

※2　ROI（Return on Investment）
投資対効果を示す指標で、投資したコストに対する利益の割合を表す。SNSマーケティングにおいては、企業のマーケティング戦略における効率性と成果を評価する重要な基準となっている。

SNSマーケティングの効果

SNSマーケティングがビジネス戦略において中心的な役割を担うようになっています。

現代の市場環境では、SNSの有効利用がブランドの第一想起を確保するための鍵となっており、株式会社ニュートラルワークスの調査によれば、企業の多数が予算増の理由として集客や売上の向上を挙げています02。さらに、新規顧客の獲得や、効率的な費用対効果も大きな動機とされており、これは質の高いコンテンツとマーケティングのROI※2に直結しています。

SNSはブランド認知度を高め、顧客エンゲージメントを深め、Webサイトへのトラフィックを増やすなど、企業にとって多岐にわたる利益を提供しており、その結果、SNSマーケティングはビジネスに不可欠な要素となり、その重要性はこれからも拡大していくことが予想されます。

02 SNSマーケティングでの予算増加理由

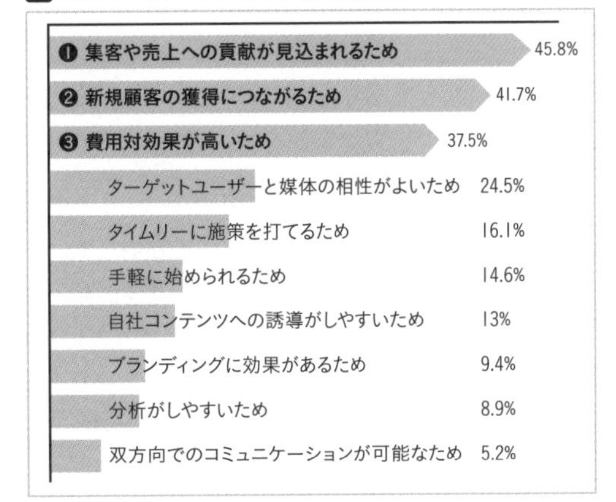

出典：株式会社ニュートラルワークス「企業のSNSマーケティングに関する意識調査」
https://n-works.link/blog/marketing/report-questionnaire-5

複数のSNSを併用する企業が増えている

NTTコムリサーチの調査では、企業によるSNSの併用状況を報告しています03。1種類のSNSを運用している企業は減少しており、7種類以上を運用している企業が大幅に増加しています。7種類以上運用している企業は全体の22.3%となっており、複数のSNSを運用する企業が増加する傾向にあることが確認できます。反対にいえば、少数のSNSを運用するだけでは十分ではないという現状が浮き彫りになっているともいえるでしょう。

03 SNSの併用状況

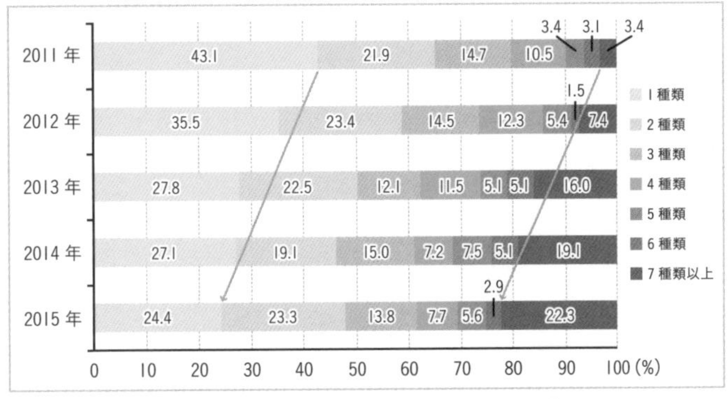

出典：NTTコムリサーチ「第7回 企業におけるソーシャルメディア活用に関する調査」
https://research.nttcoms.com/database/data/001978/

04 SNSの種類と特性を知ろう

基本編

SNSではXやFacebookがとくに有名ですが、近年、ユーザーの細かいニーズに対応したさまざまなサービスが登場し、幅広く活用されるようになっています。SNSにはそれぞれ種類や特性があり、運用にも一長一短があります。運用する前に、各SNSの特性を把握しておきましょう。

各SNSの特徴

すでに何かしらのSNSのアカウントを所有している人はご存知だと思いますが、今日では実にさまざまなSNSが存在します。普段使っているSNSは知っていても、そのほかのSNSはよくわからないという人も少なくないでしょう。SNSが乱立していることで、ユーザーが各SNSに分散しているのと同時に、1人のユーザーが複数のSNSを利用しているという複雑な状況です。このように多様化している理由としては、新しいSNSが次々と登場することを受け、既存のSNSもそれに負けじと常に新しい機能を追加し、差別化を模索し続けていることが挙げられるでしょう。使い方や機能を覚えるだけで精一杯という企業担当者も多いかと思いますが、各SNSごとにユーザーの細かいニーズに応えることが、ますます重要な課題となっています。

まずは主なSNSの特徴をまとめた表を確認してみましょう01。詳細は後述しますが、各SNSごとに、「オープン型かクローズド型か」、「匿名か実名か」、「炎上しやすいか」などの特徴が異なります。適切な運用のためには、こうした違いを把握しておく必要があります。

01 各SNSの主な特徴

	Instagram	X	YouTube	TikTok	Facebook	LINE 公式アカウント
公開のタイプ	オープン型	オープン型	オープン型	オープン型	オープン型	クローズド型
実名／匿名	匿名	匿名	匿名	匿名	実名	匿名
拡散のしやすさ	拡散しやすい	拡散しやすい	拡散しにくい	拡散しやすい	拡散しやすい	拡散しにくい
ハッシュタグ	よく使われる	よく使われる	使われる	よく使われる	あまり使われない	あまり使われない
炎上のしやすさ	炎上しにくい	炎上しやすい	炎上しにくい	炎上しにくい	炎上しにくい	炎上しにくい
企業ページ	なし	なし	あり	あり	あり	あり

同じSNSでも、公開のタイプや炎上のしやすさなどが異なるため、それぞれ運用の仕方も変わってくる

※1　ブランドロイヤリティ
ブランドに対する顧客の執着心の度合いを表す概念。ブランドマーケティングでは、このブランドロイヤリティの向上が追求される。現在のマーケティングにおいては、ブランドをいかに高めるかがより注目されるようになっている。商品の均一化が進み、差別化が難しくなっている場合に、ブランドイメージは重要なアピールポイントになり、継続的な購買の理由付けとなる。

※2　ハンドルネーム
ネット上で、掲示板やブログなどに書き込みをしようとするときに使われる名前。ハンドルとも。多くの場合、本名とは違うものが使われる。

オープン型とクローズド型

まず公開のタイプから見ていきましょう。SNSに投稿した内容が不特定多数のユーザーに公開されるものをオープン型といい、反対に特定のユーザーにしか公開されないものをクローズド型といいます02（SNSによってはユーザーが公開範囲を切り替えられますが、01ではデフォルトの設定で分類しています）。一般的に企業が利用しやすいのは、多くのユーザーに閲覧される可能性が高いオープン型ですが、特定のユーザーを囲い込み、ブランドロイヤリティ※1を向上させるにはクローズド型のほうが有利でしょう。

02 公開のタイプによる違い

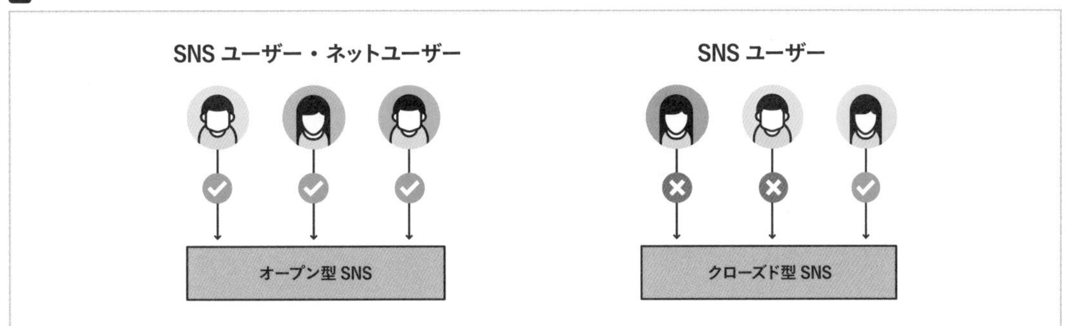

実名と匿名

実名で登録するSNSと匿名で登録できるSNSの違いも大きなものです03。実名登録が原則とされている主なSNSはFacebookのみですが、そのほかのSNSでも実名での登録は可能なため、Facebookのみ匿名での登録が推奨されていないという表現が正しいかもしれません。企業が運用する場合はアカウントを社名やブランド名などで登録するため違いはありませんが、問題はユーザー側です。Web上の犯罪を警戒したり、自由な活動を求めたりする意見が根強く、匿名性を重視するユーザーが多数いるからです。

03 実名SNSと匿名SNSの違い

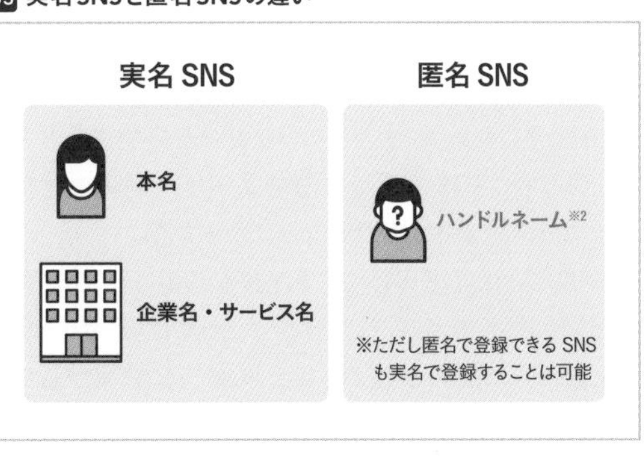

ハッシュタグ

ハッシュタグとは、X発祥の情報共有ラベルです。「#」とキーワードを組み合わせて、「#flower」などと表現されます。前後に半角スペースを入れてハッシュタグを投稿内容に挿入すると、ハッシュタグがリンクになり、そのハッシュタグをクリックするなどして検索すると、同じハッシュタグが付いた投稿が検索画面で一覧表示できます04。特定のイベントや同じ趣味を共有する仲間たちの間で事前に任意のハッシュタグを決めておき、それを本文に挿入して投稿するようにすれば、一連の仲間どうしのポストを一度に拾いあげて閲覧することができます。X以外のSNSでも同様に使われることがありますが、このハッシュタグが頻繁に使用されるSNSは、こうした情報共有がしやすいことになります。

04 ハッシュタグの使用イメージ

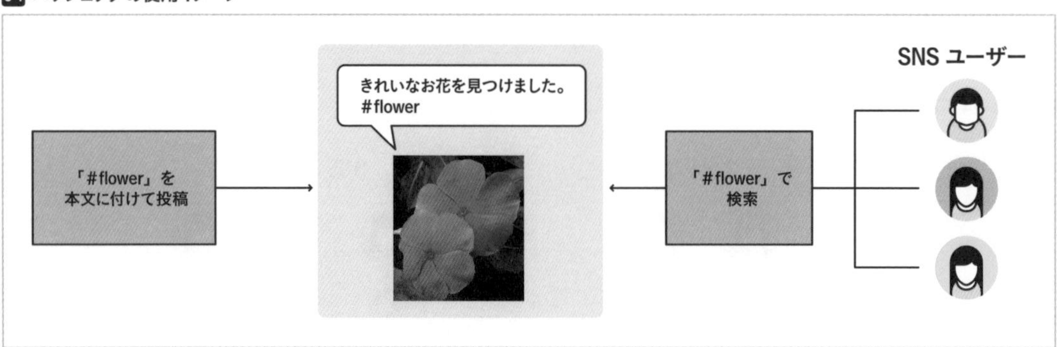

特定のハッシュタグで検索すれば、同じハッシュタグが付いた投稿にすばやくアクセスできる

炎上

SNSの運用でいちばん問題になるのが、燃えあがるように批判の的となる、いわゆる「炎上」です。SNSにかぎらず、各メディアに配信された情報は炎上するリスクがあるため、炎上を100%回避することは困難ですが、リスクを軽減することは可能です。ネット炎上に関する意識調査にもありますが、コンテンツ自体で炎上するというよりも、SNSの活用方法やユーザー対応、オフラインでの活動が主な原因となっています05。

SNSごとに炎上のしやすさが異なるのは、主に匿名性が理由と考えられます。たとえば実名SNSのFacebookは匿名SNSのXほど攻撃的な発言がしづらく、炎上しにくいのです。

05 インターネットでの炎上もと媒体（件数）

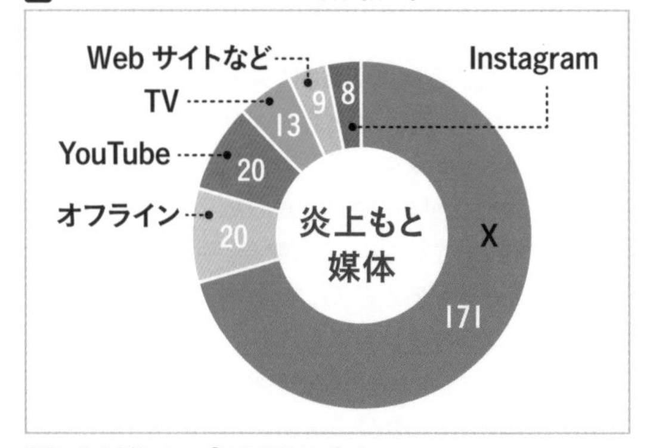

出典：株式会社コムニコ「2022年炎上レポート」
https://www.comnico.jp/news/snstroublereport2022

※3 シェア
Facebookにおける情報共有機能の1つ。写真や近況や、お気に入りのWebサイトを書き込むことで、友達と共有することができる。友達の投稿した写真やリンクも対象にすることが可能。共有の範囲が定められることもあり、多数のユーザーに迅速に情報を発信・共有することが可能になっているため、企業におけるマーケティングの側面からも注目されている。

拡散のしくみ

SNSで炎上しやすいということは、裏を返せばそれだけ情報が拡散しやすいしくみが、SNSにあるからだといえるでしょう。実際にこの拡散性の高さこそが、SNSの最大の特徴であり長所であるともいえるのです。SNSに投稿した内容がユーザーによって拡散されれば、さらに多くのユーザーの目に触れる機会が増えるため、認知度の向上やWebサイトへのユーザー流入などの効果が期待できます。こうした「拡散しやすいしくみ」に期待して、SNSを活用している企業は多いのではないでしょうか。

「拡散しやすいしくみ」についてより具体的に踏み込むと、Xであれば「リポスト」、Facebookであれば「シェア」[※3]や「いいね!」などが、代表的なものとして挙げられます。いずれも、投稿された内容を誰かと共有したい場合や伝えたい場合に使われる機能です。このような拡散のしやすさがSNSの大きなメリットですが、前述した炎上のように、企業にとって広まってほしくない内容も瞬く間に拡散されるというデメリットがあることには、十分に注意しなければなりません。

また、前述したオープン型／クローズド型という公開のタイプで、拡散の仕方に違いがあることも重要なポイントです。Xなどのオープン型SNSでは不特定多数のユーザーの目に投稿が触れるので、一般的に拡散性が高いといわれています。一方、クローズド型SNSは、基本的には特定のユーザーにしか投稿が公開されないため、オープン型と比べると投稿が拡散されにくい特性があるのです06。

06 公開のタイプによる投稿の拡散性

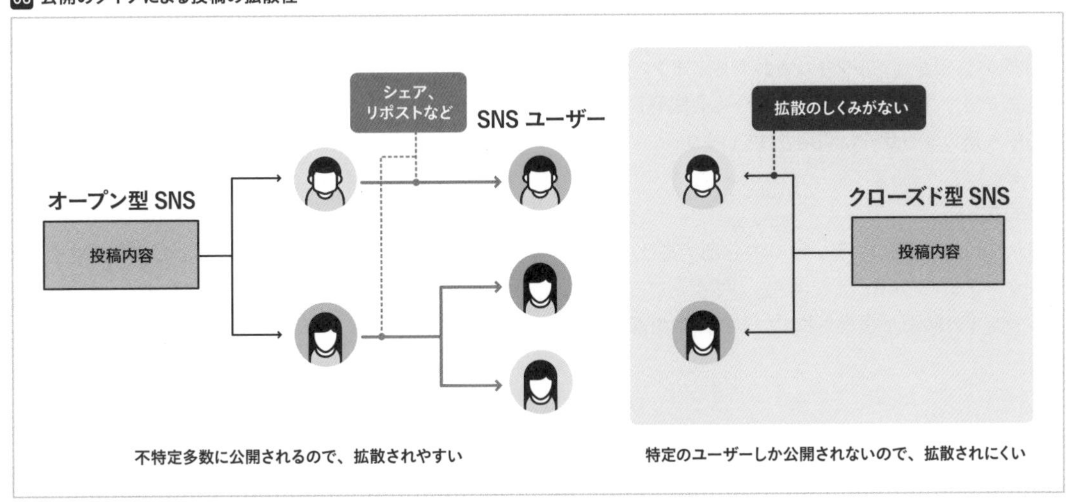

オープン型SNSでは投稿内容が拡散されやすいが、クローズド型SNSでは拡散されにくい特徴がある

05

年齢別、性別、コンテンツ別に向いているSNS

SNSは、年齢、性別、コンテンツの種類に応じて異なる効果を発揮します。ここでは、Instagram、X、YouTube、TikTok、Facebookの5つの主要なSNSに焦点を当てて、それぞれがもっとも適している目的やユーザー層を解説します。

各SNSで効果的なコンテンツ

◎Instagram

Instagramは視覚的なコンテンツに特化しており、ファッション、食品、旅行、アートなどの分野で高い人気を誇ります。若年層から中年層まで幅広い年齢層に利用されていますが、とくに20代から30代の女性ユーザーに人気があります。ブランドの認知度向上や商品の宣伝に非常に効果的です。

◎X

Xは情報の速報性と簡潔さに優れています。政治、ニュース、スポーツ、エンターテインメントなど、幅広い分野の情報がリアルタイムで共有されます。年齢層は比較的広いですが、とくに政治や社会問題に関心のある中年層のユーザーに利用されています。

◎YouTube

YouTubeは動画コンテンツの中心地であり、教育、エンターテインメント、ビジネス、ハウツーなど、幅広いジャンルの動画が投稿されています。年齢層は非常に広く、個人の趣味から専門的な知識の共有まで、多岐にわたる目的で使用されます。長い動画コンテンツに適しており、詳細な情報提供やブランドストーリーの展開に利用されます。

◎TikTok

TikTokは短い動画コンテンツを中心に展開しており、エンターテインメント性の高いコンテンツが人気です。若年層に圧倒的な人気を誇り、ダンス、音楽、コメディなどのジャンルがとくに好まれます。ブランドの若年層へのアプローチやトレンドの形成に最適です。

◎Facebook

Facebookは年齢層が広く、とくに中年層以上のユーザーに人気があります。家族や友人とのつながりを保つ目的で使われることが多く、地域コミュニティや趣味のグループなどにも利用されています。ビジネスやイベントの宣伝、コミュニティ形成に適しています。

01 各SNSの主なユーザーとコンテンツ

	Instagram	X	YouTube	TikTok	Facebook
主なユーザーの年齢層	18歳~34歳	30歳~49歳	10歳~30歳	10歳~20歳	35歳以上
男女比の傾向	女性が多い	男性がやや多い	男女同比	女性が多い	男女同比
人気のあるコンテンツ	ライフスタイル、ファッション、旅行など	ニュース、スポーツ、政治、エンターテインメントなど	エンターテインメント、教育、ハウツー、ビジネスなど	ダンス、音楽など	コミュニティ構築、イベント情報、地元のニュースなど
向いている業種	ファッション、美容、食品、旅行、インテリア、ライフスタイル商品	ニュース、メディア、政治、スポーツ、エンターテインメント、テクノロジー	教育、エンターテインメント、ハウツー、チュートリアル、商品レビュー、旅行、クッキング	エンターテインメント、音楽、ダンス、ファッション、ビューティー、ゲーム	地元ビジネス、不動産、イベント、出版、教育、コミュニティサービス
投稿内容	写真、動画（短）などストーリーズ機能が中心	短文の投稿、リンク共有など ハッシュタグを使用した話題の追跡	動画（長）、Vlog、ドキュメンタリーなど	動画（短）、トレンディな音楽など クリエイティブなエフェクト	長文の投稿、フォトアルバム、 グループイベントページなど

06 SNSマーケティングを行う目的を明確にしよう

SNSマーケティングを行ううえで、目的の設定は欠かせません。目的を曖昧にしたまま運用したのでは、焦点のぼやけたものとなり、効果は期待できないでしょう。実際に企業がどのような目的でSNSマーケティングを運用しているのかを参照しつつ、その主要な目的についておさえておきましょう。

SNSマーケティングの目的

企業がSNSマーケティングを行う目的は多岐にわたります。商品の認知度を高め、消費者とのコミュニケーションを通じて購買につなげることで、多くの企業がSNSを販促手法として採用しています。また、情報検索においてSNSの利用が増えており、SNSマーケティングは市場拡大の波に乗る機会を提供しています。

株式会社IDEATECHの調査によると、具体的な企業の目的は、「リードの獲得（59.1%）」、「認知拡大（58.2%）」、「コンバージョン獲得（50.0%）」が上位を占めています01。これらは企業がSNSを使用して顧客との関係を深め、ブランディングを強化し、最終的に売上の向上を目指す戦略と一致しています。また、「ユーザーとのコミュニケーション（35.5%）」や「チャネルの拡大（32.7%）」も重要な目的であり、これらは顧客のファン化やコミュニティの構築を通じて、長期的な顧客価値を高めることを目指しています。

01 企業のSNS運用目的

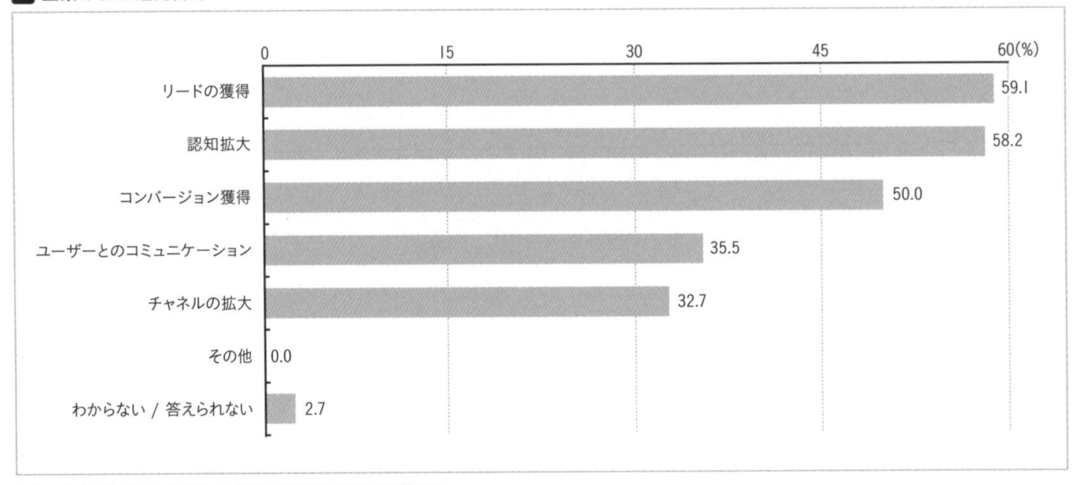

出典：株式会社IDEATECH「BtoB企業のSNS運用に関する実態調査」
https://prtimes.jp/main/html/rd/p/000000042.000045863.html

目的を達成するうえでの課題

企業がSNS運用において直面する課題は、目的の達成を阻む多様な要因から成り立っています。同社の調査では、最大の課題として54.4%の企業が「コンテンツの企画に工数を割けていない」と回答しており、これは質の高いコンテンツ制作へのリソース不足を示しています02。また、「投稿ネタの不足」と「運用人材の不足」が44.4%で、クリエイティブなアイデアとそれを支える人材が足りていない現状が浮き彫りになっています。

さらに、38.9%が「エンゲージメント率の低迷」を挙げ、ユーザーとの関わりが十分に構築されていないことが示唆されます。また、「リード獲得の質が悪い」と「運用ノウハウがない」といった課題も30.0%となっており、SNSを通じた有効な顧客獲得とブランド構築についての理解が不足していることがわかります。目標設定の難しさにも18.9%の企業が直面しており、SNS戦略の明確化が必要であることが強調されます。

企業はこれらの課題を克服するために、ターゲットに合ったコンテンツの創出、適切な投稿スケジュール、ユーザーとの積極的なコミュニケーション、データに基づく戦略調整など、多方面からのアプローチが求められます。

02 SNS運用上の課題

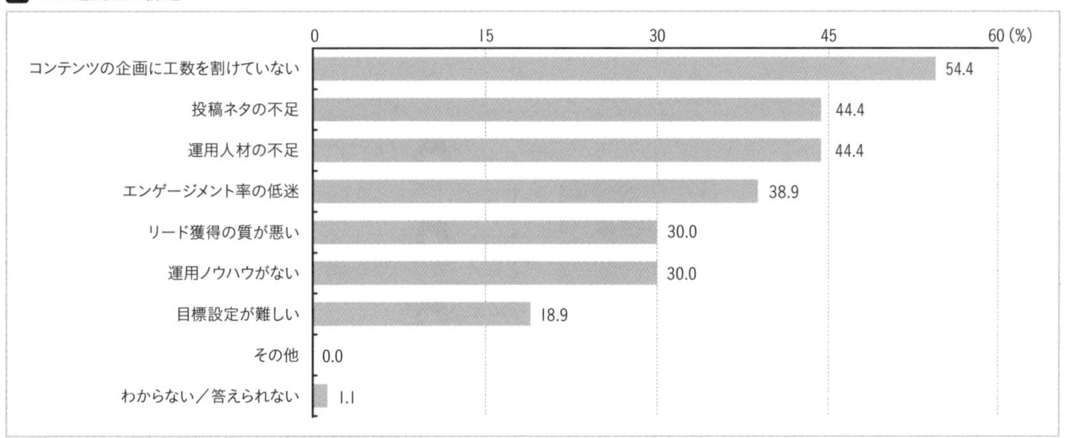

出典：株式会社IDEATECH「BtoB企業のSNS運用に関する実態調査」
https://prtimes.jp/main/html/rd/p/000000042.000045863.html

SNSを活用するだけで売れるわけではない

2010年頃からSNSマーケティングが注目され始め、当初は新しい販路（チャネル）の1つとして考えられていたものでした。SNSを活用している企業も少なかったため、「SNSを活用すれば売れる」といったミスリードもよく目にしたものです。たしかに当時SNS活用をしていた企業は結果として、サービスや商材を販売できていたかもしれません。しかし、ただSNSを活用したから売れたのでは決してありません。自社ブランド、商品、サービスとSNSマーケティングの本質を理解し、目的達成の手続きを適切に踏んでいたから結果が出たのです。目的意識が曖昧なまま、他社の結果だけを見て「当社もSNSを活用しなければ」と参入した企業の多くは、SNSの効果を実感できずに「SNSは売れない」という結論に至るでしょう。

ブランディング

続いて、SNSの主要な活用目的を個別に掘り下げていきましょう。

ブランディングという言葉は、企業によってさまざまな解釈があるものと思いますが、本書では、ユーザーから共感や信頼を得て、ユーザーの心の中にある企業・商材のイメージや価値を高めていくマーケティング手法のことと定義します。SNSにおけるブランディングの活用でとりわけ注意が必要なのは、既存のメディアによるブランディングのように、主体が企業ではないということです。CHAPTER1-03でも解説したように、SNSマーケティングではあくまでもユーザーが本位であるという理解が必要です。企業にとって都合のよい情報を一方的に配信したのでは、ユーザーの共感がうまく得られず、シェアやリポストなどによる情報の拡散にうまくつながりません。配信した情報がユーザーにとって有益な情報であることが満たされて初めて、そうした拡散の可能性が開けてくるのです。

このように、ユーザーを本位とし、ユーザーの共感が得られる情報をポイントに据えたブランディングを展開することで、「この会社のこの商品だから買おう」というユーザーの心理が効果的に高まります。ブランドを確立するということは、その過程で企業のイメージが消費者の意識につながるということにほかなりません。その結果、継続的な訴求力を構築できるのです03。

03 SNSによるブランディングのイメージ

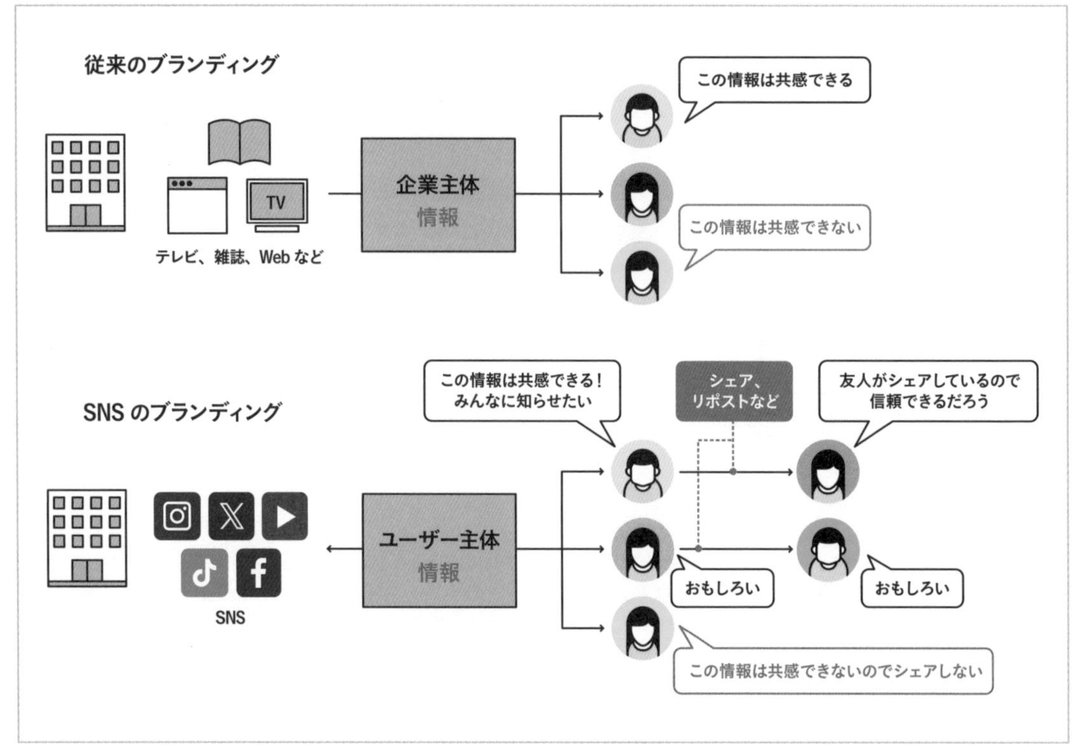

SNSのブランディングでは、ユーザーが主体的に情報を拡散させることで、効果的にブランドイメージが高まる

集客・販促

集客や販促を目的とする場合も、基本的には配信する情報がユーザーにとって有益であるということが前提になります。ここでポイントになるのは、すでにブランド力がある企業とブランド力が弱い企業とでは、行うべき施策が異なるということです。前者はすでにロイヤリティの高いユーザーを獲得しているため、企業にとって都合のよい情報だとしても、ユーザーに早く届くことに価値がある場合には、企業価値やイメージはとくに損なわれず、反対にそれらを向上させることも可能です。しかし後者が同じことを行おうとしても、ロイヤリティの高いユーザーが少ないので、一方的な情報ととらえられる可能性が高いのです04。

04 ブランド力により異なるユーザーの反応

ユーザーサポート

ユーザーへのサポートには大きく分けて2種類があります。1つ目はいわゆる「ユーザーサポート」で、従来のFAQなどと同様の使い方をします。注意が必要なのは、ユーザーはSNSからした質問などへのレスポンスは早くて当然だというイメージを持っているということです。そのため、迅速な対応を心がけましょう。2つ目は「アクティブサポート」で、企業のSNS担当者が常時SNS上を監視して、自社サービスや商品で困っているユーザーを見つけ出し、SNSを通じて積極的にユーザーをサポートしていくものです05。

05 ユーザーサポートとアクティブサポート

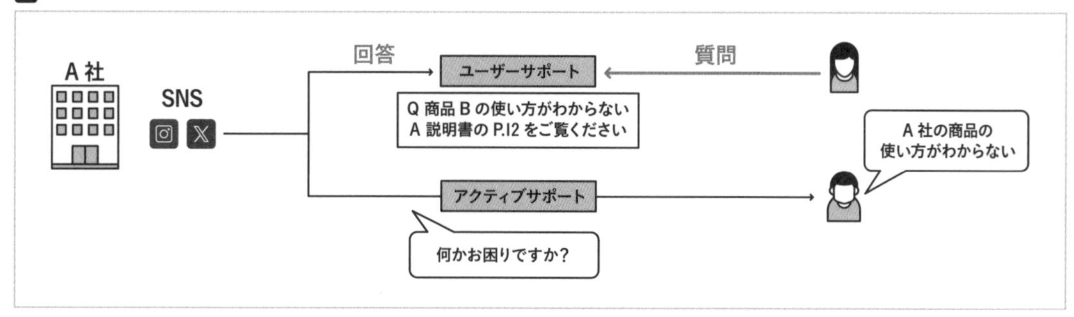

07 目的に応じてSNSを使い分けよう

前のセクションでは、SNSマーケティングを行ううえで目的意識が欠かせないことを確認しました。ここでは、各SNSの特徴を考慮して、そうした目的に適したSNSについて解説します。複数のSNSを活用する場合でも、それぞれに目的を設定し、特徴にあわせて投稿内容などを使い分けるとよいでしょう。

使い分けに関わるSNSの機能の違い

各SNSの機能は多岐にわたっており、使い方次第でどのような目的にも対応することは可能だと思われます。ただし、CHAPTER1-04でも確認したように、それぞれのSNSで特徴が異なるため、目的ごとに向き・不向きが存在します。目的に応じた最適な使い分けができるように、まずSNSの機能面の違いをまとめた01から確認してみましょう。

まず注目したいのは、「主な投稿の形式」です。目的により、テキストで訴求したい場合や、画像や動画などで視覚的に訴求したい場合などが大きく異なるからです。XやFacebookでは、テキスト、画像、動画などの投稿が可能ですが、実際よく使われているのはテキスト+画像というスタイルであることもポイントです。画像メインのInstagramや動画メインのYouTubeは、視覚的な即効性があるものの、テキストが弱みだといえるでしょう。

Webサイトへの誘導を考えるうえでは、「リンクの投稿」ができるかどうかは重要な項目です。Instagramは外部リンクの投稿ができませんが、YouTubeは動画メインでありながら、アノテーション※1などを利用することで動画にテキストリンクを追加することができるため、一定の誘導効果は期待できます。

SNSの強みである情報の拡散を期待するうえでは、「シェア」や「拡散範囲」が重要な指標となります。この点ではXとFacebookが強く、Instagram、YouTube、LINE公式アカウントは比較的弱いといえるでしょう。

01 各SNSの主な機能の違い

	Instagram	X	YouTube	TikTok	Facebook	LINE公式アカウント
主な投稿の形式	画像	テキスト+画像	動画	動画	テキスト+画像	テキスト
リンクの投稿	×	○	△	△	○	○
メッセージ送信	○	○	○	△	○	△
いいね	○	○	○	○	○	○
コメント	○	○	○	○	○	○
シェア	×	○	△	○	○	△
拡散範囲	フォロワー※2のみ	制限なし	△	制限なし	友達の友達	フォロワーのみ

※○:機能がある　△:制限があるがオプションなど機能がある　×:機能がない

※1　アノテーション
投稿した動画に対して、リンクやコメントを付けることができる機能のこと。

※2　フォロワー
X発祥の用語で、特定のユーザーのことをフォロー（閲覧登録）しているユーザーのことを意味する。X上で誰かをフォローをする場合は、通常相手の許可を得ることなく設定することが可能。フォローはフォロワーの独自の判断によってなされるため、フォロワーの数は、そのアカウントの影響力の大きさを表す。

目的ごとのSNSの使い分け

では、具体的な目的を想定した場合、どのようなSNSの使い分けが好ましいのでしょうか。「ブランディング」、「集客・販促」、「ユーザーサポート」という、SNSマーケティングにおける主な目的ごとに確認してみましょう02。

ブランディングでは、サービスや商品を視覚的に訴求しつつ、イメージと認知度を向上させることが重要です。そのため、画像を扱うInstagramやFacebook、動画をメインで扱うYouTubeが適しているといえるでしょう。Xでも画像が頻繁に投稿されますが、匿名性が高く炎上しやすいため、ブランディングの適性はやや落ちます。集客・販促では、情報の拡散性が高く、リンクによるWebサイトへの誘導がしやすいXとFacebookが長けています。また、実店舗への集客がメインになりますが、クーポンの提供などに強みがあるLINEも向いているといえるでしょう。ユーザーサポートに向いているSNSは、総合的なコミュニケーション性が高いXとFacebookです。ただし、企業側から働きかけるアクティブサポート（P.25参照）は、ユーザーの監視が可能なX以外で対応するのは困難です。

02 SNSによって異なる目的への適性

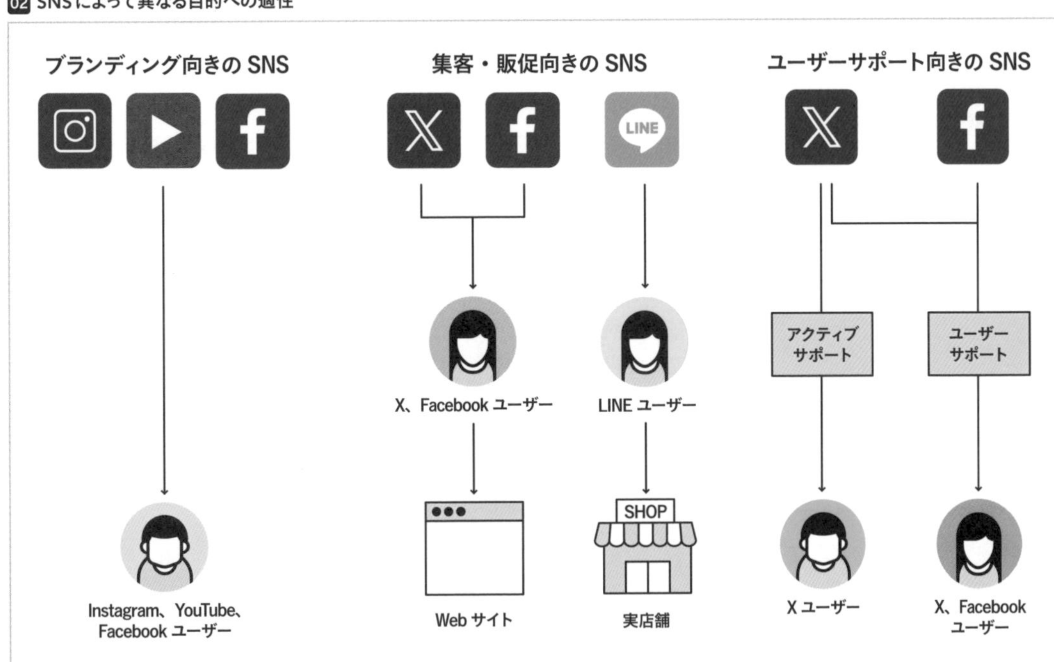

08

目的に応じた運用方針を策定しよう

SNSの運用方針を検討することなくアカウントを開設する企業は少ないとは思いますが、運用方針が検討されていても、方針自体が抽象的なものであれば、実際の運用ではなかなか役に立たないものです。ここでは運用方針の考え方と、最低限おさえておきたいポイントを解説します。

SNSの運用方針の主なポイント

SNSを運用するにあたって、あらかじめ運用方針を定めておきましょう。運用方針は、公式サイトなどにガイドライン※1として掲載しておくとよいでしょう。目的を達成しやすくなるだけでなく、ユーザーとのトラブルを未然に抑止することもできます。まずは、運用方針を策定するうえでのポイントを項目別に見ていきましょう。

◎アカウントの公式化

SNSでは企業名などを勝手に騙る偽アカウントが存在します。偽物と混同されることがないように、運用しているアカウント名とURLを公式サイトなどに明記し、公式アカウントであることをアピールしましょう。

◎運用目的の明確化

ユーザーが企業アカウントに求めるものはさまざまで、全ユーザーの要望にすべて応えることは困難でしょう。企業アカウントの運用目的や投稿内容をあらかじめ明記して、サポートの範囲などを限定しておきましょう。

◎問い合わせ窓口との棲み分け

同様の理由から、企業アカウントで対応できるもの、できないものを明確に分けておくことが重要です。対応できないものは、公式サイトの問い合わせページなどへ誘導しましょう。

◎投稿の削除

内容に問題があるユーザーの投稿を放置すると、不都合な情報が拡散するおそれがあります。問題のあるユーザーの投稿は、予告することなく削除することがある旨を明記しておきましょう。また、具体的にどのような場合に削除するかを明確にしておくことで、トラブルを回避することが可能です。

◎運用方針の変更

SNSを運用していくと、当初想定していなかった事態が発生する可能性があります。状況に応じて運用方針が変更できる旨も明記しておき、問題が発生した際にはすみやかに対応しましょう。

各社の運用方針

下記はSNSを活用している主要企業の運用方針やガイドラインのWebページです。運用方針を策定するうえで項目などを参考にしてみましょう。また、このようにガイドラインを公開しておけば、ユーザーも安心してアカウントをフォローできます。

- 三井不動産グループ（https://www.mitsuifudosan.co.jp/social_media/）
- 富士フイルム（https://www.fujifilm.com/jp/ja/socialmedia/policy）

※1 ガイドライン
規範を意味する言葉で、個々ないし全体の運用や行動において、守るべきルールやマナー、縛りを意味する。Webにおいては、ブランドの一貫性を維持するために、必要なデザイン面での統一、各コンテンツの役割、目的を持続するために用いられる。

目的別の運用ポイント

運営方針は、SNSマーケティングにおける具体的な目的によっても調整する必要があります。こうした目的別の運用ポイントのうち、比較的利用頻度の高いものを順に見ていきましょう。これらのポイントは目的を設定する場合に、とくに重要になると考えてください。

◎ブランディング

ブランディングではイメージ作りが重要です。たとえば投稿ごとに内容や文体が変化して統一感がないと、企業やブランドなどのイメージをユーザーと共有することが困難になる場合があります。美しい一貫性を保つために、表現のスタイルや文字数、画像のテイストなどのルールを作成しておきましょう。

◎集客・販促

一歩間違えると広告と同様の扱いになってしまうことから、SNSとはあまり相性がよくないことを前提にしておいたほうがよいでしょう。

◎ユーザーサポート

ユーザーからのコメントにどこまで対応するのか、対応する場合は担当者レベルで回答できるものとできないものに対してどのような回答をするのか、といった事項を明確にしておきましょう。また、炎上しそうなコメントに対して事前に具体的な運用フローを検討したほうがよいでしょう。

炎上対策

特段固めておきたいのは、炎上した場合の対策です。詳細はCHAPTER7-05で解説しますが、運用方針として抽象的な方向性を決めるだけではなく、社内体制やマニュアル作成など具体的な対策を検討しておくことで、迅速かつ効果的な対応が可能になります。

01はSNSリスクマネジメントの実態調査の結果ですが、全体の47.9%の企業がリスク対策に関する社内研修を実施しており、26.7%の企業がリスク対応のフローを策定していることがわかります。

01 大手企業におけるSNSリスクマネジメントの実態調査

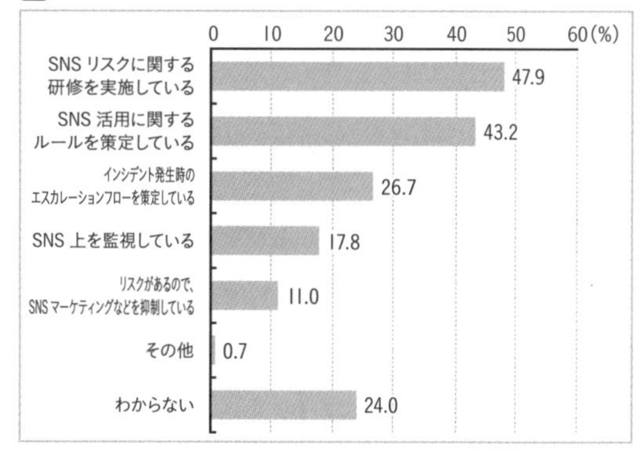

出典：株式会社エルテス「大手企業におけるSNSリスクマネジメントの実態調査」
https://prtimes.jp/main/html/rd/p/000000236.000004487.html

09

コンテンツの基礎知識を把握しよう

P.11で解説したように、コンテンツを充実させることによるマーケティングが近年注目されています。SNSを効果的に活用するためにも、その特性を理解したうえで、適切なコンテンツを配信することが重要です。まずはコンテンツに関する基礎知識から覚えておきましょう。

ストックコンテンツとフローコンテンツ

コンテンツには大きく分けて、「ストックコンテンツ」と「フローコンテンツ」の2種類があります。時間が経過しても価値が下がりにくいコンテンツをストックコンテンツ、時間の経過とともに価値が下がりやすいコンテンツをフローコンテンツといいます。SNSの場合、矢継ぎばやにコンテンツが投稿される特性からフローコンテンツが重視されますが、コンテンツマーケティングやWebサイト、YouTubeなどへのユーザーの流入が目的の場合は、より普遍性の高いストックコンテンツが重視されます。そのため、SNSではフローコンテンツが、Webサイトではストックコンテンツが、基本的に使用されます。

01はストックコンテンツとフローコンテンツの代表的なコンテンツと、双方の関係性についてまとめたものです。SNSマーケティングの目的が販促やキャンペーンの場合、WebサイトやYouTubeなどのストックコンテンツをSNS用のフローコンテンツにカスタマイズしてSNSへ投稿し、Webサイトのストックコンテンツに誘導するのが一般的な手法です。また、目的が画像や動画などの拡散や、ユーザーサポートの場合は、SNS別に最適なコンテンツを作成する必要があります。

01 ストックコンテンツとフローコンテンツのイメージ

時間が経過しても価値が下がりにくい
ストックコンテンツ

コンテンツの例
- サービス／商品情報
- 自社ブログ
- FAQ
- 会社情報
- 社員紹介
- 事例など
- ランディングページ※1
- 動画

時間の経過とともに価値が下がりやすい
フローコンテンツ

コンテンツの例
- セール情報
- キャンペーン情報
- つぶやき
- イメージ画像
- ショート動画など

ストックコンテンツにユーザーを誘導

SNS用にカスタマイズ

※1　ランディングページ

通常のWebサイトのトップページとは別に設置された、ユーザーが訪れたときに最初に表示されるページのこと。Web広告を出稿するときのリンク先をランディングページと呼ぶ場合が多く、商品やサービスの勧誘を成果に結び付けるために作られる。このランディングページの効果を高める施策をLPO（ランディングページ最適化）と呼び、ユーザーの離脱率の低下を図り、成果を高める。

コンテンツ作成・配信の流れ

◎ストックコンテンツをSNS用にカスタマイズする

SNSのコンテンツを作成・配信する手順を具体的に見てみましょう。先述したように、Webサイトや YouTubeなどで使用しているストックコンテンツをもとに、各SNSごとにカスタマイズして配信する手法が、販促やキャンペーンでは一般的です02。このとき、配信するコンテンツにストックコンテンツのURLを含めること、メインとなる誘導先のストックコンテンツを充実させることが欠かせません。

02 ストックコンテンツのカスタマイズ

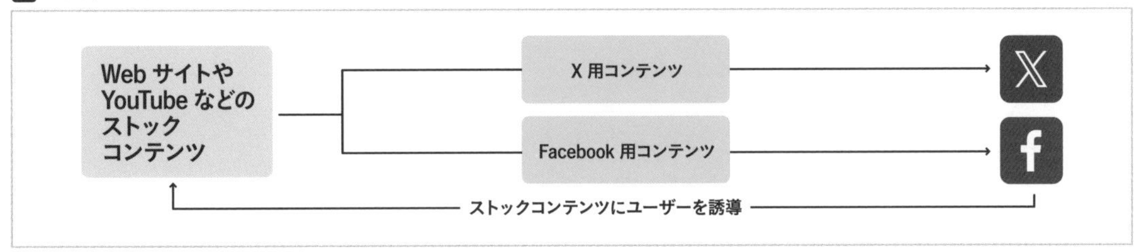

誘導先のストックコンテンツがメインのアピールになる

◎SNS別にコンテンツを作成する

画像や動画などの拡散やユーザーサポートを目的とする場合は、各SNS別にコンテンツを作成して配信します03。各SNSに最適化された形で配信するため、コンテンツ自体の拡散が期待できます。ただし、ストックコンテンツに依存しないため、それぞれ1からネタを作らなければなりません。

03 SNS別に新規で作成

投稿自体がメインのアピールとなるため、内容を最適化する必要がある

10 コンテンツを充実させるネタを考えよう

コンテンツを充実させるには、おもしろいネタを考える必要があります。さらに、SNSでは次々とコンテンツを投稿しなければユーザーの関心を維持することができませんが、こうしたネタはかんたんに湧いて出てくるものではありません。投稿に詰まることがないよう、ネタを考えるノウハウを解説します。

多くの担当者が困っている「投稿ネタ」

効果を最大化するために、企業は顧客との接点を深める、魅力的なコンテンツの開発が必要です。株式会社リンクアンドパートナーズの調査によると、企業の42.1%が「発信するコンテンツがない」と回答しています 01。これは、企業が消費者の興味を引くオリジナルコンテンツを生み出すことに苦労していることを示しています。さらに、30.7%が「仮説を裏付ける定量データがない」と答えており、コンテンツプランニングの段階で戦略的な課題に直面していることがわかります。

これらの課題は、企業が市場分析と顧客理解を深め、それに基づいたコンテンツを創造する必要があることを示しています。企業は競合との差別化を図るだけでなく、顧客インサイトに基づいたコンテンツを提供することで、初めてフォロワーとのエンゲージメントを高めることができます。

また、「市場のトレンドについていけない」と回答する企業も多く、これには、データ駆動型のアプローチと顧客との対話が必要になります。消費者が何に価値があると感じているかを理解し、コンテンツを設計することが重要です。消費者のニーズに応じたコンテンツを提供することで、ブランドの認知度を高めることができ、最終的には来店促進や販売促進につながる可能性があります。

01 企業によるコンテンツマーケティングの課題

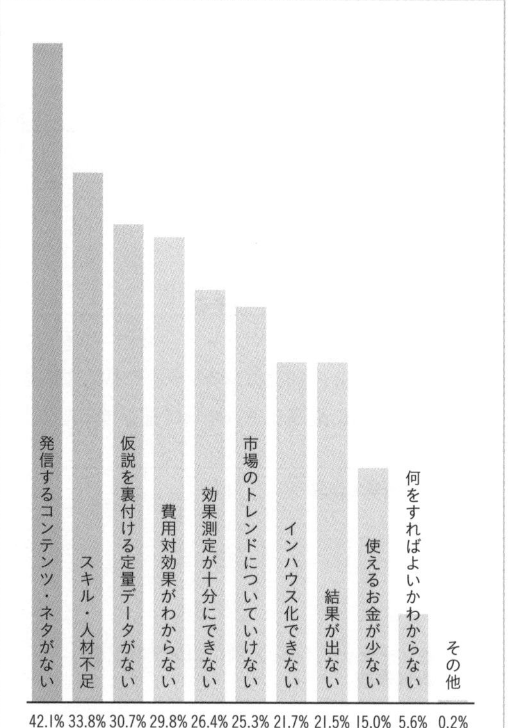

出典：株式会社リンクアンドパートナーズ「BtoB企業のWEBマーケティング実態調査」
https://markezine.jp/article/detail/42464

投稿するネタに困ったらリサイクルする

手軽に投稿ネタを生み出すテクニックとしては、コンテンツのリサイクルが効果的です。リサイクルにもさまざまなタイプがあるため、項目別に見ていきましょう。

◎既存のWebコンテンツをリサイクルする

Web上の情報は、ほとんどが一時的にユーザーに接触したあと、埋もれてしまいます。そのような既存のコンテンツをリサイクルし、新しいコンテンツに生まれ変わらせることも1つの手法です。この場合、もう一度マーケティングに活用しても新鮮味が出るように、視点やテイストを変えてみるのもよいでしょう。

◎まとめ記事にする

既存のブログなどを1つのテーマのもとで複数集め、まとめ記事として成立させる手法も有効です。単体のコンテンツではあまり価値がなくとも、テーマでまとめると魅力的になることもあります。たとえば、「今、パンケーキがアツい！」という情報は単体では目新しさがありませんが、「日本の食のブーム年代別まとめ」などと銘打って1つのネタにすることで、情報コンテンツの価値が高まります。

◎リライトする

既存のコンテンツに加筆するなどして、新規コンテンツとする手法です。ブログや記事などで見かけることがありますが、加筆した場合に「この記事は2024年〇月〇日に加筆修正しました」などと記載するのがポイントです。古い印象が払拭され、新しい印象を与えます。

◎YouTubeに投稿する

すでに動画コンテンツがあれば、同じものをYouTubeに投稿するだけで新規コンテンツとして成立します。

◎PDFにする

まとめ記事と近い手法ですが、コンテンツの蓄積が膨大であれば、それらをまとめてPDFすることで、新しいダウンロードコンテンツに早変わりします。

Web上のニーズや調査データをヒントにする

SNSマーケティングの成功には、Web上のニーズと市場調査データの活用が欠かせません。「Google Trends」を活用することで、検索トレンドやユーザーの関心の変遷を把握できます。これらの情報はSNSでのコンテンツ企画や戦略策定に役立ちます。

さらに、「PR TIMES」や「valuepress」のようなプレスリリース配信サービスは、業界の最新動向や市場のトレンドを捉えるのに役立ちます。これらの情報を利用して、SNSコンテンツをよりタイムリーかつ関連性の高いものにすることが可能です。

また、「リサリサ」は、さまざまなリサーチデータをまとめたサイトであり、市場調査や消費者トレンドに関する深い洞察を提供します。このサイトからの情報は、特定のターゲット層へのアプローチを洗練させ、SNSコンテンツの効果を最大化するために活用できます。

これらのリソースを組み合わせることで、SNS戦略はよりデータに基づいた効率的なものとなります。市場ニーズの正確な把握と、適切なコンテンツ制作が、SNSマーケティングの成功を大きく左右します。データ駆動型アプローチは、ブランドのオンラインプレゼンスを強化し、エンゲージメントを高めるための鍵となるでしょう。

11 SNSを連携して使いこなそう

活用編

SNSマーケティングを展開する場合、複数のSNSを並行して運用している企業が多いものですが、SNSごとに毎回ログインして投稿しようとすると作業の負担が増えてしまいます。そのようなときに便利なのがSNSどうしの連携です。

SNSの連携でできること

通常、SNSではそれぞれの投稿画面からそれぞれの方法でテキストや写真などを投稿します。しかし、多くのSNSに同じ内容のコンテンツを投稿する場合には、それぞれのSNSから投稿すると二度手間になってしまうでしょう。そのようなときのために、主要なSNSでは、SNSどうしで投稿機能を連携することができるようになっています。SNSどうしで連携した場合、一方のSNSにコンテンツを投稿すると、もう片方のSNSにも同じコンテンツが自動で投稿されるため、複数のSNSを運用している場合に大変便利です01。

ここで注意しなければならないのは、写真や動画などのメディアを投稿する場合です。SNSごとに、対応している写真や動画の仕様が異なるからです。たとえばXに対応しているもののFacebookには対応していない仕様の写真をXで投稿した場合、連携していたとしても、そのコンテンツはFacebookには投稿されません。反対もまた同様です。あらかじめ連携するSNSで投稿可能なメディアの仕様を確認し、こうしたミスが発生しないようにしておきましょう。

もっとも、これまでに確認してきたように、SNSにはそれぞれ適切なコンテンツの仕様があります。仮に連携機能で同時投稿ができるとしても、それぞれのSNSに合わせて調整したほうがより効果が高くなると思われる場合は、個別に投稿するほうがよいでしょう。

01 連携による投稿例

同じ内容の投稿を、一度の投稿で済ませることができる

InstagramとFacebookを連携する

Instagramに投稿したコンテンツをFacebookページに自動的に投稿する連携方法を紹介します。注意したいのは、Facebookページから投稿したコンテンツは、Instagramには自動的に投稿されない点です。なお、ここではスマートフォンのInstagramアプリから設定を行う方法を紹介します。

1 プロフィール画面から、「プロフィールを編集」をタップします。

2 「ページ」をタップし、

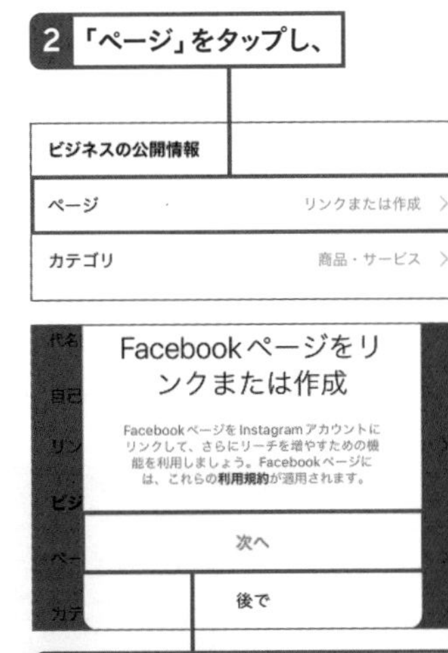

3 ポップアップした画面で「次へ」をタップします。

4 Facebookアカウントにログインします。

5 該当のFacebookページをチェックし、

6 「リンクする」をタップします。

7 追加したページが表示されていれば成功！

8 投稿時に投稿場所として追加できるようになります。

投稿ツールで連携する

InstagramとFacebookは直接連携して自動投稿できますが、InstagramとXなど、そのほかのSNSと連携する場合は投稿ツールを使うとよいでしょう。以下のようなものが存在します。

◯Buffer

Instagram、X、Facebook、LinkedIn、Shopifyの連携に対応したツールです。同じ内容のコンテンツを、SNSごとに異なる時刻に予約投稿できるのが特徴です。

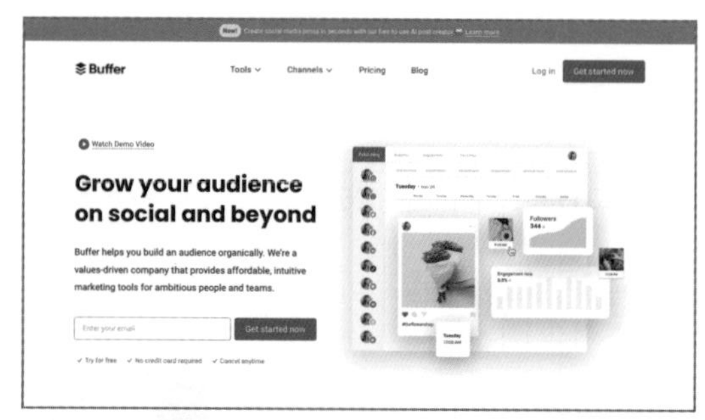

https://buffer.com/

◯IFTTT

さまざまなサービスとの連携に対応しており、連携の条件も細かく設定できる非常に拡張性の高い連携ツールです。設定方法がやや複雑ですが、ほかのユーザーが公開している連携設定を流用することもできます。

https://ifttt.com/

◯Hootsuite

Instagram、X、YouTube、Facebook、LinkedIn、Pinterestの連携に対応しています。SNSのタイムラインを並べてモニタリングしたり、「いいね」やコメントを付けたりするクライアント機能を備えているのが特徴です。

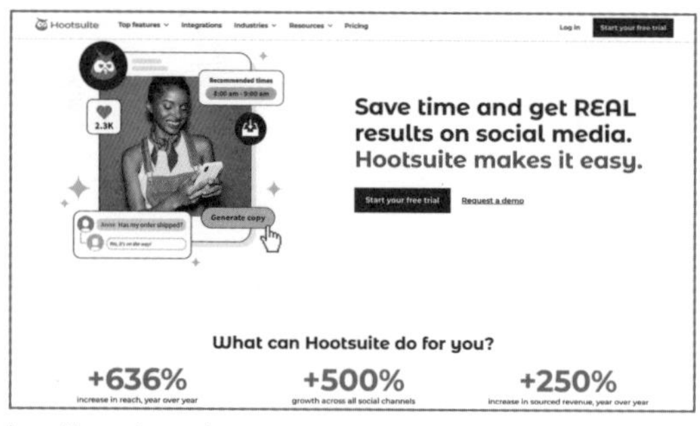

https://hootsuite.com/

IFTTT、Buffer、Hootsuiteともに一部の機能を無料で利用することができるため、気軽に使ってみるとよいでしょう。

CHAPTER 2

Instagramマーケティング

この章では、ビジュアルコンテンツに特化したInstagramを用いたマーケティング戦略を詳しく解説します。Instagramは、その魅力的な写真や動画の投稿機能を通じて、ほかのSNSとは一線を画すプラットフォームです。この特徴を理解し、適切に活用することで、企業はターゲットオーディエンスとの強いコネクションを築くことが可能になります。

01 Instagramでできるマーケティングとは

導入編

2010年に登場して以来着実にユーザー数を伸ばし、今や世界規模のビジュアルメディアにまで成長したのが、ここで紹介するInstagram(インスタグラム)です。最近でもInstagramをSNSマーケティングで活用する企業が増え続けており、ますます注目度が高まっています。まずは、どのようなマーケティングが可能なのかをおさえておきましょう。

ビジュアルメディアの長所を活かすInstagram

SNSマーケティングの一環として各コンテンツの質を向上させるには、テキストばかりに頼るだけでは不十分です。写真、イラスト、動画といった視覚効果の高いメディアをふんだんに活用し、より直観的でわかりやすい情報を提供することが必要となります。XやFacebookでも、こうしたビジュアルメディアを投稿することはできますが、これらのSNSではあくまでもメインコンテンツはテキストであり、写真や動画はサブコンテンツという位置付けです。しかし、ここで解説するInstagramは、反対に写真や動画がメインコンテンツであり、テキストがサブコンテンツという位置付けのプラットフォームのため、ユーザーに対してより視覚的に情報を訴えやすくなっています 01。こうしたビジュアルメディアの使いやすさから、InstagramはSNSマーケティングにおいてユニークな位置を占めています。

2006年に一般公開されたXやFacebookに比べると、2010年に公開されたInstagramはSNSとしては後発でしたが、写真投稿をメインとした斬新さを武器に、短期間で認知を拡大し、月間アクティブユーザー数は2016年には5億人、2018年には10億人と順調にユーザー数を伸ばしています。国内ではFacebookを抜き、2019年に3,300万人を突破しました。このことからも、写真や動画などのビジュアルメディアのニーズがどれほど高いのかがわかります。

01 Instagramの投稿

写真・動画により、ビジュアル性を高くアピールできる

※1 セルフサーブ型広告
自社で広告予算を自由に設定して運用することができる出稿形式の広告。運用型広告とも。

ハッシュタグによる認知拡大

Xでは投稿をリポストすることができ、Facebookでは投稿をシェアすることができますが、Instagramにはこうした共有機能がありません。そのためInstagramでは、XやFacebookでできるような投稿の大規模な拡散は狙いにくくなっています。しかし、その分ハッシュタグが多用される傾向があり、ほかのSNSよりも検索経由でのユーザーの流入が期待できます。XやFacebookでは1つの投稿で多くのハッシュタグを使いづらいものですが、Instagramでは10を超えるハッシュタグが付けられる投稿も少なくないため、工夫次第でさまざまなユーザーに効果的にアプローチすることができるでしょう02。

02 ハッシュタグの使用例

♥ いいね！379,188件
nasa Saturn's moon Rhea appears dazzlingly bright in full sunlight. This is the signature of the water ice that forms most of the moon's surface. Rhea (949 miles or 1,527 kilometers across) is Saturn's second largest moon after Titan. Its ancient surface is one of the most heavily cratered of all of Saturn's moons. Subtle albedo variations across the disk of Rhea hint at past geologic activity.

Credit: NASA/JPL-Caltech/Space Science Institute

#nasa #space #rhea #saturn #cassini #nasabeyond #solarsystem #moon #titan #astronomy #science
コメント1520件すべてを表示

多くのハッシュタグを付けても違和感がない

Instagram広告の活用

以前はかぎられた大手企業しかInstagramで広告を出稿することができませんでしたが、2015年10月にセルフサーブ型広告※1の提供が開始されました。これにより、原則としてあらゆる企業がInstagram上で自由に広告を配信することができるようになりました。テキストや画像のみならず、動画で作成した広告や、スライドショー形式の広告を配信することもできます03。このように効率的なPRが可能になったInstagramは、SNSマーケティングにおけるプラットフォームとしての価値が一層向上したといえるでしょう。

なおInstagramの親会社はMetaであり、広告の配信はFacebookページから行います。Facebook広告と同様にInstagram広告でも、年齢、居住地域、性別などといった項目でターゲット層を細分化したうえで広告を配信することができます。そのため、特定のターゲットに絞った無駄のないアプローチが可能です。

03 Instagram広告の出稿

写真や動画、スライドショーなど、さまざまな形式で広告を出稿できる

02

Instagramの特徴を把握しよう

Instagramは写真や動画の投稿をメインとしたSNSである点で、XやFacebookなどのSNSと大きく異なります。それ以外にも仕様や機能に独特な部分が多いため、Instagramでのマーケティングを行ううえでは、こうした違いからしっかりと把握しておく必要があるでしょう。ここでは、XやFacebookとの違いを中心に確認しておきましょう。

Instagramの仕様の特徴

まずは、Instagramの仕様の特徴を、XやFacebookと比較しながら確認しましょう01。Instagramは写真と動画をメインに投稿するSNSであり、テキストはあくまでそれらを補完するものとして使われるという点が、Instagramのもっとも大きな特徴です。テキストのみの投稿ができないこともあり、テキストの内容よりも、写真や動画のクオリティに対するユーザーからの要求が高く、より見映えのよいビジュアルコンテンツを投稿することが求められやすいメディアであるといえます。また、Instagramの投稿画像は正方形が基本です。XやFacebookで投稿した写真を再利用する場合は、部分的にトリミングしなければならないことがある点に気を付けましょう。

テキストのみの投稿ができないということ以外にも、Instagramのテキストには重要な制限があります。テキストにURLのリンクを挿入できないのです。そのため、自社のWebサイトやランディングページなどにユーザーを誘導するといった用途には向いていません。あくまでInstagram内で完結したものを前提として、コンテンツを考える必要があります。

コンテンツを考えるうえでは、投稿の表示順序にも注目しましょう。Instagramのフィード※1における投稿の表示形式はもともと時系列順でしたが、2016年6月から、ユーザーの興味や関心度が高いもの順に変更されています。こうした事情からも、今後は投稿のタイミングを意識することよりも、コンテンツのクオリティを重視することに注力したほうがよいでしょう。

なおInstagramでは、リアルでつながっている仲のよい友人同士でフォローしあっているユーザーが多いことも覚えておきましょう。

01 ほかのSNSとの仕様の比較

	Instagram	X	Facebook
ユーザーのつながり	実際の仲のよい友人が中心	実際の知人、友人、共通の趣味を持った他人	実際の知人、友人、仕事仲間
テキストの投稿パターン	テキストのみは不可	テキスト＋リンク	テキスト＋リンク
画像の投稿パターン	画像＋補足テキスト	画像＋テキスト＋リンク	画像＋テキスト＋リンク
動画の投稿パターン	動画＋補足テキスト	動画＋テキスト＋リンク	動画＋テキスト＋リンク
投稿の表示順	重要度順	重要度順か新着順かを選択	重要度順

※1　フィード
Instagramのホーム画面で、フォロワーの投稿が一覧表示される領域のこと。

Instagramの機能の特徴

次に、Instagramの機能の特徴を見ていきましょう 02。Instagramで特徴的なのは、投稿を拡散するための機能が少ないということです。まずInstagramに投稿した内容は、自分のフォロワーのフィードにしか表示されません。そしてCHAPTER2-01でも触れたように、フォロワーがフィードで見た投稿を複数のユーザーとシェアする機能もありません。もっとも、投稿に「いいね！」を付けることで、その情報をフォロワーと共有することはできますし、投稿をダイレクトメッセージで個別のユーザーと共有することもできます。それでも、XやFacebookに比べて拡散性が低いメディアであることは、あらかじめしっかりと理解しておく必要があります。

こうした制限がある一方で、充実しているのはハッシュタグです。Instagramでは、任意のハッシュタグを検索することで、フォローしていないユーザーの投稿を見つけることが頻繁に行われているため、投稿する際には関連する複数のハッシュタグを含めるようにしましょう。企業アカウントによる投稿では、10個以上のハッシュタグを付けることもめずらしくありません。XやFacebookのように控え目にハッシュタグを使用していては、ユーザーとの接点を大幅に狭めてしまうでしょう。ユーザーの検索ニーズを想定しながら、積極的に活用しましょう。位置情報も同様によく検索されるため、場所に関わる写真には位置情報を付けておくとよいでしょう。

ユーザーとの接点という意味では、コメント機能も重要です。ただし、自分の投稿にコメントをくれたユーザーに返信をする場合、「返信する」をタップした際に冒頭の「@＋相手のユーザーネーム」を消してしまうと、相手にコメントが届いたことが通知されないため、コメントに気付いてもらえない可能性があります。コメントが無駄にならないように、必ず「@＋相手のユーザーネーム」の表記に続けて返信を書くようにしましょう。

こうした機能上の制限のため、Instagram外でのキャンペーンやさまざまなチャネルで告知してフォロワーを増やしていくことも重要です。同時に、Instagram上では質の高い写真や動画コンテンツを投稿することで、フォロワーからの「いいね！」やコメントを増やし、自社に対するイメージを高めていくといった運用の仕方が一般的です。

02 ほかのSNSとの機能の比較

	Instagram	X	Facebook
フィードに表示される投稿	フォローしているユーザーの投稿	フォローしているユーザーのポスト／リポスト	「いいね！」、シェアを含む、フォローしているユーザーの投稿
「いいね！」機能	あり	あり	あり
コメント機能	あり	あり	あり
投稿の共有機能	なし	リポストあり	シェアあり
個別メッセージ機能	あり	あり	あり
ハッシュタグ	10個以上付けることが多い	1～2個付けることが多い	付けることは少ない

03 Instagramに適した目的・商材を把握しよう

これまでに、Instagramがほかのsnsと仕様や機能で大きく異なることを確認してきましたが、ユーザー層にもほかのSNSとは異なる特徴が見られます。とくに、若年層の女性ユーザーが多いことが際立っています。こうした特徴を考慮して、Instagramマーケティングに適した目的・商材を割り出していきましょう。

Instagramでは若い女性ユーザーが多い

Instagramに適した目的・商材を考えるうえで重要になってくるのは、やはりそのユーザー層です。そこでまず、Instagramのユーザー層に関する株式会社ガイアックスの調査結果から確認してみましょう01。この調査では、2019年6月時点で3,300万人いるInstagramアプリのユーザーを性年代別に分類していますが、目を引くのは若年層の利用率の高さと女性ユーザーの多さです。こうした特徴から、Instagramでは若年層の女性をメインターゲットとしたマーケティングが効果的だといえるでしょう。

ヴェネクト株式会社の調査結果からInstagramの主な利用目的としては、「有名人や著名人などの投稿を閲覧する」が51.5%ともっとも高く、このプラットフォームがいかにインフルエンサーマーケティングに適しているかを示しています02。次いで、「友人や家族の投稿を閲覧し、近況を知る」が36.2%、「興味がある分野の情報収集」が32.6%と続きます。これらは、ユーザーがつながりを重視し、趣味や関心事を共有するための場としてInstagramを利用していることを示しています。

また、「商品・サービスなどの情報収集」に19.4%、「友人・知人や家族などのコミュニケーション」目的で18.5%、「暇つぶし」に16.7%というデータもあり、ユーザーがエンターテインメントから実用的な情報収集まで、Instagramを活用している様子がうかがえます。さらに、トレンドや最新情報の入手、写真の鑑賞、口コミ情報の収集など、特定のニーズに対応する利用も見られます。これらの情報から、企業はInstagramを使ってターゲットオーディエンスにリーチし、ブランドのイメージを形成し、市場動向を把握するための戦略を練ることが重要であるといえるでしょう。

01 Instagramの性年代別ユーザー数（国内）

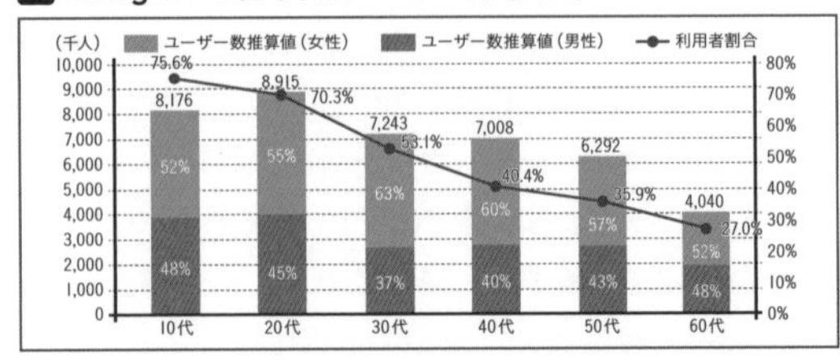

出典：株式会社ガイアックス「2024年1月更新！性別・年齢別 SNSユーザー数（X（Twitter）、Instagram、TikTokなど13媒体）」https://gaiax-socialmedialab.jp/socialmedia/435

02 Instagramの主な利用目的

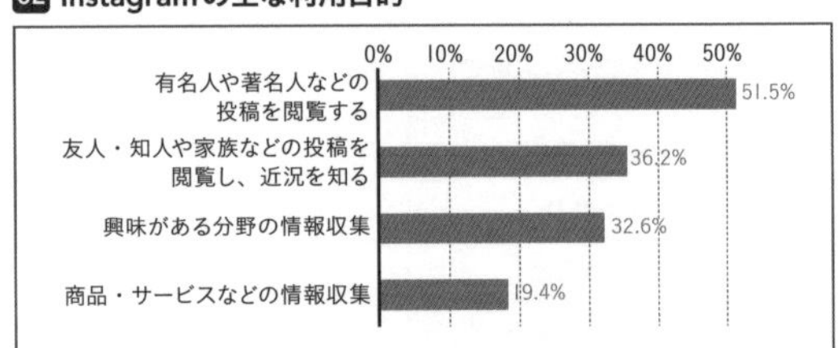

出典：ヴェネクト株式会社「【2020年 SNS利用目的調査】LINE、twitter、Instagramなどの利用目的とは？」より抜粋　https://www.venect.jp/blog/column/425/

Instagramに適した商材

これまでに、Instagramが若年層の女性ユーザーをターゲットにした、ブランディングや情報告知に適していることを確認しました。そのため、まず若年層が購入しやすい価格帯の商材や、女性が興味を持ちやすい商材がとりわけ適していると考えられます。では、どのようなコンテンツがInstagramマーケティングで効果を得やすいのか、女性が真似したくなるInstagramの投稿の調査結果をヒントに見ていきましょう。

◯おしゃれや流行しているもの

20〜30代女性のInstagram利用実態の調査結果を見ると、ユーザー生成コンテンツ（UGC）（P.065参照）において、おしゃれな商品やアイテムが写っている投稿や、流行しているアイテムや場所などを写した投稿などが上位に入っています。この傾向からおしゃれや流行しているものに関する投稿は、ユーザーに同じような投稿をしたいと思わせる大きな動機であることがわかります03。この傾向は、Instagramにおけるブランディングとユーザー参加型のコンテンツの創出において、インスタ映えするものやトレンド感のある投稿が重要であることを示しています。Instagramで見た洋服を実際に購入した／購入したいと答えたユーザーの合計は50.5%もいるため、かなりの影響力があるといえるでしょう04。

◯写真が映える商材

Instagramの魅力の1つとして素敵な写真を閲覧できる点があります。そのため、仮に若い女性が好む商材であっても、見映えの悪いものであれば大きな注目は集めにくいでしょう。企業がInstagramに参画して成功できるかは、いかに高品質で美しい画像を投稿できるかにかかっています。ファッションや美容用品、インテリア用品など、視覚的に映える商材を美しい写真に仕上げて投稿すれば、よりユーザーのニーズを満たすマーケティングが行えるはずです。

03 Instagramでどのような投稿を見たときに、自分も同じような投稿をしたくなりますか？

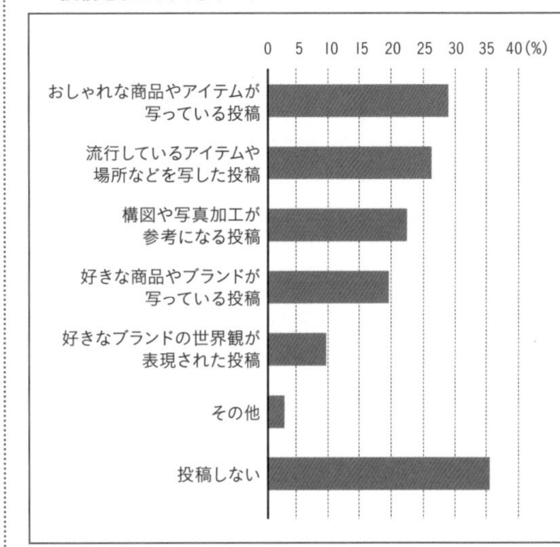

出典：サムライト株式会社「作り込まれたクリエイティブより〇〇な投稿の方が好き！？ 20〜30代女性Instagramユーザーのホンネ」
https://prtimes.jp/main/html/rd/p/000000052.000011519.html

04 Instagramの投稿を見て購入した／購入したいもの

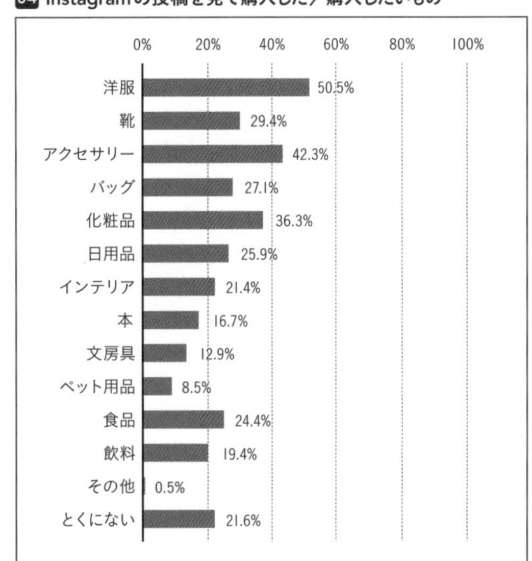

出典：株式会社MERGERICK「Instagramショッピング機能に関する調査」
https://prtimes.jp/main/html/rd/p/000000021.000020340.html

04 Instagramで目標を設定しよう

基本編

Instagramの運用効果を得るためには、目的に応じた目標を設定することが大切です。XやFacebookなどのSNSと比べると取得できるデータはそれほど多くないため、指標の意味さえ理解してしまえば、目標を立てやすいSNSであるといえます。

フォロワーを獲得する

これまでに解説してきたように、Instagramでは投稿を複数のユーザーとシェアすることができません。こうした制約上、「フォロワーの数」がそのまま「ユーザーへの最大リーチ数」となるため、Instagramを運用するうえでフォロワーを増やすことは、ほかのSNSと比べても非常に重要な目標となります01。

しかし、Instagramではどれだけ良質なコンテンツを投稿し続けていても、それをほかのユーザーが勝手に広めてくれ、フォロワーが自然に増えていくというサイクルがあまり期待できません。そのため、より直接的にフォロワーを増やす施策を具体的に考えて、適宜実行していく必要があります。

もっともよく見られる施策は、Instagram外の何かしらのキャンペーンを活用したフォロワーの獲得です。前提としてユーザーが参加したくなるようなメリットを提示しておく必要がありますが、キャンペーンの参加条件に「自社アカウントをフォローすること」を含めることで、直接フォロワーを獲得することが期待できます。また、キャンペーンの参加条件に「指定したハッシュタグを付けてInstagramで投稿すること」も含めておくと、ハッシュタグを通じて、接点のないほかのユーザーに自社アカウントやキャンペーンの存在を認知してもらえる可能性が高まります。

そのほかにInstagram外の施策として、自社サイトで告知する、実店舗で告知する、そのほかのSNSで告知する、なども同時に行っておくと、フォロワーの獲得を効率的に進めることができるでしょう。Instagram内の施策としては、投稿でハッシュタグを多用することが効果的です。この場合、1投稿につき10個以上のハッシュタグを使用することが目安となります。

01 フォロワー数の表示

フォロワー数は、プロフィール画面の「フォロワー」に表示される。

「いいね！」やコメントを獲得する

投稿に対して「いいね！」を付けたり、コメントを付けたりしてくれたユーザーは、投稿内容に少なからず興味があることを意味しています。投稿ごとに、こうしたエンゲージメントの数を把握するようにしましょう。自分の投稿に対して「いいね！」やコメントが付いた場合、♡の下部をタップすることでそれらを確認できますが、それだけでは具体的な数は把握できません。必ず個々の投稿を表示して、具体的なエンゲージメント数を確認しましょう02。

エンゲージメントの確認によって、自分のフォロワーがどのような投稿に対して反応してくれる傾向があるのか、あるいは興味を持ってくれる傾向があるのかといったことがわかるようになります。それらを参考にして、以後の投稿内容を見直していくことで、ユーザーとの関係性をさらに高めていくことができます。

02 「いいね！」数の表示

各投稿の下部の「いいね！」に、「いいね！」数が表示される

ハッシュタグの出現数を増やす

ハッシュタグは、投稿する写真や動画と関連性の高いものを付けることが一般的です。自社の名前や、商品・ブランドなどに関連するハッシュタグを含んだユーザーの投稿は、自社に関することを話題にしてくれているのを計る1つの指標と捉えることができます。つまり、自社に関連するハッシュタグの出現数が多いほど、話題になったり認知度が高まったりしていることを意味しており、ハッシュタグの出現数が減った場合はその反対の状態を表しています。

そのため、ハッシュタグの出現数を定期的に把握して、目標値を設定しておくことも重要です。ハッシュタグの出現数は、ハッシュタグを検索することで把握できます03。

コンテンツの質とフォロワーの数を両立させる

まずは質の高いコンテンツを投稿することと、フォロワーを増やすことを両立させるのが大切です。どちらかが欠けてしまうと継続的にフォロワーを増やしていくことは難しくなるため、最初はこの2つの指標で目標を設定するとよいでしょう。なお、投稿コンテンツの質は、エンゲージメント数の多寡で評価することができます。

03 ハッシュタグの検索

Q→検索欄にハッシュタグを入力して検索する

05 Instagramの運用ポイントをおさえよう

これまでに、Instagramの仕様やユーザー層にまつわるさまざまな特徴について確認してきました。こうした情報を踏まえ、Instagramを効率的に運用するためのポイントをまとめてみます。XやFacebookと比べても運用ポイントが大きく異なるため、違いを意識してうまく使い分けられるようにしましょう。

Instagramでは量より質で攻める

CHAPTER2-01でも触れたように、Instagramの国内ユーザーは2019年時点で3,300万人に上っています。Xが国内で4,500万人といわれており、これに次ぎ、Facebookよりも多い数字です。ほかのSNSと比べてもかなり高い頻度で利用されているSNSでもあるため、XやFacebookと同様にしっかりと運用に力を注ぎたいものです。

さらに、株式会社ICT総研が行った「2022年度SNS利用動向に関する調査」(https://ictr.co.jp/report/20220517-2.html/) では、Instagramが高い満足度をユーザーに与えていることがわかっています。このことから、Instagramでは写真や動画などの質の高いコンテンツによってユーザーが楽しむことができている状況がうかがえます。タイムラインの流れが急速なXでは、写真の質よりも鮮度や投稿量が1つのポイントになりますが、Instagramでは反対に、写真の質を高めるための努力が重要になってくるといえるでしょう。

このことは実際に、Facebookによる発表「Japanese on Instagram」によって裏付けられています 01。Instagramの国内ユーザーが企業を評価するポイントとして、「投稿内容が面白い」、「写真が高品質」などが上位に挙げられているのに対し、「投稿が頻繁」という項目はあまり重視されていないことがわかります。これまでにも触れてきたように、Instagramのフィードには基本的にフォローしているユーザーの投稿が表示されるだけのため、その流れはゆったりしています。長くユーザーの目に触れるため、じっくり仕上げたコンテンツで攻めましょう。

01 Instagramで企業を評価するポイント

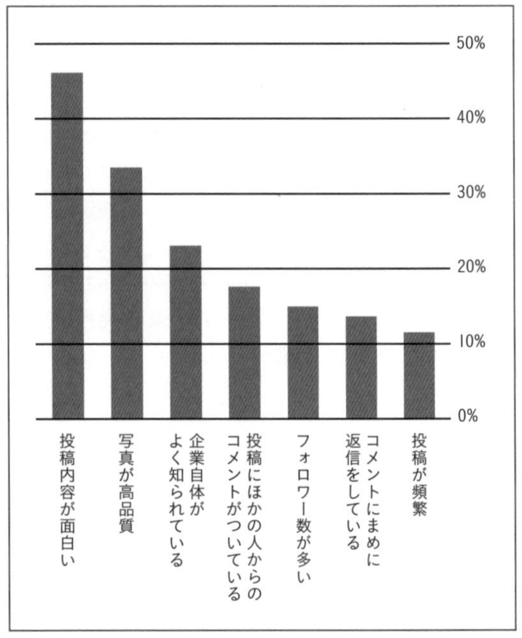

出典：Facebookによる発表「Japanese on Instagram」

シェアよりユーザーを意識する

Instagramには、そもそも投稿を複数のユーザーとシェアする機能がありません。投稿には「いいね！」とコメントが付けられるのみです。そのためInstagramでは、「バズる」といえるほどの拡散現象が発生しません。そこで、初めからシェアされるための工夫を考慮せずに、目の前にいる個々のユーザーに対して意識を集中し、「いかにユーザーが素敵だと思う写真を投稿するか」ということを中心にコンテンツを考えましょう。Facebookによる発表「Japanese on Instagram」によれば、Instagramでは7割を超えるユーザーが企業アカウントにも反応するとわかっています02。投稿する写真単体がすばらしければ、ユーザーは好意的な反応を示してくれることでしょう。

なお、Instagramで投稿できるテキストは写真の下部に小さく添えられるため、ほかのSNSと比べて存在感が薄いものです。コメントの文字をほとんど見ず、写真だけを見て過ぎ去るユーザーのほうが多いでしょう。つまり、Instagram内では「説明」というものがスルーされやすいということです。マーケティングに必要なメッセージを伝えたい場合は、伝えたいことを1枚の写真に凝縮して投稿することが重要なポイントになります。

02 Instagramの企業アカウントに対する反応

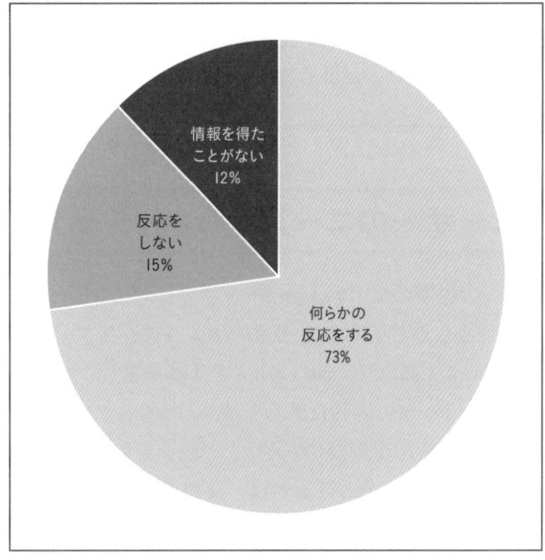

出典：Facebookによる発表「Japanese on Instagram」

ユーザーのファン化を狙う

このように個々のユーザーを意識した質の高いコンテンツを投稿していけば、ユーザーが自社アカウントのファンになることも期待できます。ここでいうファンとは、単なるフォロワーのことではなく、実際に自社アカウントを気に入ってくれているファンのことを意味します。投稿のポイントとして、「投稿の内容に親近感を感じること」、「投稿者に親近感を感じること」、「投稿者のファンであること」などが挙げられています。つまり、アカウントに対して親近感を持っているファンを増やせば、商品購入などの実際のアクションを起こしてくれやすくなるといえるでしょう。

○ほかのSNSと組み合わせる

それでもやはり、Instagram単体でアカウントの認知を高めるのは難しいものです。Instagram内では、フォロワーによる「いいね！」などを経由した認知に期待するぐらいしか方法がありません。そこで、Instagramをほかのsnsと組み合わせて活用することが極めて重要になります。すでに運用しているXやFacebookからInstagramについて投稿することで、ほかのSNSのフォロワーがInstagramアカウントの存在に気付き、コンテンツを見てくれる可能性が高まります。ほかのSNSとの連携方法については、CHAPTER1-11で詳しく解説しています。

06 ハッシュタグで効果的にユーザーを呼び込もう

Instagramでプロモーションを行う場合、ハッシュタグの活用が欠かせません。Instagramでは、ユーザーが投稿をハッシュタグで検索することが多いため、ハッシュタグがそのまま検索ニーズになると考えてよいでしょう。ターゲット層が使うハッシュタグを想定して、うまく投稿に盛り込むことが肝心です。

ユーザーのニーズからハッシュタグを考える

シェア機能のないInstagramを活用してプロモーションを行ううえで不可欠なのがハッシュタグです。XやFacebookと異なり、Instagramでは基本的に、投稿されたコンテンツの内容に関しては、ハッシュタグでしか検索できません。反対にいえば、ハッシュタグさえ効果的に使いこなすことができれば、プロモーションで大きな成果が期待できるのです。

Instagramではユーザーの検索がハッシュタグに集中するため、「検索されるハッシュタグ＝ユーザーのニーズ」と捉えてよいでしょう。ターゲットとしているユーザーが、どのようなハッシュタグで日頃検索しているのかを想像することが重要です。

ここで参考にしたいのは、株式会社ジャストシステムによるInstagramのハッシュタグに関する調査です 01。趣味関連のハッシュタグがもっとも人気で、55.9%のユーザーが関心を示しています。これは、個人の興味や情熱が強く表現されるジャンルとして、共感やコミュニティ形成の場となっていることを意味します。また、グルメ関連のハッシュタグが48.0%で非常に高い関心を集めており、食に対する人々の普遍的な興味を反映しています。旅行・観光、芸能・エンタメ、ファッションも同様に44%以上と高い関心を持つジャンルです。このデータを踏まえ、企業は関連するハッシュタグを戦略的に選択することで、より多くのエンゲージメントを生み出すことができるでしょう。

01 Instagramのハッシュタグ検索ジャンル

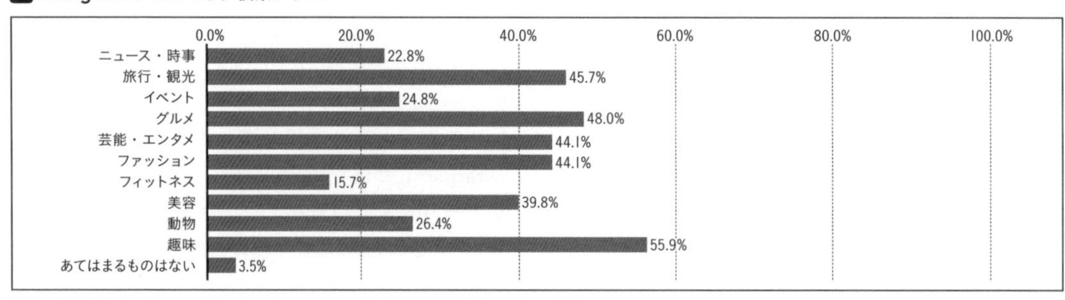

出典：株式会社ジャストシステム「モバイル＆ソーシャルメディア月次定点調査（2020年6月度）」
https://prtimes.jp/main/html/rd/p/000000459.000007597.html

人気のハッシュタグが効果的とはかぎらない

もっとも、投稿数の多い人気のハッシュタグばかりを使って集客しようなどと、安直に戦略を立ててはいけません。それではターゲットとするユーザーにリーチさせることは困難です。よく使われている人気のハッシュタグが効果的だとは、一概にいい切れないものなのです。

ここで、ハッシュタグを使うそもそもの目的を、あらためて振り返ってみましょう。企業によってさまざまな目的が想定されますが、基本的にはそれは、最終的にターゲットとするユーザーに、自社の商材やサービスなどの情報について知ってもらい、商品購入などの行動を起こしてもらうことでしょう。つまり、このような成果をもたらしてくれるハッシュタグでないと意味がないのです。よく使われるハッシュタグは競合が多いため、投稿したコンテンツはすぐにほかの投稿の波間に埋もれてしまい、ユーザーの目に付かなくなってしまいがちです。仮にユーザーの目に付いたとしても、ユーザーが求める内容と合致しないコンテンツでは効果は見込めません。こうした理由から、ユーザーによる成果が見込め、それなりにニーズがあり、それほど競合がないハッシュタグを使うことがポイントになります。

そのためには、自社がどのようなユーザーにリーチしたいのかということを先に考えるのが大切です。ここが明確にならなければ、いつまでも漠然としたターゲットに対して、インプレッション数の多い無難なハッシュタグを使い、闇雲にプロモーションをし続けることになります。ただ漠然と人気のハッシュタグを付けても、写真との関連性が薄い不自然なものであれば、ファンを定着させることは難しいでしょう。

Instagramは同じ嗜好を持ったユーザーを見つけるという要素も大きいSNSです。そのような心理で検索しているユーザーを取り込むには、リーチしたいユーザーがどのような興味を持っており、どのようなキーワードで検索しているのかということを考えながら、コンテンツにとって自然なハッシュタグを検討する必要があります。

このように効果的にハッシュタグを使うことで、公開した写真がより多くの人に見てもらえる可能性が高まります。自社のInstagramに適したハッシュタグを見つけてどんどん活用していきましょう。

ハッシュタグを一度に多用する

ニーズの高いハッシュタグほど検索ボリュームは多くなりますが、その分、同じような投稿をするユーザーも多くなります。ユーザーとの接点をより多くするためには、やはりハッシュタグを複数使うことが重要です。XやFacebookと異なりInstagramではハッシュタグを多用するのが普通のため、一度に多用してひんしゅくを買うことはまずありません。ハッシュタグを11個付けたときの反応率がもっとも高いというデータすらあるほどです。1枚の写真につき最大30個までハッシュタグを付けることができるため、コンテンツに関係するハッシュタグを、さまざまな角度から複数考えてみましょう。

なお、投稿時にハッシュタグを入力すると、そのハッシュタグにおける投稿数が表示されます02。この投稿数をニーズの目安にして、さまざまなものを試してみましょう。

02 ハッシュタグの追加

投稿時にハッシュタグを入力すると、各ハッシュタグの投稿数も確認できる

07 写真撮影のコツをおさえよう

写真がメインであるInstagramでは、写真のクオリティやおもしろさが、ユーザーを引きつけるもっとも重要な要素になります。もちろん見映えをよくする写真加工も大切ですが、写真の撮影方法にこだわって、そもそもの写真のクオリティを上げることのほうが重要です。ここで紹介するテクニックをヒントに、よりよい写真を目指してください。

物を利用した撮影テクニック

Instagramのアプリ内には加工ツールが搭載されているため、撮影した写真をおしゃれに仕上げることができますが、高められる見映えには限界があります。そのため、そもそもの撮影方法にこだわって、よい写真を用意することが肝心です。ここではまず、物を利用することで写真の印象を大きく向上させるテクニックから紹介します。

○物越しに撮る

近くにある物と遠くにある物を画面内で対比させることによって、遠近感を強調した写真を撮影することができます。右の写真では、テントの入口をあえてフレーム内に写すことで、中央に抜けている風景の奥行きを強調し、逆説的にスケール感を演出しています。そのほかにも、指輪の輪っかの中に人が入るように撮影する、カフェで机に置かれたコーヒー越しに新聞を読んでいるビジネスマンを撮影するなどの例が挙げられます。写真の世界観を立体的に仕上げたい場合などに活用するとよいテクニックです。

○被写体を鏡に映す

被写体を鏡の中に反射させて撮れば、日常とは異なる視点を鑑賞者に与えることになり、独特の世界観を演出することができます。右の写真では、鏡にあえて身体の一部だけを投影することによって、鏡の枠が異世界への入口であるかのように錯覚させています。新作アイテムを着たモデルを撮影する際なども、普通にそのまま撮影するよりも、鏡に映して撮影したほうが、世界観の際立った興味深い写真に仕上がることでしょう。

構図を利用した撮影テクニック

もちろん特別に物を利用しなくとも、写真の印象を大きく変えることは可能です。カメラの位置を少しずらし、写真の構図を工夫するだけで、同じ被写体を普通に撮影する場合よりも魅力的な写真を撮影することができます。物を必要とせず、いつでも手軽に活用することができるため、あらゆる場面で重宝する手法です。具体的にどのようなテクニックがあるのかを見ていきましょう。

○撮影する高さを変えてみる

通常人は、自分の目線と同じ高さで撮影するものだという固定観念に捉われています。いつも見ている目線で写真を撮影してしまうからこそ、何だか味気ない、通り一遍の写真に落ち着いてしまうのです。そこで、撮影する高さを意識的に変えてみましょう。右の写真のように地面にかぎりなく接近して撮影すれば、虫や小動物の視点を鑑賞者に提供することができます。反対に、椅子などに乗っていつもより高い位置から撮影すれば、蝶や小鳥の視点から被写体の新たな一面を映し出すことができるでしょう。

○被写体をあえてずらす

人が捉われている撮影上の固定観念には、被写体を中央に映すというものもあります。被写体を中央に配置すると、構図のうえでは安定感が生じますが、誰もが撮影する構図のため、目新しさやおもしろさを鑑賞者に与えることはできません。被写体をあえて中心に置かずに撮影することで、アンバランス感が生まれ、テーマ性を感じさせる雰囲気の写真に仕立てることができます。上下左右のどこに寄せるかでニュアンスが大きく変わってくるため、被写体がもっとも映える構図を探りましょう。ただし、ずらしすぎると違和感が出てしまうので、適度なバランス感は必要です。

○斜めに撮る

写真を垂直ないし水平に映すことも、撮影上の固定観念の1つです。あえて斜めに撮ることでバランスを崩せば、躍動感が出たり、動きがあったりする写真に仕上げることができます。被写体のラインなどを対角線に重ねるように撮影することで、斜めであっても安定感や美しさを補完することができます。もっともこの撮影方法は、被写体によっては不向きな場合もあるため、注意が必要です。角度の鋭さも、被写体に応じて調整するとよいでしょう。

写真にストーリーを込める

物や構図を利用するテクニックをものにすれば、鑑賞者の興味をかき立てる見映えのよい写真が撮影できますが、それらはあくまで表面的な効果に頼ったものです。そこからさらに深みのある世界に仕上げるためには、表現の奥にあるテーマ自体を作り込む必要があります。その代表的なテクニックが、写真にストーリーやメッセージを込めるというものです。ストーリーやメッセージが感じられることで、写真という静止したメディアの前後につながる時間的な世界が想像されて、一気に奥深さが増すものです。このようにシチュエーションや世界観を想像させる写真は、ユーザーの共感を得やすく、結果として「いいね！」の増加につながります。写真撮影の巧みさや、被写体のクオリティに頼らないという点でも、メリットの多いテクニックのため、ぜひ使いこなせるようにしましょう。

◎プロポーズシーンの例

とはいえ、写真だけでストーリーなどを伝えることは困難だと思う人もいるでしょう。しかし、右の写真を見れば、誰もがひと目でプロポーズのシーンを撮影したものだとわかるはずです。男性が掲げる指輪ケース、驚く女性の表情……こうした手がかりを盛り込んで強調することで、写真だけで十分にストーリーを伝えることができるのです。

さらに詳しく写真を見れば、強く驚きながらも、その女性の目元は喜びにあふれており、プロポーズの瞬間を心待ちにしていた心境さえもうかがえます。このように、写真にストーリーが込められていることに気付けば、それを読み解く楽しみも生まれます。こうした面白さが感じられると、多くの場合、ユーザーは写真に「いいね！」を付けてくれることでしょう。

◎バージンロードの例

右の写真もまた、ひと目で結婚式の一場面であることがわかるでしょう。それは、ウエディングドレスという明確なモチーフが大々的に盛り込まれているからです。文字を使えない写真でストーリーを伝えるには、このように特徴のあるモチーフを強調することが重要です。

ここでのストーリーをさらに具体的に想像してみましょう。右側の父親は、娘に左腕をゆだねながら、これまで娘と共に過ごしてきた人生を振り返っているのかもしれません。また、これからの娘の人生を喜んでいると同時に、別れを悲しんでいるのかもしれません。こうした多様な想像を可能にしているのは、あえて表情が見えない背後からの構図になっているからです。細部の表現を不明確にすることで、かえって想像の楽しみは増えるのです。

よくある失敗に注意する

これまでに紹介してきたテクニックを活用すれば、より魅力的な写真が撮影できることでしょう。しかし、つい見過ごしがちな落とし穴もあります。代表的な失敗例をもとに、撮影上の注意点をおさえましょう。

○メインテーマがわかりにくい

音楽と同様に、写真もメインテーマを中心に構成されています。ここで気を付けなければならないのが、複数のメインテーマを盛り込まないようにすることです。右の写真のように、水面と花の2つのテーマが同等の強さで共存していると、どちらに注目すればよいのかわかりにくくなります。もっとも強調したいメインテーマを絞るように意識するのがポイントです。サブのテーマを盛り込みたい場合は、そのメインテーマが映えるように、あくまで控え目に配置するとよいでしょう。

○余計な映り込みがある

とはいえ、メインテーマが強調されていればそれでよいというわけではありません。ここで注意しなければならないのは、写真の中にテーマを害する余計なものが写り込んでしまうことです。右の写真では趣のある手水をメインとして中心に据えていますが、左手奥にうっかりゴミ箱が映り込んでいることで、雰囲気が壊れてしまっています。こうなると鑑賞者は、美しい世界から一気に現実に引き戻されてしまいます。伝えたいメインテーマに必要な要素だけをファインダーに含め、不要なものは徹底的に取り除くようにしてください。

○被写体が陰っている

右の写真では、メインとなる被写体に影が大きく落ちており、全体的に暗い印象に包まれてしまっています。このような状態では、被写体自体がどれほど美しいものであっても、十分に魅力が伝わりません。影をテーマにしたものでもないかぎり、メインの被写体が陰らないように配慮しましょう。大きな被写体を撮影する場合は、天候や時間帯を考慮することも必要です。小さな被写体を撮影する場合は、必要に応じて照明器具などを活用するとよいでしょう。

08 画像加工アプリで写真を魅力的に編集しよう

Instagramでプロモーションを行ううえで大切なのは、写真に個性や統一感を持たせることです。そのためInstagramでは、画像加工アプリを使うことは必須です。画像加工アプリを使って、どれだけ写真の持つ個性や魅力を際立たせ、ほかのユーザーの写真と差別化を図れるかがポイントになってきます。

多機能なおすすめアプリ

Instagramでは写真がメインコンテンツになるため、ブランディングなどで企業や商材の個性やカラーをより視覚的にプロモーションすることができます。裏を返せば、写真に個性や統一感がなければ、ブレた印象を持たれかねないともいえるでしょう。ブランドの統一された世界観を作り出すためには、画像加工アプリで独自にテイストを調整する必要があります。まずは、こうした調整に役立つさまざまな編集機能を備えたアプリから紹介します。

○VSCO

VSCOはインスタグラムでもっとも使われている人気の写真加工アプリです。フィルター、加工ツールが豊富に用意されているので、詳細に画像を加工することが可能です。

VSCOの特徴として挙げられるのが「レシピ」機能です。自分が加工した加工履歴を保存しておけるので、ほかの画像を投稿する際に、保存した加工履歴を別の写真に反映させることができます。この機能を使えば、写真に統一感を持たせることが容易になります。

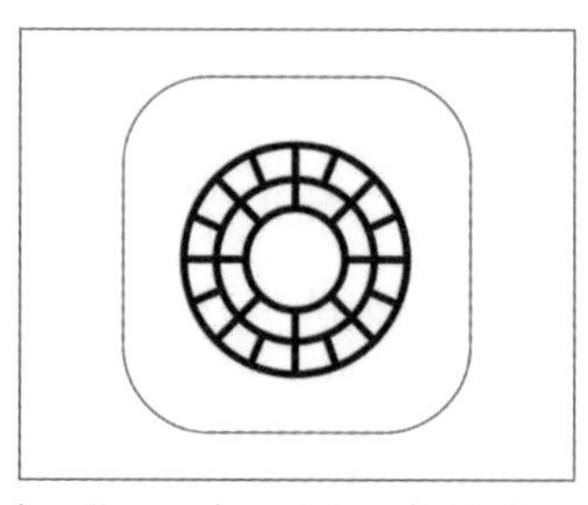

https://apps.apple.com/jp/app/id588013838

○MOLDIV

14種類のテーマ、220種類のフィルター、840種類以上のステッカーなど、豊富な選択肢から自由に写真を飾り立てることができます。もっともこのアプリの最大の持ち味は、複数枚の写真を組み合わせたり、さまざまな形のフレームに写真を当てはめたりするコラージュ機能が優れている点です。コラージュの操作中にガイドが出るため、初めて使う人でもかんたんに編集することができます。最大9枚の写真を1つのフレームにまとめることができるため、多くの情報を一度に伝えたい場合にも重宝します。

https://apps.apple.com/jp/app/id608188610

特殊加工で魅せるアプリ

画像加工アプリには、色合いなどといった通常の編集機能とは異なる特殊加工ができるものもあります。モノクロ写真の一部をカラーで飾ったり、2枚の写真を合成したりする加工が代表的なものです。こうした特殊加工を施すことで、より個性的な世界観を作り出すことができます。同時に、ほかのユーザーの写真との差別化をより強く図ることもできるため、注目度をさらに高める役割も果たします。こうした効果を実現するために役立つ、特殊加工に長けた3つのアプリを紹介します。

○Analog Paris

Analog Parisは、写真をパリの風景のように加工するアプリです。40種類以上のピンクがかったフィルターが用意されており、建物などを撮影して加工するとパリのような雰囲気の写真に仕上げられるので、インスタグラマーの間でも人気があるようです。

また、Analogシリーズには Tokyo、Londonなど、都市の名前がついたアプリが数種類あるので、それぞれ各都市の雰囲気を表現したいときには便利なアプリです。

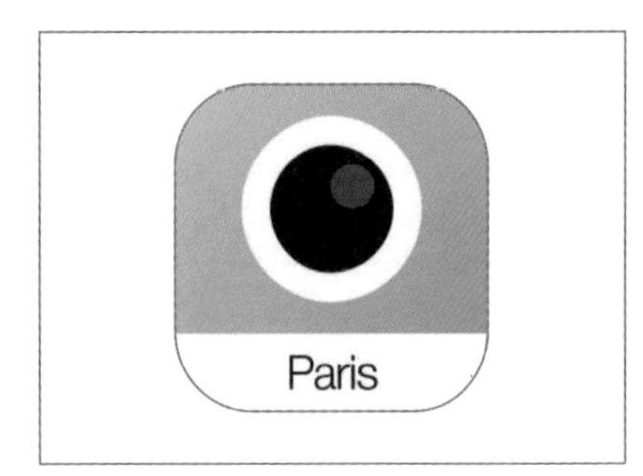

https://apps.apple.com/jp/app/id1035219562

○kirakira+

「kirakira+」は撮影した写真にキラキラした加工ができるアプリです。12種類のキラキラ加工が可能で、写真だけでなく、動画もキラキラした加工が可能です。

光が当たっている部分を余計に光らせるフィルターなので、元々の写真や動画自体に光っている部分がないとキラキラした加工ができないので注意してください。

https://apps.apple.com/jp/app/id955687901

○Huji Cam

Huji Camは富士フイルムの写ルンです風の写真が撮れるアプリです。ただし、富士フイルムの公式アプリではないので注意してください。Huji Camの特徴としては、フィルムカメラで撮影したようなレトロな加工が自動でなされる点です。初めからフィルムカメラテイストの撮影ができるので、写真加工の手間はありませんが、逆に撮影した写真を加工する編集機能がありません。

https://apps.apple.com/jp/app/id781383622

09 Instagramライブを活用しよう

Instagramの機能の1つに「ライブ配信」があります。閲覧者は配信者へコメントや「いいね！」を送れたり、質問を投げたりと、配信者と閲覧者でコミュニケーションをとれます。Instagramライブ（インスタライブ）は、最大4時間のリアルタイム動画の配信が可能です。

「Instagramライブ」の配信方法

Instagramライブに必要な機材はスマートフォンです。 PC版Instagramからの場合はストリーミングソフトウェアが必要になるので注意しましょう。ここでは初心者でもかんたんに開始できるスマートフォンからのライブ配信方法を紹介します。

○事前準備

Instagramライブではフォロワーの中でも指定した人にのみ公開を行うことが可能です。公開範囲が決まっている場合は事前に設定しましょう。

- **指定したフォロワーにだけ公開する（親しい友達設定を使用）**

プロフィール画面右上の「≡」→「親しい友達」の順にタップします。フォロワーの中から配信したいユーザーにチェックを入れていきます。

○撮影開始

撮影を開始するときは、図の順番でタップします。

❶ライブを選択してタップ

投稿ボタン「＋」をタップすると画面下から何を投稿するか選択できます。一番右側の「ライブ」をタップします。

❷配信先を指定

「∨」をタップして公開範囲を設定します。「親しい友達」を選ぶと事前準備で設定したユーザーのみの公開になります。また、練習も可能で、その場合は配信されません。

❸タイトルの追加

タイトルはライブ配信中の画面左上に表示されるので、登録しておきましょう。

❹タップ

配信が開始されます。

「Instagramライブ」の配信中の操作

Instagramライブの配信中は右のような画面で操作します。

❶配信者
配信者のアカウントが表示されます。

❷コメント
以下のことが可能です。
・モデレーターを追加
・コメントのON/OFF
・ライブ配信リクエストのON/OFF
・質問のON/OFF
・リンクのコピー
・シェア

❸参加リクエスト
共同でライブ配信したいユーザーからのリクエストを承認することができます。

❹ライブ招待
閲覧者をライブ配信にゲスト招待することができます。招待を承認されたら画面が2画面になりユーザーと共同でのライブ配信となります。

❺質問
閲覧者からの質問を確認できます。

❻メッセージ送信
フォロワーにメッセージを送信したり、配信している動画のリンクをシェア送信することができます。

❼配信終了
タップすると、「ライブ配信を終了しますか？」と表示されるので、「今すぐ終了」をタップすると配信が終了します。1分以上の配信であればリール動画としてプロフィールに残すことができます。

⑧音声ON/OFF
⑨カメラON/OFF
⑩カメラ切替
内外のカメラを切り替えられます。
⑪エフェクト変更
さまざまな画面エフェクトが利用可能です。

Instagramライブのポイント

配信者と閲覧者でコミュニケーションが取れることがInstagramライブの特徴ですが、実際にライブを実施してみると、段取りが悪かったり、機材トラブルなどの原因によって閲覧者（フォロワー）が減ってしまうようなケースがあるかと思います。
Instagramライブを実施する場合、商品のアピールポイント・使い方・カメラアングルなどの確認や、コメント・質問のリクエストを受け付けるかなど、事前に具体的に決めておいた方がスムーズに進行できるでしょう。
また、安定して配信できる通信環境なのかを確認するためにリハーサルをしておくことも大切です。Instagramライブの告知についても、1度だけではなく、最低でも2～3日前と直前に事前告知することをおすすめします。

10 Instagramリールとは

Instagramリールは、ブランドの魅力を短い動画で表現する効果的な手段です。この機能を使って、音楽やエフェクトを加えた動画を作成し、フォロワーや新規ユーザーとのエンゲージメントを深めましょう。

リールの基本

Instagramのリールは、15秒から3分の短い動画を作成し、音楽やエフェクトを追加して投稿できる機能です。リールはInstagramのフィードやエクスプローラーで表示され、フォロワーだけでなく、新たなユーザーにも見られる可能性があります。リールの作成は、Instagramの投稿ボタン「＋」から、画面下部の「リール」をタップし、（カメラ）をタップすることで開始できます。画面上部から、再生速度やタイマー、画面左側のツールバーから、音楽やエフェクト、レイアウトなどを設定できます。

◎コンテンツ作成

リールのコンテンツ作成には、企業のブランドや商品を魅力的に見せるためのストーリーテリングが重要です。たとえば、商品の製造過程を紹介する動画や、スタッフの日常を描いた動画などが考えられます。これらの動画は、企業の裏側を見せることで、フォロワーとの信頼関係を深める効果があります。また、ユニークな視点やアイデアを取り入れることで、ほかの企業と差別化を図ることができます。

◎効果的な活用方法

リールを効果的に活用するためには、投稿のタイミングやハッシュタグの使用が重要です。投稿のタイミングは、フォロワーがもっともアクティブな時間帯に合わせるとよいでしょう。また、関連性の高いハッシュタグを使用することで、目的のユーザーにコンテンツが届く可能性が高まります。さらに、リールはエンターテインメント性が求められるため、ユーモラスな要素を取り入れる、視覚的に魅力的なエフェクトを使用するなどの工夫が効果的です。

◎エンゲージメント向上

リールを通じてエンゲージメントを向上させるためには、視聴者との対話を促すコンテンツ作成が有効です。たとえば、質問を投げかけてコメントを促す、投票やクイズを取り入れるなどの方法があります。また、リールのコメントやシェアを積極的に行うことで、自社のリールがより多くのユーザーに届く可能性があります。

編集機能と種類について

Instagramのリール編集機能は、ユーザーがクリエイティブなコンテンツをかんたんに作成できるように設計されており、その魅力はその多様な編集ツールにあります。これらのツールはリール作成画面の側面に配置されており、ユーザーが自分のメッセージやストーリーを効果的に伝えるのに役立ちます。

❶再生速度の調整

再生速度を調整することで、動画にダイナミックな演出を加えることが可能です。スローモーションを使って特定の瞬間を強調することや、高速再生でエネルギッシュな印象を与えることができます。

❷タイマー機能の活用

録画開始を遅らせることができ、カメラを設置してから録画位置に移動する時間を確保できます。

❸音源の選択

Instagramの豊富なミュージックライブラリを利用して、背景音楽を選ぶことができます。選んだ曲は、リールの雰囲気やメッセージを強化するのに重要な役割を果たします。

❹ARエフェクトの選択

エフェクトは視覚的な魅力を高め、リールのコンテンツに独自性を与えます。

❺位置合わせの活用

レイアウト機能を使うと、以前に撮影した動画の被写体の位置を確認できます。これはとくに、衣装替えやビフォーアフターを示す動画において重要です。

❻動画時間の選択

リールは、15秒、30秒、60秒、90秒の4つの長さから選択できます。これにより、視聴者の関心を維持するのに最適な時間を選択することが可能になります。

11 Instagramリールのおすすめアプリ

Instagramリールのサムネイル作成に役立つアプリは多数存在し、これらのツールは初心者にも使いやすく、豊富なテンプレートを提供しています。これらのアプリを駆使して、視聴者の注意を引き、SNSでのプレゼンスを高めることができます。

リールのサムネイルを作る際のおすすめアプリ

ここでは、Instagramリールのサムネイルを作成する際におすすめのアプリを紹介します。サムネイルは視覚的な魅力を持ち、ユーザーがコンテンツをクリックするかどうかを決める重要な要素です。とくにInstagramリールでは、魅力的なサムネイルが再生数の増加に直結します。

○Adobe Creative Cloud Express

初心者でもかんたんに使える豊富なテンプレートを提供し、サムネイルの文字や写真を自由に変更できます。無料で利用でき、さまざまなデザインニーズに応じたサムネイルを作成することが可能です。

https://www.adobe.com/jp/express/

○Canva

SNS画像作成全般にわたる多様なテンプレートを提供しています。Canvaのトップページから特定のSNSカテゴリに最適化されたテンプレートを検索でき、選択したテンプレートは編集画面でカスタマイズ可能です。

https://www.canva.com/

○VistaCreate

無料プランでも数千のテンプレートにアクセス可能で、トップページからSNS用途やタイプに応じたテンプレートを選ぶことができます。かんたんにプロフェッショナルなサムネイルを作成し、Instagramリールの魅力を高めることができます。

https://create.vista.com/ja/

動画制作に役立つ無料アプリ

Instagramリールの制作には、便利で効果的なアプリが必要です。ここでは、リールのトレンド動画制作に役立つ無料アプリ3選を紹介し、それぞれの特徴と利用方法についてより詳しく解説します。

○PowerDirector

PowerDirectorは、直感的な操作性と高度な編集オプションを兼ね備えたアプリで、幅広いスキルレベルのユーザーに適しています。このアプリはiPhone、iPad、Androidデバイスで使用可能で、多彩なエフェクト、デザイン、無料のBGMトラックやサウンド、デザインテンプレートを提供します。フリーの写真や動画素材、音楽素材も利用でき、動画カット、色の補正、エフェクトの追加など基本的な編集から、合成動画の作成や複数の動画を組み合わせる高度な編集も可能です。タイトルや字幕のデザインも豊富で、YouTubeやSNS向けの動画制作に最適です。

https://jp.cyberlink.com/products/powerdirector-video-editing-software/overview_ja_JP.html

○InShot

InShotはとくに初心者に向けたアプリで、iPadなどで外出先でもかんたんにInstagramのフィードやストーリーズ用の動画編集が可能です。動画のカット、トリミング、分割、フレームサイズの調整など基本的な編集が手軽にできるのが特徴です。機能はPowerDirectorに比べるとかぎられますが、直感的な操作で動画を編集できるため、初心者におすすめです。テキストやステッカーを使って動画をカスタマイズする機能もあり、Instagramへの直接アップロードもサポートしています。

https://play.google.com/store/apps/details?id=com.camerasideas.instashot&hl=ja&gl=US

○CapCut

CapCutは、TikTokを開発した会社によるアプリで、日本語や英語、スペイン語など多言語に対応しています。スマートフォンやタブレットでも利用でき、豊富なフィルター、テキストスタイル、スタンプを使った動画編集が可能です。色合いや質感の調整機能があり、好みに合ったデザインで動画を作成できます。テキストの書体やスタンプの種類が豊富で、流行りの動画スタイルのテンプレートが定期的に更新されるので、トレンドに合わせたリール動画の制作に最適です。

https://www.capcut.com/ja-jp/

12 Instagramリールの活用事例

運用編

Instagramリールは、企業アカウントでのリーチ拡大に効果的です。サッカーチームのマスコットダンスや、雑貨店のルームツアーなど、親しみやすさを演出するコンテンツが人気です。飲食店は商品の魅力を視覚的に表現し、美容ブランドは実際の使用感を投稿して信頼を築きます。効果的なリール活用で、商品紹介やHOW TO動画を魅力的に展開し、ユーザーの関心を引きます。

企業公式アカウントでのリール活用

Instagramリールは、企業のSNS戦略において非常に効果的なツールです。リーチが高く、さまざまな業種の企業が独自の方法でリールを活用しています。以下に具体的な例を挙げ、それぞれの企業がどのようにリールを用いているか詳しく説明します。

○北欧、暮らしの道具店

北欧、暮らしの道具店（@hokuoh_kurashi）は、その投稿内容の洗練さで知られ、リールを通じて独自のブランドイメージを効果的に展開しています。

リールでは、スタイリッシュなテキストを使用し、情報を視覚的に伝えています。また、ルームツアー形式の動画で商品を掲載して、ユーザーが日常生活の中で商品をどのように使用できるかのイメージを提供しています。

最新の投稿では、季節に合わせた新商品や読み物などの情報も盛り込んでおり、フォロワーとのエンゲージメントを一層深めています。さらに、アンケートを定期的に開催し、コミュニティとのつながりを強化しています。

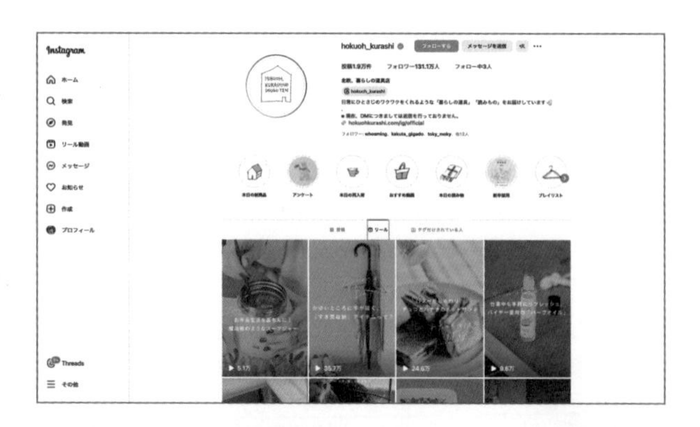

◎Gong cha（貢茶／ゴンチャ）

タピオカブームの火付け役として有名になったGong cha（@gongcha_japan）ですが、Instagramリールで面白い手法を活用しています。

動画ではあるものの、あえてコマ送りのストップモーションのような表現をしており、動画だらけのリールにおいてインパクトとかわいらしさを作っています。このような視覚的な工夫は、目を留めてもらううえで非常に効果的で、視聴者に製品の魅力を直感的に伝えることができます。

さらに、最近では季節限定商品やコラボレーション商品の紹介を通じて、ファンとの新たなコミュニケーションを図っており、そのエンゲージメント戦略がフォロワーから高い評価を受けています。

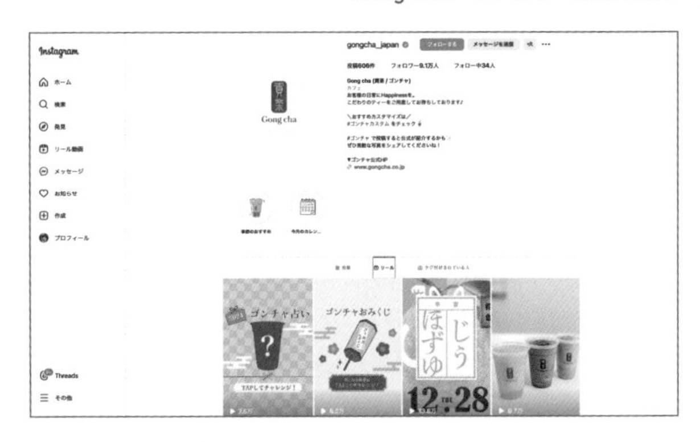

これらの事例からわかるように、Instagramリールは多様な業界で有効なマーケティングツールとして活躍しています。企業はリールを活用して製品やサービスの魅力を創造的かつ視覚的に伝え、消費者との関係を強化することができます。この機能は、とくに直感的でダイナミックなブランドストーリーの伝達に適しており、情報過多のデジタル環境において消費者の注意を引きつけるのに効果的です。さらに、リールの短いフォーマットは新しい顧客層へのリーチ拡大にも寄与し、とくに若年層とのつながりを築くのに有用です。動画コンテンツは共有しやすく、これによって企業はソーシャルメディア上での口コミ効果を最大化し、ブランドの認知度を高めることができます。リールは、現代のマーケティング戦略において欠かせない機能といえるでしょう。

13 Instagramストーリーズとは

Instagramのストーリーズ機能は、24時間後に自動的に消える一時的なコンテンツです。各企業は独自のアプローチでストーリーズを利用し、ブランドイメージの強化や顧客とのコミュニケーションに貢献しています。

ストーリーズの基本

Instagramストーリーズは、日常の瞬間や直接的なアップデートを共有するための機能です。24時間後に自動的に消える一時的なコンテンツで、フォロワーとの即時性と親密さを高めます。ストーリーズの作成はリールと同様に、投稿ボタン「+」をタップし、画面下部の「ストーリーズ」をタップすることで開始できます。ユーザーは写真や動画をストーリーズに投稿し、テキスト、ステッカーなどのインタラクティブな要素を追加して、フォロワーとのエンゲージメントを促進することができます。またストーリーズは、フォロワーがアクティブに参加できるQ＆Aセッションやライブビデオストリーミングなど、さまざまな形式のコンテンツを提供することが可能です。

ストーリーズの最大の利点は、フォロワーとの直接的なつながりとリアルタイムでの相互作用にあります。これにより、ブランドや個人はフォロワーとの関係を深め、信頼とコミュニティの感覚を育むことができます。

似た動画の機能としてInstagramリールがありますが、その違いを下記にまとめています。それぞれの機能の特性を活かすことで、Instagramでの効果的なコンテンツ戦略を展開することが可能です01。

01 ストーリーズとリールの主な違い

	ストーリーズ	リール
コンテンツの持続性	一時的なコンテンツで、投稿から24時間後に消える	恒久的なコンテンツで、プロフィールに保存され、何度も視聴できる
動画の長さ	最大60秒	最大3分
公開範囲	フォロワー向けの配信で限定的	検索タブで表示され、広範囲にリーチすることが可能
エンゲージメントと相互作用	インタラクティブな要素(ポーリング、Q＆Aなど)を活用してフォロワーと直接的につながることに重点を置いている	クリエイティブなコンテンツと広範な露出に重点を置いている

※1　ハイライト
プロフィール上で恒久的に表示されるストーリーズの集まり。重要な瞬間やカテゴリー別に整理可能。

※2　リグラム
ほかのユーザーの投稿を自分のフィードやストーリーに再共有する行為。共感や情報拡散に役立つ。

※3　ユーザー生成コンテンツ（UGC）
ブランドや製品に関連するコンテンツを、利用者自らが作成し投稿すること。エンゲージメント向上に貢献。

ストーリーズの活用事例

○クラシル

クラシル（@kurashiru）は、料理のレシピを提供する人気サービスです。彼らは日々のストーリーズで人気のあるレシピや季節のレシピを紹介し、それを月ごとのハイライト[※1]で効果的にまとめています 02。この戦略により、ユーザーは気に入ったレシピをあとでかんたんに見返すことができます。さらに、クラシルは独自デザインの画像を使用してブランドイメージを際立たせ、ストーリーズから自社のWebサイトへの導線を確保しています。これにより、視覚的魅力とユーザー体験の向上を図り、ブランドの認知度とエンゲージメントを高めています。

○じゃらん

じゃらん（@jalan_net）は、日本国内の旅行先を紹介するサービスです。彼らはストーリーズを使用して、特定のハッシュタグを付けたユーザーの投稿をリグラム[※2]のように紹介し、ユーザー生成コンテンツ（UGC）[※3]を積極的に利用しています。また、彼らはテーマごとにユーザーの投稿をまとめたハイライトを作成しており、これによってフォロワーが興味を持ちそうなコンテンツをかんたんに探せるようになっています。このようにして、じゃらんはフォロワーに有益な情報を提供しつつ、エンゲージメントを高めています。

○CRAZY WEDDING

CRAZY WEDDING（@crazy_wedding）は、オリジナルのウェディングプランを提供する会社で、Instagramマーケティングに力を入れています。とくに彼らは、SNSに寄せられる質問を頻繁にピックアップし、ストーリーズを使って回答するという方法を採用しています。このアプローチにより、ユーザーの疑問や不安に直接かつ気軽に対応しており、結婚式という一生に一度のイベントに対して深い関心とサポートを示しています。彼らは比較的長文の質問と回答をストーリーズで共有することで、ユーザーとの信頼関係を築き上げています。

02 ハイライトの例

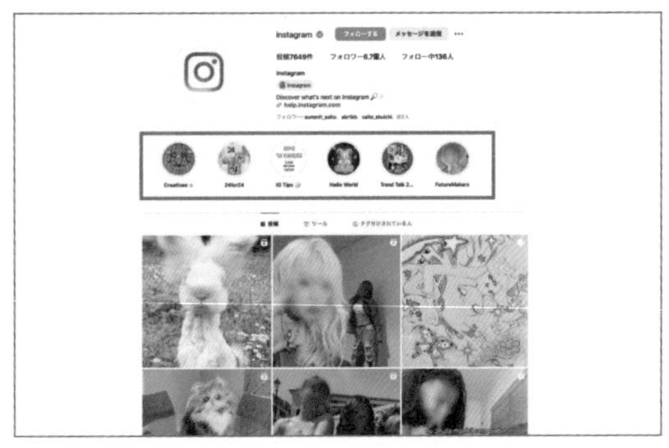

ストーリーズはハイライトとしてまとめて、プロフィール画面に固定できる

14

Instagramの関連ツールでスムーズに運用しよう

Instagramで活用できるアプリやツールは、写真関係のものだけではありません。Instagramの運用に関連するツールも、国内外で多く提供されています。これらのツールを活用すれば、より効率的かつ効果的にInstagramを運用することができます。ここでは、投稿や分析にとりわけ役立つツールを紹介します。

投稿やフォローに使えるおすすめツール

Instagramの運用業務のパフォーマンスを向上させるには、関連ツールの存在は欠かせません。現在、Instagramの運用をサポートするツールは国内外で多く開発されています。こうしたツールを活用すれば、運用パフォーマンスが向上し、運用担当者のモチベーションの向上にもつながります。まずは、投稿やフォローなどをより効果的に進めるために有用なツールを紹介します。

○Hootsuite

Hootsuiteは、ビジネスやマーケティングの分野でとくに重宝される、強力なソーシャルメディア管理ツールです。このアプリケーションは、Instagram、X、Facebookなど、複数の主要なソーシャルメディアプラットフォームを1つのインターフェースから管理することを可能にします。この一元化されたアプローチにより、企業や個人は、異なるソーシャルメディアアカウントを切り替えることなく、投稿のスケジューリングや追跡、分析を行うことができます。

Hootsuiteのもう1つの主要な特徴はその柔軟性です。無料プランからビジネスプランまで、さまざまなニーズや規模に合わせて選択できる複数のプランが用意されています。無料プランでは基本的な機能が利用可能で、小規模なビジネスや個人が利用するのに最適です。一方、ビジネスプランでは、より高度な分析ツール、チームの協力機能、より多くのソーシャルプロファイルの管理など、追加の機能が提供されます。

さらに、Hootsuiteは投稿のスケジューリング機能を提供しています。これにより、ユーザーは特定の日時に自動的に投稿が公開されるように予約することができます。これは、とくに異なるタイムゾーンのフォロワーを持つ国際的なビジネスや、一貫した投稿スケジュールを維持したい個人にとって非常に便利です。

Hootsuiteの分析ツールは、ソーシャルメディアのパフォーマンスを詳細に追跡するのに役立ちます。これにより、ユーザーはどの投稿がもっとも効果的であるか、または特定のキャンペーンが目標オーディエンスにどのように影響しているかを理解することができます。

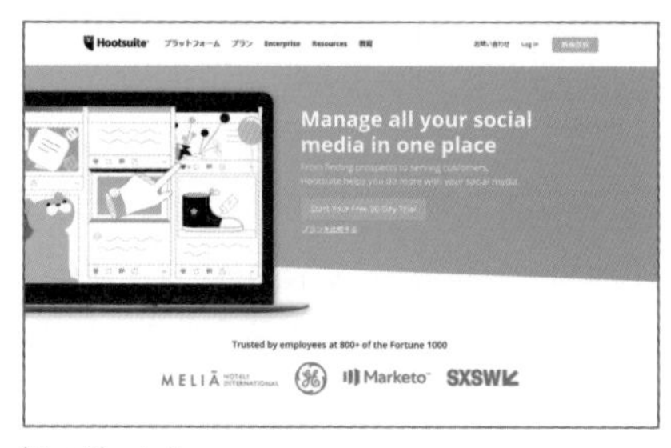

https://hootsuite.com

データ分析に使えるおすすめツール

Instagramを運用するうえでは、アカウントのデータを的確に把握し、状況を分析する作業が重要になってきます。そうしたデータ分析をすることなくして、コンテンツをより最適化し、マーケティングの成果を改善することは困難だからです。Instagram自体には、XやFacebookに搭載されているような高度な分析ツールはありませんが、他社が提供している分析ツールを活用することができます。そのような分析ツールの中でも、とくに機能性に優れた「Iconosquare」と「Instagramインサイト」を紹介します。なお、これらのツールの詳細な使い方は、続くCHAPTER2-15で解説します。

○Iconosquare

Instagramでデータを分析するためにまず活用したいのは、このIconosquareです。投稿の閲覧回数や、フォロワー数の推移、来訪したユーザーの属性など、基本的なデータの分析機能を無料で利用することができます。「いいね！」やコメントなどのエンゲージメントの状況を把握しやすく、どのような投稿が人気があるのかが効率的に分析できるため、いち早くユーザーが求めているコンテンツを知ることができます。

このツールでは、投稿した時間帯や、写真に適用しているフィルターの種類、個々のハッシュタグなどに関連する、詳細なデータを確認することもできます。多角的な視点から状況を把握することで、通常の運用では気付かないような盲点が見つかることでしょう。

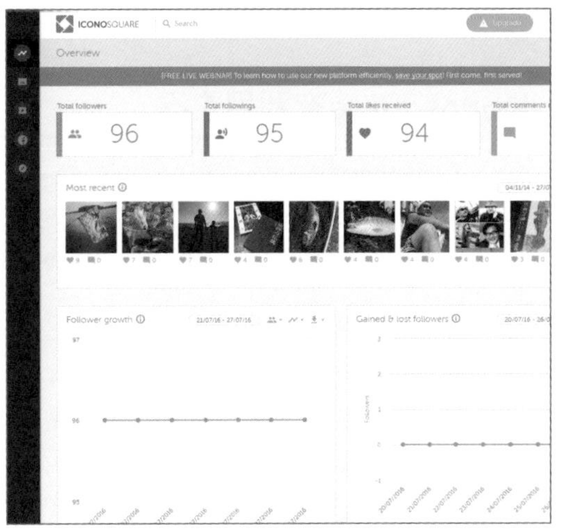

https://pro.iconosquare.com

○Instagramインサイト

Instagramインサイトとは、インタラクション数、リーチ、インプレッション数といった基本的な情報や、コンテンツの閲覧数、ユーザーの地域や年代まで把握できるInstagramの機能の1つです。Instagramにはさまざまな分析ツールが存在していますが、唯一オフィシャルな分析結果を確認できる機能になります。

15 運用状況を分析・改善しよう

SNSを運用するにあたり、各アカウントの運用状況を分析し、レポーティングすることは運用改善につなげるうえで非常に重要です。ここでは、IconosquareとInstagramインサイトを活用して、運用状況を具体的に分析・改善する方法を紹介します。

Iconosquareを利用する

Instagramの運用状況を分析するには、CHAPTER2-14で紹介したIconosquareを使うと便利です。英語表示ですが、シンプルでかんたんに操作でき、さまざまなデータを確認することができるため重宝します。 Iconosquareは有料のツールですが、最初の14日間は多くの機能を無料で利用することができるため、まずは実際に試用してみるとよいでしょう。

Iconosquareを利用するには、まず公式サイト（https://pro.iconosquare.com）にアクセスし、画面右上の「Start my free trial」をクリックします01。個人情報を入力して「Next」をクリックし、画面の指示に従って各SNSアカウントと連携すれば利用できるようになります。なお、Instagram以外にもX、TikTok、Facebook、LinkedInなどとの連携も可能です。

ここでは分析ツールとしての活用方法のみ紹介します。

01 Iconosquareの公式サイト

「Start my free trial」をクリックして利用を開始する

◯アカウントの基本データを確認する

左側のメニューで「Analytics」→「Overview」の順にクリックすると、アカウントの基本的な指標と最近の傾向を把握することができます02。ここで注目したいのは、現在の静止したデータそのものよりも、これまでにデータがどのように推移してきたかを確認できる指標です。フォロワー数の推移や、フォロワー増加・減少数の推移、エンゲージメント数の日別数値などを把握すれば、これまでの運用成果がどの程度反映されているのかがわかるでしょう。エンゲージメントが高かった投稿の日以降にフォロワー数が増加しているかもしれません。もしくはその逆の現象も把握できます。これらのことから投稿のどのような内容に反応したのかを想像すれば、改善点が見つかるはずです。

なお、期間は画面右上のカレンダー部分で設定可能です。

02 Iconosquareの「Overview」画面

◯コンテンツのデータを確認する

「Engagement」画面ではこれまでに投稿したコンテンツに関する詳細な情報を見ることができます。左側のメニューで「Analytics」→「Engagement」の順にクリックして確認しましょう03。指定した期間（期間は画面右上で設定可能）の平均エンゲージメント率、いいね！数、平均いいね！数、コメント数、平均コメント数、エンゲージメント数の日別グラフ、エンゲージメントの高かった投稿一覧、曜日別でどの日時に投稿したコンテンツがエンゲージメントが高かったか、各エンゲージメント項目の推移などが確認できます。

分析するメディアによっても取得できる項目に違いはありますが、どの投稿が効果的だったのか把握できる点では一致しています。有効に活用し、効果的なコンテンツが何か、エンゲージメントが高い曜日や時間帯はどこかなどを把握し、今後の戦略に役立てましょう。

03 Iconosquareの「Engagement」画面

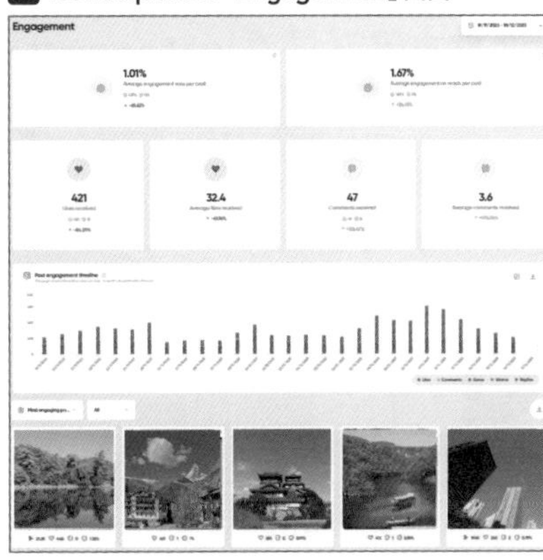

◯フォロワーのデータを確認する

「Community」画面では、フォロワーに関する詳細な情報を見ることができます。左側のメニューで「Analytics」→「 Community」の順にクリックして確認しましょう04。

フォロワー数、指定した期間のフォロワー純増数、フォロワー獲得率、フォロワーの推移、フォロワーの日別増減数、フォロワーの属性（性別や年齢、居住エリアなど）などが確認できます。

とくに、フォロワーの日別増減数では投稿数のグラフも表示されているため、投稿があった日にフォロワーが増加していればどの投稿かを特定することができ、今後のコンテンツ戦略にも反映可能です。

04 Iconosquareの「Community」画面

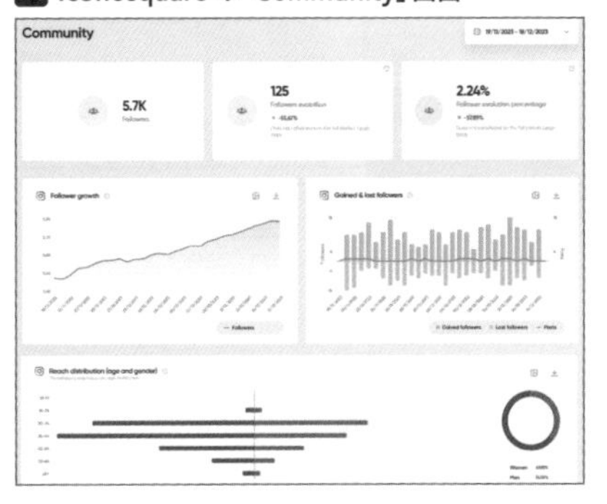

◯リーチのデータを確認する

「Reach」画面では、リーチに関する詳細なデータを見ることができます。左側のメニューで「Analytics」→「 Reach 」の順にクリックして確認しましょう05。

指定した期間の合計インプレッション数、リーチ数、投稿あたりの平均リーチ数、投稿当たりのリーチ率、リーチ・インプレッション数の推移、投稿タイプ別の平均リーチ数、フォロワーのオンラインタイム（Instagramのみ）、リーチ数の多かった投稿の一覧、リーチの多かった投稿の日時、リーチユーザーの属性（性別や年齢）などが確認できます。

リーチ数が多いということは拡散されている可能性が高いということです。いつの、どの投稿の時にリーチ数が多かったかなどしっかり把握しましょう。

05 Iconosquareの「Reach」画面

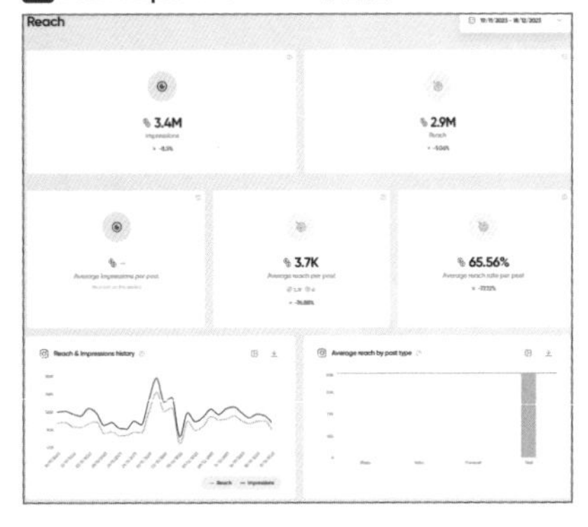

スマホアプリでInstagramインサイトを利用する

Instagramの分析は「Meta Business Suite」を使用します。使用方法や分析項目はP.179のFacebookと基本的に変わりません。

ただ、Instagramをビジネスアカウントにしている場合、スマホアプリでかんたんにしかも詳しくインサイトを確認することができるのでその方法を紹介します。

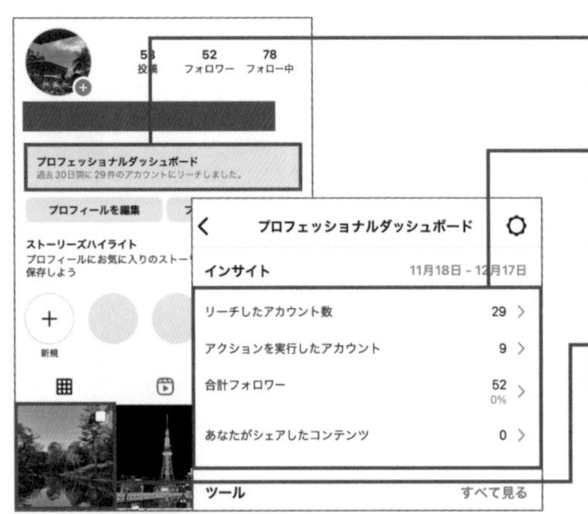

1 Instagramのプロフィール画面から「プロフェッショナルダッシュボード」をタップします。

2 リーチしたユーザー数やアクション数、フォロー数をなど見たい項目をクリックすると詳細データを見ることができます。フォロワーが100人以上いる場合、日別推移やエリア属性、アクティブな時間帯などより詳細なデータを確認することが可能です。

3 戻って投稿をタップし、画像下にある「インサイトを見る」をタップすると、その投稿に対するリーチ数やエンゲージメントの詳細を見ることが可能です。

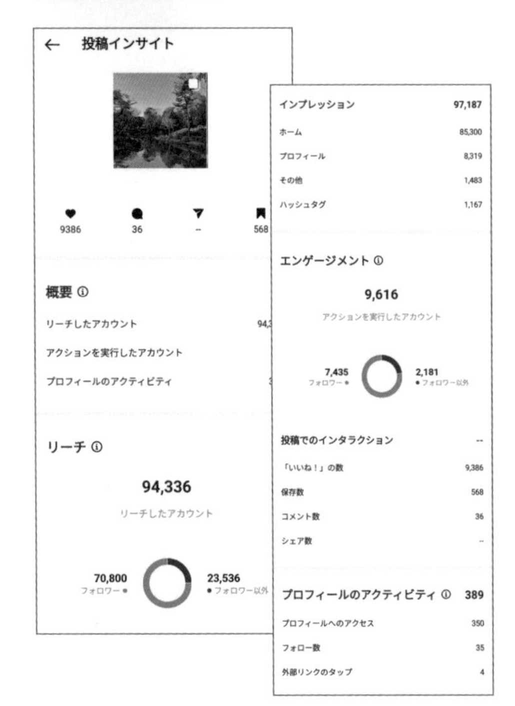

投稿のインサイトは投稿したコンテンツがどのように評価されたか、詳細に確認することができます。投稿後1週間程後に確認し、効果をチェックしてみましょう。

※ただし、フォロワー数が100人未満だったり、エンゲージメントやリーチ数が少ない場合は表示されませんので注意してください。

◯リーチ

リーチ数のみならず、フォロワーのリーチとフォロワー外のリーチのシェアが表示されます。フォロワー外からのリーチが多い場合は、シェアされるか、ハッシュタグなどの検索で発見されている可能性が高いので「インプレッション」を見てどこで発見されたか確認してみましょう。

◯インプレッション

投稿がInstagramのどこで表示されたか確認できます。エンゲージメントをたくさん獲得するとユーザーのホーム画面に表示されます。

◯エンゲージメント

フォロワー / フォロワー外の数値とエンゲージメントの種類が確認できます。

ハッシュタグツールを利用する

○ハシュレコ

Instagram分析ツール「Aista」のハッシュタグの利用頻度のデータをもとに、ハッシュタグを提案してくれる検索ツールです。特徴としては検索結果に表示されたハッシュタグの右側についている「カメラアイコン」を押すと、Instagramが起動してハッシュタグを直接検索することが可能です。

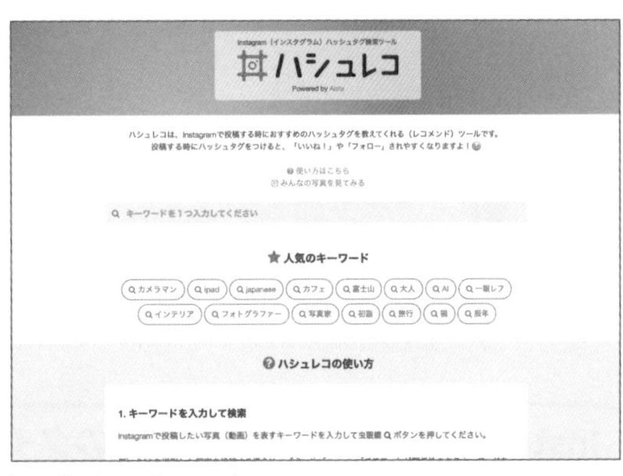

https://hashreco.ai-sta.com/

○instatool

instatoolはtagreco（おすすめハッシュタグ発見）、tagpop（ハッシュタグの人気度調査）、tagfollow（おすすめユーザー発見）、taglike（類似ハッシュタグ発見）、tagrank（人気ランキング）の5つの機能でハッシュタグを検索できるサービスです。検索結果をハッシュタグとしてクリップボードにコピーしたり、メール送信したり、CSV形式でダウンロードしたりできますので大変便利です。

https://instatool.nu/

16 Instagram広告を活用しよう

Instagram広告は、ユーザーのフィードに表示されます。フィードには本来フォロワーの投稿しか表示されないため、フォロワー以外のユーザーにリーチしたい場合には非常に効果的な手段になります。Instagram広告には4つのタイプがあるため、それぞれの特徴を理解したうえで、目的やターゲットに応じて適切なものを選びましょう。

Instagram広告の種類と4つのタイプ

Instagram広告はFacebook広告と同じシステムのため、デザインタイプも4つです。下記でInstagram固有の推奨事項と併せて説明します。

01 Instagram広告の例

Instagram広告は下部にリンクが設置できる

○画像広告

推奨される画像のアスペクト比は1:1、解像度は1,080px×1,080px以上、ファイルタイプはJPGまたはPNGです。ハッシュタグは最大30個までです。

○動画広告

推奨されるアスペクト比は4：5、解像度は1,080px×1,080px以上、ファイルタイプはMP4、MOVまたはGIFです。ハッシュタグ数は画像広告と同様です。

○カルーセル広告

1つの広告で最大10点の画像や動画を表示し、それぞれに別のリンクを付けることができます。複数の商品紹介や、ブランドストーリーを展開するようデザインも可能です。推奨アスペクト比は1：1、解像度は1,080px×1,080px以上、画像・動画のファイルタイプは前述の通りです。ハッシュタグ数は画像広告と同様です。

○コレクション広告

カバー画像／動画があり、その後に3点の商品画像が続きます。利用者が広告をクリックすると、フルスクリーンで商品画像が表示されます。推奨アスペクト比は1.91：1～1：1、解像度は1,080px×1,080px以上、画像・動画のファイルタイプは前述の通りです。

コレクション広告
コレクション広告は広告マネージャーを使用しないと作成できません

Instagram広告を出稿する

Instagram広告は前述した通り、Facebook広告を経由して出稿します。Facebookページを持っていない場合は、CHAPTER6-06を参照して、事前にFacebookページを作成しておきましょう。Facebookページを作成したらInstagramを連携させる必要があります。まずはその作業から説明します。

1 Facebookページのプロフィールページ左メニューの一番下にある「設定」をクリックします。

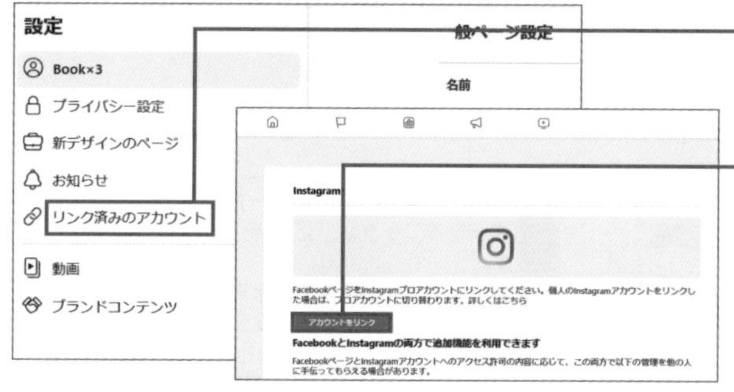

2 「リンク済みのアカウント」をクリックするとデフォルトでInstagramのリンク画像に遷移します。

3 「アカウントをリンク」ボタンをクリックします。その後「リンク」→「確認」の順にボタンをクリックします。最後にInstagramのログイン画面が表示されるので、アカウントIDとパスワードを入力してログインすればリンクが完了します。

4 アカウントがリンクされたら、Instagramをビジネスアカウントに切り替えるための画面がポップアップします（すでにビジネスアカウントになっている場合はポップアップされません。この後6番から確認してください）。
アカウントタイプを該当のものにチェックをし、「次へ」をクリックします。
最後に該当のカテゴリーを選択して「完了」します。

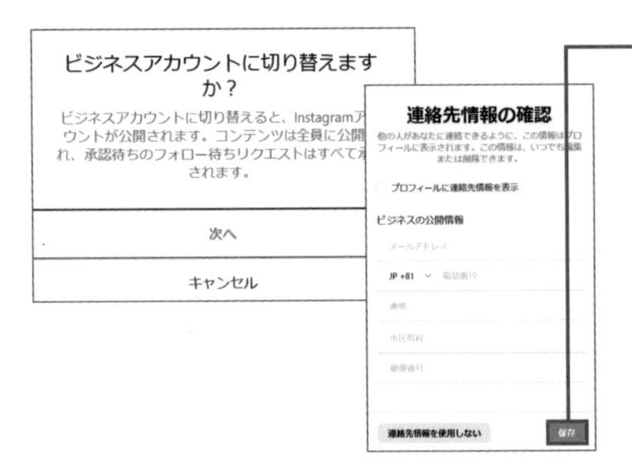

5 「ビジネスアカウントに切り替えますか?」画面で「次へ」をクリックすると、アカウント情報入力画面に遷移します。必要箇所を入力して「保存」をクリックします。
最後に「ビジネスアカウントになりました。」と表示されるので、「完了」をクリックしてください。

6 再度、Facebookページの「リンク済みのアカウント」画面を確認します。「Instagramがリンクされました」となっていれば成功です。「完了」をクリックしてください。

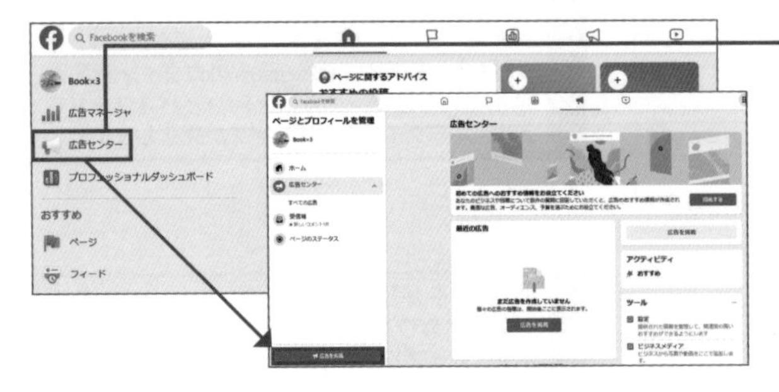

7 Facebookページのホームに戻り、広告センターをクリックし、「広告を掲載」をクリックします。
実施したい広告タイプを選択し、クリエイティブを作成して、配信するターゲットを設定していきましょう。

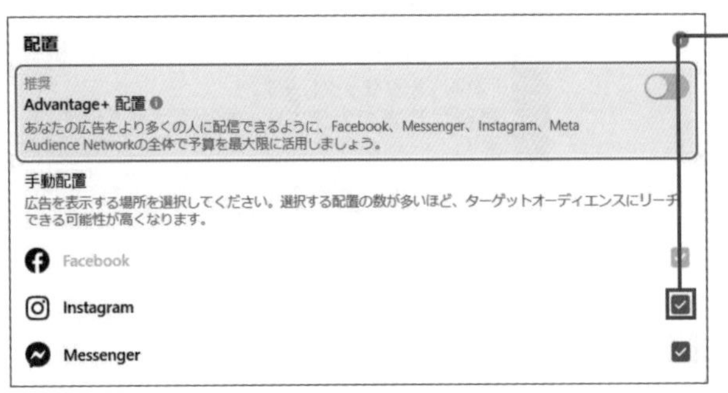

8 広告作成画面の「配置」部分でInstagramが選択できるようになりました。

COLUMN

Threadsのポイントをおさえよう

Threadsの基本

Threadsは、Meta社が展開する新しいソーシャルメディアプラットフォームで、Instagramと連携して機能します。このプラットフォームは、とくに企業アカウントの活用に焦点を当てており、ブランディングとマーケティング戦略の強化に貢献する機能を提供しています。Threadsの魅力は、既存のSNSとのシームレスな連携と、ユーザーエンゲージメントを高める新しい機能にあります。

現在多くの企業がThreadsを試験的に利用しており、一時的なトレンドを超えた将来性が期待されています。Instagramを活用している企業にとっては、なりすまし防止策としてもThreadsの利用が推奨されます。ただし、Threadsアカウントを完全に削除したい場合は、Instagramとの連携を解除する必要があります。このような独特の特性を理解し、企業のマーケティング戦略に活かすことで、ブランドの魅力をさらに引き出すことが可能になります。

◎Threadsの特徴 01

- Instagramアカウントとの直接的な連携により、既存のフォロワーを活用できる。
- Xと似た使い勝手でありながら、独自の機能を提供。
- リンク機能を含めた豊富な投稿オプション。
- 企業アカウントの認知度とエンゲージメントを高めるためのツール。

01 Threadsの特徴

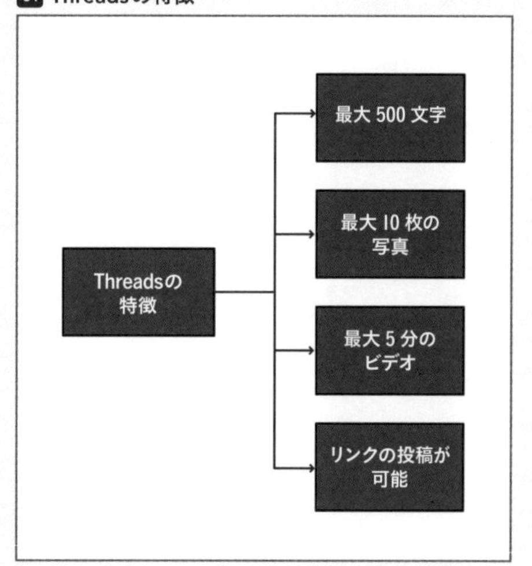

企業アカウントでの具体的な活用例

◎リンクの活用
Threadsではリンクが有効で、投稿から直接自社のHPやオンラインショップ、オウンドメディアへの誘導が可能です。

◎カルーセル投稿
複数枚の画像を用いたインタラクティブな投稿が可能で、製品やサービスの詳細な紹介に適しています。

◎コンテンツの再利用
Xでの投稿をThreadsに再投稿し、異なるプラットフォームでの反応を比較分析できます。

◎正方形画像の利用
横スクロールで連続的に見せることができるため、ストーリーテリングや製品紹介に有効です。

◎コミュニケーション戦略
Instagramよりカジュアルなコンテンツで、ユーザーとの対話を促進します。

◎新規ユーザー獲得
Threadsを通じて新規ユーザーを獲得し、Instagramへの誘導を目指します。

◎キャンペーンの紹介
ほかのSNSでのキャンペーンをThreadsで紹介し、幅広いオーディエンスへの露出を図れます。

02 Threadsの活用事例

	ワークマン	Netflix	Red Bull Japan	ユニクロ	THE NORTH FACE
会社の特徴	アウトドアウェア、レインウェアの商品展開。	世界最大級のオンラインストリーミングサービス。	エネルギードリンクメーカー。	高品質で手頃な価格のアパレル製品ブランド。	アウドア、ランニング、登山グッズの商品展開。
戦略	日常のオフィスでの面白いエピソードや社内の小さな出来事を取り入れ、これらを通じて自社製品を巧みに紹介。	新作のNetflixオリジナルシリーズやプログラムの情報を画像とともに頻繁に更新。	新しい製品の宣伝に加えて、自社が主催するスポーツイベントやアクティビティの動画も積極的に配信。	最新の商品情報、スタイリングの提案、複数の画像を使ったわかりやすいコーディネートの紹介。また、セールや特別プロモーション情報の積極的な共有。	自社のアパレルを着用したスキーヤーや登山家などのアクティビティ動画の頻繁な投稿。
効果	会社製品だけでなく、企業文化や個性にも親近感を抱くようになる。	新しいコンテンツの魅力を視覚的に伝え、ファンの期待を高める。	従来のイメージを超えた、ダイナミックなライフスタイルを象徴するブランドとして新たな地位を構築。	フォロワーが最新のトレンドやお得な情報を迅速に入手することができる。	製品の機能性や耐久性を実際の使用状況で示すことで、消費者に製品の質とブランドのイメージを強く印象付ける。

Threadsのアカウントは作成した方がよい？
Threadsのアカウント作成した方がよいのか否かと迷っているのであれば、作成した方がよいと思います。InstagramやThreadsのみならず、SNSはどのジャンルでどの方向からバズり、人気が出るかはわかりません。企業に合ったSNSは何なのかを知るためにも、一通りのSNSアカウントを試し、自社に合った発信方法を探っていきましょう。

CHAPTER 3

Xマーケティング

Instagramと並んでSNSマーケティングに活用されているのがXです。動画などに対応している点や、運用データが分析できる点など、Facebookと共通点も多いですが、匿名性の高さやスピード感など、独特の個性があります。特徴を把握して効果的に活用しましょう。

01 Xでできるマーケティングとは

Xは商品やサービスをPRするのに優れたSNSですが、匿名性が高いことから、情報が拡散しやすい反面、炎上しやすいという性質もあります。こうした点を踏まえつつ、Xでできるマーケティングの特徴をおさえておきましょう。

XとFacebookの違い

XとFacebookは、インターネット上に登場した時期や世界的なニーズを獲得した時期が重なるため、機能や特徴などが比較されることが多々あります。そして実際に両メディアは、SNSとしての特性が大きく異なります。したがってマーケティングにおいてXを効果的に利用するためには、まずXとFacebookの違いから認識しておくことが必要です 01。

両者のもっとも大きな違いは、投稿できる文章のボリュームにあるといえるでしょう。5～6万字ものボリュームでも投稿できるFacebookとは異なり、Xでは1投稿あたりのボリュームが140字以内に制限されています。有料プランであるXプレミアムに加入すると、1投稿あたり12,500字の投稿が可能です（Xプレミアムの詳しい説明はCHAPTER3-11参照）。Facebookでは企業や商品について思う存分アピールすることができますが、Xではかぎられた情報量でしかアピールできません。短文でいかに効果的なPRを展開するかが、Xでのマーケティングを成功させるポイントだといえるでしょう。

また、実名主義を採用しているFacebookとは異なり、Xでは匿名での投稿――ポスト※1――が可能です。そのため、XはFacebookよりも気軽に投稿したり、リポスト※2したりしやすい環境といえます。ただし、Xではそのぶん批判的な投稿もしやすくなるため、炎上のリスクが高くなります。ユーザーに対して、より慎重な姿勢が求められるといえるでしょう。

01 XとFacebookの違い

X

匿名で登録可能

- 1投稿あたりの上限が140字
- 気軽に投稿、リポストできる
- 炎上しやすい

Facebook

実名登録が原則

- 1投稿あたりの上限が5万～6万文字（平均投稿文字数は400文字程度）
- 匿名よりは気軽に投稿できない
- 炎上しにくい

Xでは短文しか投稿できないため文章を工夫する必要があるが、そのぶん気軽に投稿できるというメリットもある

※1 ポスト
Xで記事を投稿すること、またはその投稿記事を指す。

※2 リポスト
ほかのユーザーのポストを、自分のタイムラインに再投稿して共有すること。Facebookのシェアに該当する。

若年層のユーザーにアプローチしやすい

XとFacebookでは、ユーザー層にも目立った違いがあります。総務省 情報通信政策研究所が調査した、Xの年代別の利用率を確認してみましょう02。20代という若年層のユーザーがもっとも多くなっていることがわかります。これは主に、1投稿あたり140字以内というXの特徴が、スピード感や容易さを求める傾向がある若年層の性格に合致した結果だと考えられます。さらに、匿名で登録が可能だという気軽さも、若年層の支持を集めている理由の1つと思われます。いい換えれば、それだけ若年層ユーザーの目に自分のポストが触れる機会も多くなりやすいといえるでしょう。若年層に向けたマーケティングでは、とくに効果的なPRが可能なのです。

02 Xの年代別利用率

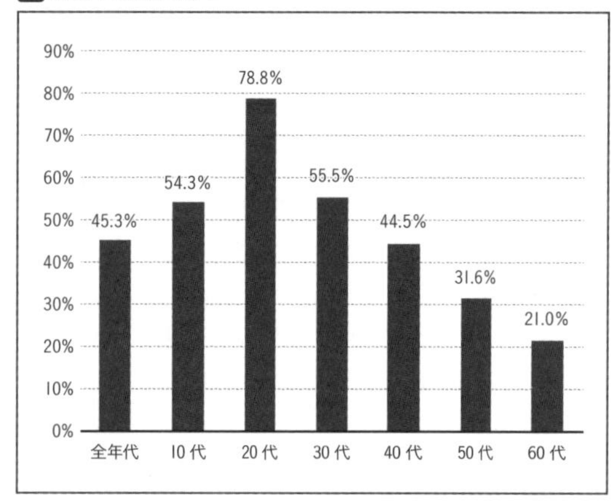

出典：総務省 情報通信政策研究所「令和4年度情報通信メディアの利用時間と情報行動に関する調査」
https://www.soumu.go.jp/main_content/000887660.pdf

高頻度の更新に適している

こうした特徴を持つXをマーケティングでうまく活用するためには、何よりも高い頻度でポストし続けることが重要となります。1日に複数回のポストを行うユーザーが多いXでは、Facebookと同水準の投稿頻度では、大きな効果を期待できません。どれほど凝ったポストをしても、あっという間に他者のポストにコンテンツが埋もれ、人目に付かなくなってしまうからです。

裏を返せば、頻繁にポストしても、ユーザーに迷惑だと思われにくくなっています。PRしたいコンテンツが豊富にある場合などは、最適な環境だといえるでしょう03。また、1ポストが140字という短文で済むということも、ポストの頻度を高めるうえでは追い風になります。

03 Xでのポスト例

さまざまなコンテンツを高い頻度でアピールできる

02

Xに適した目的を把握しよう

Xには多くの機能が備わっており、使い方次第でさまざまな用途に活用することが可能です。とくに、その特性に見合った目的では、より大きな効果が期待できます。実際に企業がどのような目的でXを使っているのかを確認し、より適切にマーケティングが行えるようにしましょう。

Xに適した目的

企業によるXの活用目的がどのようになっているか確認してみましょう 01 。アライドアーキテクツ株式会社の調査によると、企業やブランドがXで重視している施策を強化する目的は、主に生活者との接点を増やすことにあるようです。とくに、企業・ブランドアカウント運用の目的として「生活者との接点拡大」が40.0%ともっとも高く、キャンペーンの目的では「商品・サービス・ブランドの認知拡大」が48.4%と目立ちます。広告施策では「ユーザーへの情報発信」が37.1%と主流ですが、インフルエンサーマーケティングでは「来店促進」を目的としている割合が17.4%と比較的高くなっています。UGCの生成は、とくに「生活者との接点拡大」に貢献しており、来店促進においても19.6%とほかの施策よりも高い影響力を持っていることが示されています。

これらの結果から、X上でのマーケティング活動は、ただ単に情報を発信するだけではなく、顧客との関係構築やブランド認知の向上、具体的なビジネス目標の達成に至るまで、多様な目的を持って展開されていることがわかります。また、顧客との直接的な接触点を増やすことが強調されており、これはソーシャルメディアのインタラクティブな性質を活用することの重要性を示しています。企業は自社の目的に合わせたX戦略を練り、各施策を最適化することで、Xマーケティングの効果を最大化できるでしょう。

01 Xの活用目的

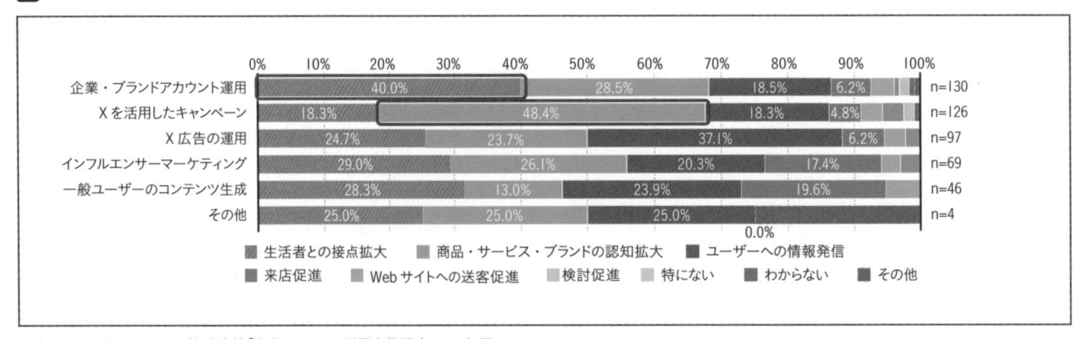

出典：アライドアーキテクツ株式会社「企業のTwitter活用実態調査2021年版」
https://service.aainc.co.jp/product/echoes/voices/0044

Xに適した年齢層

株式会社ネオマーケティングが行った調査では、Xの利用率はSNSを利用する人全体の66.0%を誇り、これはほかのSNSと比較しても高い数値です02。顕著なのは、10代から20代の若年層での81.2%という利用率で、この層では情報収集や意見交換の主要な手段としてXが支持されているようです。

Xの利用は、30代から40代においても重要な役割を果たしており、この層はビジネス情報や専門的なコミュニケーションにXを活用しています。これは、140文字の制限内で簡潔ながらも核心を突く情報交換が可能であることから、忙しい中間層にとってとくに有益です。

他方で、InstagramやTikTokのようなビジュアル中心のプラットフォームは、若年層の間で人気がありますが、50代以上の年齢層では利用率が低くなる傾向があります。その一方、Facebookはより個人的なコミュニケーションや家族、友人とのやり取りに使われる傾向にあります。

Xの場合は、ニュースや業界の動向に関心がある幅広い年齢層が利用していることが、調査からも明らかになっています。

企業やマーケターが各年齢層の傾向を把握し、それぞれのニーズに合わせたコンテンツを配信することは、ブランドの認知度を高めるうえで極めて重要です。情報の速報性と拡散力を重視する若年層に対してはXが、親密な関係性を大切にするより年上のユーザーに対してはFacebookが適しているといえます。これらのデータは、ターゲットオーディエンスに最適なプラットフォームでエンゲージメントを最大化するための重要な指標となります。

02 SNSの利用率

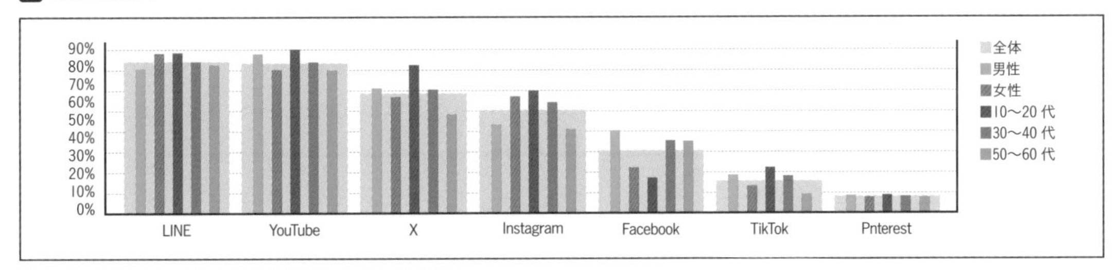

出典：株式会社ネオマーケティング「SNSでの商品購入に関する調査」
https://neo-m.jp/investigation/3762/

Xにおけるブランディング

もっとも、ブランディングにおいては、直接的な商品購入のきっかけとなることを目指していない場合もあるものです。そのため、30代以上のユーザー層を意識した商材のプロモーションでも、やり方次第で十分な効果が期待できるでしょう。ただしこの際に注意したいのは、ユーザー層や特徴によって醸成されているXの雰囲気です。若年層が多く、匿名性も高いことから、全体的に気楽で活発な雰囲気がXのタイムラインに満ちています。格調や高級感を重視した商材を扱う場合などは、そうした雰囲気とどこまで適合しているかを見極めることも重要です。

03 Xで目標を設定しよう

Xでマーケティングを開始する場合も、あらかじめ目的と目標を設定しておくことが大切です。これらが明確になっていないと、何をどうポストしたらよいのかわからなくなり、Xの運用がうまくいっているのかを検証することもできません。まずは、目標として設定するための指標からしっかりと理解しておきましょう。

Xにおけるエンゲージメント

Xの目標設定を考えるうえで、「エンゲージメント」という概念がよく登場します。企業や商品、ブランドなどに対するユーザーのつながりや関与を意味する言葉ですが、Xにおいては、アカウントに対するフォロー、企業が発信したポストに対するクリック、リポスト、返信、「いいね」などのユーザーの行動を指します。

こうしたエンゲージメントが得られると、ユーザーとの関係性が深まり、リポストなどによってより多くのユーザーにリーチすることができるようになります。ポストした情報の拡散につながりやすくなるため、Xを運用していくうえでエンゲージメントを高めることは非常に大切な要素といえます。

反対にいえば、配信するポストがユーザーの目に触れるだけでは十分ではありません。ユーザーの心を動かし、エンゲージメントが得られて初めて、SNSマーケティングの強みが発揮できるといえるでしょう。

フォロワー数を増やす

Xにおけるエンゲージメントの代表格といえるのが、フォロワーです。ポストを閲覧するためなどの目的でアカウントをフォローしたユーザーのことを、そのアカウントにおいてフォロワーと呼びます。したがって、自分のアカウントのフォロワー数とは、自分のポストの読者数と等しい意味を持ちます。当然ながら、このフォロワー数が多いほど、ポストしたときにより多くのユーザーに見てもらえる可能性が高くなります。そのため、まずはフォロワー数を増やすことが優先すべき課題の1つだといえるでしょう。

フォロワー数はポストごとに把握することは困難ですが、日別に、または特定の期間にXアカウントがどれくらい成長しているのかを把握する際に参考となる指標です01。

01 フォロワー数の表示

プロフィール画面の「フォロワー」でフォロワー数を確認できる

「いいね」数を増やす

「いいね」とは、特定のポストに対して興味や関心を示すために行われるエンゲージメントです02。ホーム画面で自分のアカウント名をクリックし、「いいね」をクリックすると、「いいね」を付けたポストが一覧表示される仕様のため、タイムライン上であとで読み返したいポストを見つけた場合などにもよく利用されます。

配信したポストにほかのユーザーから「いいね」を付けられた場合、そのポストはそのユーザーにとって価値があるということを意味するため、配信したポストの効果を測定する指標の1つして使われています。また、ほかのユーザーの付けた「いいね」の一覧も、自分のアカウントと同様に確認することができるため、一定のポスト拡散効果も持っています。

02 「いいね」数の表示

各ポストの下部に「いいね」数が表示される

リポスト数を増やす

Xマーケティングの成否を左右するエンゲージメントこそ、このリポストです。リポストとは、自分やほかのユーザーのポストを自分のタイムラインに再投稿する機能です。そのため、自分のフォロワーと共有したい、またはフォロワーに知らせたいとユーザーが思ったポストに対してリポストが行われます03。

配信したポストがほかのユーザーにリポストされると、自社のXアカウントをフォローしていない人にも情報が拡散する可能性が高まります。配信したポストの効果を直接的に測定する重要な指標です。

03 リポスト数の表示

各ポストの下部にリポスト数が表示される

目標設定のポイント

目標設定の前に、まずはXを運用する目的を決めることが大切です。目的が明確になっていれば、それを実現するうえで、ここで紹介したような指標のうち、どれを目標とすればよいのかが見えてきます。以降は運用しながら具体的な数値の目標に落とし込んでいくとよいでしょう。

04

フォロワーを獲得するポイントをおさえよう

Xアカウントを開設したら、まずフォロワー数を増やしたいと考える人が多いと思います。事実、フォロワーの獲得はXマーケティングを成功させるうえで極めて重要です。フォロワー数を増やすためにはポストの質の向上がもっとも重要になりますが、ポイントをおさえることで効率的にフォロワーを増やすことが可能になります。

フォロワーの重要性

フォロワーの獲得がXマーケティングでいかに重要かを確認するために、BWRITEが実施した「SNSコンテンツについての意識調査【20～40代編】」の調査結果を見てみましょう 01 02。若年層を中心に企業アカウントのフォロー率が高く、とくに20代では62%が企業アカウントをフォローしており、30代で69%、40代で66%がフォローしています。これは、年代ごとの消費行動や情報収集の傾向がSNS利用に反映されていることを示しています。

フォローするきっかけに関しては、20代では検索やSNS上での投稿発見が主な動機であり、30代ではキャンペーンへの応募が目立ちます。また、40代では公式サイトからの流入がもっとも多いことから、年代によって情報の取得源や興味が異なることがわかります。企業はこれらの傾向を理解し、ターゲットとする顧客層に合わせてコンテンツをカスタマイズして、効果的なキャンペーンを実施することが重要です。

フォロワーの獲得や維持には、ユーザーが関心を持つコンテンツの提供が不可欠であり、それは彼らの日常生活や興味に根ざしたものでなければなりません。企業公式アカウントは、情報発信の源泉としてだけでなく、顧客とのコミュニケーションを図る場としても機能し、ブランドの人間性やアイデンティティを前面に出すことでフォロワーとの関係を深めることができます。

01 企業アカウントのフォロー率

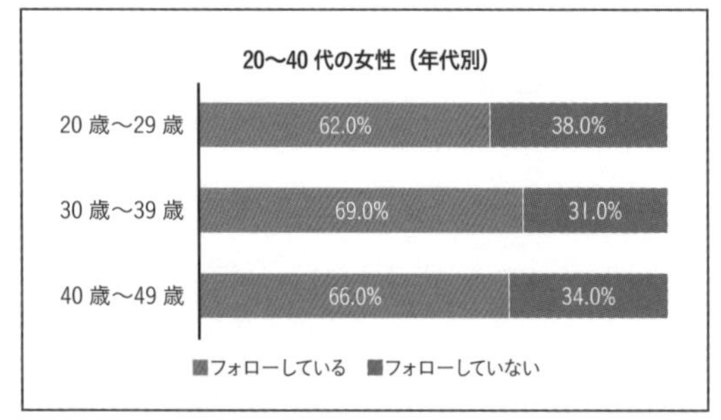

出典：BWRITE（運営：株式会社ADDIX）「SNSコンテンツについての意識調査【20～40代編】」
https://blog.addix.co.jp/171121

02 企業アカウントをフォローしたきっかけ

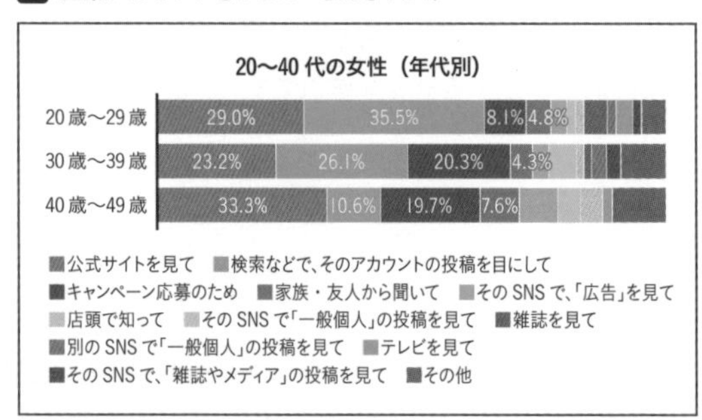

出典：BWRITE（運営：株式会社ADDIX）「SNSコンテンツについての意識調査【20～40代編】」
https://blog.addix.co.jp/171121

ほかのユーザーに働きかける

Xアカウントを開設したばかりのときは、フォロワーが誰もいない状態です。そのため、自分からほかのユーザーに働きかけるとよいでしょう。

○ほかのユーザーをフォローする

ほかのユーザーをフォローすると、そのユーザーには誰からフォローされたのかが通知されます。この通知をきっかけとしてフォローを返してくれるユーザーも少なくないため、自分から積極的にフォローしましょう。ただし、闇雲にフォローするのではなく、自社の商材・プロモーションに興味を持ってくれそうなユーザーに狙いを定めたほうが効率的です。また、一定期間に大量のフォローを行うと、アカウントが凍結されてしまうこともあるため、数時間おきに少しずつフォローするほうが賢明です。

○ほかのユーザーのポストをリポストする

ほかのユーザーのポストをリポストしたり、「いいね」を付けたりした場合にも、相手に通知が届きます。この特性を利用すれば、自分のアカウントの存在に気付かせることができます。また、関係性が濃いユーザーどうしほど、ポストに反応する傾向があるといわれています。つまり、フォロワーとある程度の関係性が構築されていなければ、ポストの内容がよくても反応率は上がりません。まずは自分から、ほかのユーザーのよいと思えるポストを積極的にリポストしましょう。

ポストの質を向上させる

ほかのユーザーが自社のアカウントの存在に気付いても、ポストの質が低ければフォローはしてくれないでしょう。また、仮にフォロワーになってくれたとしても、リポスト数やリンクへのクリック数を増やすことは難しいでしょう。では、どうすればユーザーの反応率を高めるポストができるのでしょうか。

○改行や鍵カッコを入れる

ひと目見てわかりやすいかどうかを意識してポストを作ることが重要です。多くのユーザーは自分のホーム画面の中央に絶えず流れるタイムラインでポストを見ます。そのため、見やすいポストでないと見過ごされてしまいます。注目されやすくするためには、適度な改行や鍵カッコを使うなどして文章を整えて、目立たせましょう。

○画像付きポストをする

画像付きポストのほうが、通常のテキストのみのポストと比べて反応率が高いといわれています。視認性が高まり、ほかのポストよりも目立つためです。

○全部の情報を盛り込まない

1つのポストにぎっちりと情報を盛り込むのは控えましょう。タイムラインに流れた際に、ぱっと読めるボリュームにまとめるのがポイントです。情報量が多くて伝え切れない部分は、何度か小分けにしてポストすることでカバーしましょう。

○表現を変えて同様の内容をポストする

すべてのユーザーが同じ時間帯に見ていることはまずありません。ユーザーごとにアクティブな時間帯は異なります。いつも同じ時間帯に投稿していては、まったくポストを見ていないフォロワーが出てしまう可能性もあります。まったく同じ内容を投稿しようとすると、X側から拒否されることもあるため、表現を変更して別の時間帯に同様の内容をポストしましょう。

05 アカウントのキャラクターを設定しよう

SNSとは「人と人」のコミュニケーションに使うツールであるため、企業が淡々と情報を配信するようなポストには関心を持たれにくいのが実情です。とくにフランクな雰囲気のあるXではこの傾向が強いため、アカウントのキャラクター作りが重要になってきます。そうしたキャラクターを設定する際のポイントについて解説します。

親近感を左右する「中の人」

Xでは匿名性が高く、ユーザーどうしの距離感が近くなっています。そのため、あらたまった姿勢のポストばかりでは、ユーザーに親近感を抱いてもらいにくくなりがちです。そこで活躍するのが、いわゆるアカウントの「中の人」の存在が感じられるようなキャラクターです。まずは実際の企業アカウントが、どのようにキャラクターを活用しているのかを見てみましょう。

○株式会社 タニタ

ファンとのゆるい会話や、ユーザーからの提案を商品化するなど、顧客との直接的なコミュニケーションを重視しています。

特定の層に向けたコアなネタをポストすることで、独自のコミュニティを形成し、ユーザーとの強い絆を築いています。

たとえば「好きなゲーム機は?」01や「コラボしてほしいコンテンツは?」02といった質問は、企業アカウントがキャラクターを用いてユーザーと交流を深める効果的な方法です。これらの親しみやすい問いかけを通じて、製品への関心を喚起し、自社の商品やサービスの新たな可能性を探求しています。この手法は、ユーザーの声を直接収集し、彼らの要望に応えるチャンスを創り出して、ブランドの魅力を増幅させる効果をもたらします。

01 投票機能を使用したアンケートの募集

← ポストする

株式会社タニタ
@TANITAofficial
購入する …

好きなゲーム機教えてください

ファミコン	17%
スーパーファミコン	58.8%
セガサターン	19%
ネオジオ	5.2%

4,916票・最終結果

午後10:22・2024年2月7日・6.5万 件の表示

https://x.com/TANITAofficial/status/1755220562895626661?s=20

02 コラボコンテンツの募集

← ポストする

株式会社タニタ
@TANITAofficial
購入する …

【質問】タニタとコラボしたらいいな、と思えるおすすめのコンテンツを教えてください(12月度)

午後10:49・2023年12月16日・14.7万 件の表示

194　82　315　4

https://x.com/TANITAofficial/status/1736020712417366467?s=20

キャラクターを考える前の下準備

こうした事例のように、企業アカウントにもかかわらずユーザーと友好的な関係を築くことができるようにするためには、キャラクターを考える前に、いくつかの下準備をしなければなりません。

◯Xの運用目的を明確にする

まず固めておきたいのは、そもそもXを運用する目的は何なのか、という根本的な部分です。販促を目的にする場合と、ブランディングを目的にする場合とでは、キャラクターの設定も大幅に変わってくるからです。たとえば、外部のWebサイト・ランディングページにユーザーを誘導したいのであれば、キャラクターの個性を薄めて投稿に常にリンクを貼るスタイルにするのもよいでしょう。ユーザーとの友好関係を深めたいのであれば、実際にキャラクターを立てたり社員個人を登場させるのも手です。このように、目的を明確にしたうえで考えると、より具体的な方向性が見えてきます。

◯投稿カテゴリを決める

投稿の内容にはいくつかのカテゴリがあります。新商品などを紹介するものや、広告やキャンペーンなどを紹介するもの、社員など「中の人」を紹介するものや、ユーザーにとって有益な情報を提供するものなどです。Xの運用目的や商材と照らしあわせ、どのようなカテゴリの記事を投稿することが適切なのかを、あらかじめ決めておきましょう。

キャラクターの設定を決める

ここまで固めて初めて、キャラクターを作り込んでいきます。どのような人物がSNSを運営しているのかがわかるほど個性を出すのか、広報担当者によるものなのか、可愛らしいキャラクターなのか。口調や口癖をどう持たせるのか、「☆」や「♪」などの記号を使用するかどうかも含めて、投稿する文章の特徴を決めておくとよいでしょう。この設定が大雑把で何も特徴がないと、単なる企業の宣伝にしか見えません。設定を細かく作り込むことによって、人物像の深堀りがされていき、より共感されるメッセージを発信できるようになります。

投稿スタンスを決める

設定が固まったら、投稿のスタンスを決めます。まずは画像のトーンから考えましょう。キャラクターのイメージを強調するために、キャラクターとあしらいの色味などのトーンをなるべく統一したほうがよいでしょう。また、キャラクターと関連付けた画像は特別感があるため、ユーザーにリポストされる可能性を高めることができるでしょう。ユーザーは文章よりも先に画像に注目するため、ひと目で観賞したくなる、誰かに伝えたくなるようなものを選ぶことがポイントです。

最後に、どのくらいの頻度で更新するのかを決めます。運用中に更新頻度がぶれるとイメージもよくありません。担当者のスケジュールや、運用を外注する場合の予算などにも関わってくるため、更新頻度は必ずあらかじめ決めておくとよいでしょう。こうしたルールを決めておくことで、アカウントのキャラクターが明確になり、結果的にユーザーとのコミュニケーションが取りやすくなります。

06 バズるための記事の作成ポイントをおさえよう

「バズる」とは、SNSマーケティングにおいては、主に情報の拡散が大いに成功したことを意味します。ただし、人為的にポジティブなバズを起こそうとした場合、それぞれのSNSによって微妙にバズり方が違うため、注意が必要です。

XとFacebookのバズり方

SNSマーケティングの最大の魅力の1つは、やはり爆発的に情報が拡散されて一挙に成功する――バズる――可能性があることでしょう。場合によっては万単位のリポスト・シェアがされ、売上が数十倍に急増することもあるものです。SNS別のバズり方の特徴について、XとFacebookを比較してみましょう。

○Xのバズり方

そもそもXの特徴は、何といっても情報発信のスピードの迅速さにあります。テレビのニュースや新聞で新しい情報を取り込む時代から、Yahoo!ニュースなどのニュースサイトから新しい情報へアクセスする時代へと変わってきましたが、Xはさらにその先をいく、世の中に存在する中でもっともすばやく情報を発信するメディアといってよいでしょう。日常で起きた特異な出来事は、それを見た人によって瞬時に記事としてポストされ、興味を持ったユーザーによって拡散され、さらにそれがスレッドにまとめられ、その日のうちにはニュースサイトの記事になっているという圧倒的なスピード感です。こうした事情のため、Xでは、タイムリーなニュースや、1つの記事だけで情報が完結している共有しやすいコンテンツが、際立ってバズりやすいといえます。

○Facebookのバズり方

瞬間風速がすさまじいものの、あっという間に次のニュース・話題に注目が移ってしまうXとは異なり、長時間の拡散やサイト流入をもたらすのが、比較的時間のゆるやかなFacebookの特徴です。なので、バズを狙った手の込んだ記事を作成しやすい環境といえます。

匿名性の高いXと違って実名性が高いことによっても、Xとの差が出ています。Xでは匿名を盾にして他人を叩くことが可能なため、批判されるべき点があるマイナスの記事などが拡散しやすくなっていますが、Facebookでは反対に、人に見せることで褒められるようなポジティブな記事、たとえば頭がよく見えそうなアカデミックで真面目なテーマの記事や、ユーモアがわかる人だと思われそうなバイラル※1動画や記事、またはXなどで叩かれているような人をロジカルに擁護するような記事が拡散しやすい、という特徴があります。

このように、ひと口にSNSといってもその性質がまったく違うため、SNSを活用したバズマーケティングを行う際は、相性のよいコンテンツを考えて使い分けるとよいでしょう。

※1 バイラル
「ウイルスの」という意味の単語。伝染性が高く、人から人へ急速に拡散していくさまを表す。口コミやリポストなどを狙ったマーケティング手法のことを、バイラルマーケティングという。

※2 インフルエンサー
芸能人や、インターネット上で有名な人物など、多くのユーザーに影響力をおよぼすキーパーソンのこと。

バズるポストの作成ポイント

バズるためのポストを意識して作成してみましょう。以下の要素がとくに重要なポイントになります。

○最新ニュースを独自の視点で切り取る

Xではタイムリーな話題にユーザーが飛び付く傾向があるため、最新のニュースや話題をぜひ活用しましょう。とはいえ、ただ単に最新のニュース・話題を伝えるだけでは、ほかのユーザーのポストと差別化できず、大きな効果は狙えません。真正面から記事にするのではなく、斜めや真うしろからなど視点を変えて、より付加価値のある見せ方を心がけましょう。

○ハッシュタグを付けて検索されやすくする

ターゲット層が興味のあるハッシュタグを付けてポストをするだけで、ターゲット層に発見される可能性は上がるでしょう。ただし、画面左側の「トレンド」に表示される注目されているハッシュタグをポストに使う方法はあまりおすすめしません。なぜなら、トレンドのハッシュタグは概して競合が多く、すぐさまタイムラインから消えてしまうためです。ターゲット層の関心に近く、かつ競合が少なそうなハッシュタグを活用するのが効果的でしょう。

バズにつなげるテクニック

Xでプロモーションを行う際に、ついフォロワー増やしなどに奔走しがちですが、フォロワー数はプロモーションにおいて決定的には重要ではありません。フォロワーをむやみに増やしても、反応が期待できないフォロワーばかりが増えてしまう結果しか生みません。それよりも、影響力のある人に情報を拡散してもらうなどの方法を検討するほうが大切です。

○インフルエンサー※2の投稿に対してリアクションをする

芸能人や経営者など、ユーザーに影響力のある人物の中には、フォロワーとの交流を積極的に行っている人もいます。自分のサービスと親和性が高いか、同じカテゴリのインフルエンサーと積極的にコミュニケーションを取りましょう。こうしたインフルエンサーとの交流の様子は、インフルエンサーのフォロワーはもちろん、インフルエンサーと交流しようとして訪れたユーザーも見ることになります。自分のタイムラインに投稿するだけに比べ、より確実に効果的にプロモーションを行うことができるでしょう。

○あらゆる時間帯でポストをする

多くのユーザーの目にポストを触れさせるためには、さまざまな時間帯に投稿することが大切です。すべての人が同一の時間帯にタイムラインを見ているとはかぎりません。多くの時間帯で投稿することにより、あらゆるユーザー層にリーチさせることが可能になるでしょう。

07

コンテンツタイプによる投稿ポイントをおさえよう

Xは Facebookなどの SNSと異なり、投稿できる文字数が少ないという特徴があります。また、パソコンとスマートフォンというデバイスの違いによって、表示される画像のサイズや縦横比が異なります。こうした仕様により、コンテンツタイプごとに投稿する際のコツがあるため、それぞれを詳しく確認しておきましょう。

テキストは文字数がポイント

Xでは、投稿できるボリュームに全角140文字以内という制限があり、このボリュームを超えたテキストを投稿することはできません。文字数制限をオーバーした場合、エラーが赤く表示されます 01。半角であれば2文字で1文字とカウントされるので、最大280文字まで投稿することができます 02。

とはいえ、140文字を目いっぱい使用して、アピールしたい内容を詰め込みすぎるのは好ましくありません。Xのタイムラインは急速に流れており、また気軽に利用しているユーザーが多いため、すぐに見てすぐに理解できる内容でなければ大きな効果が期待できないからです。ひと目で飲み込める、要点を絞ったポストを心がけるとよいでしょう。

01 ボリュームオーバーの例

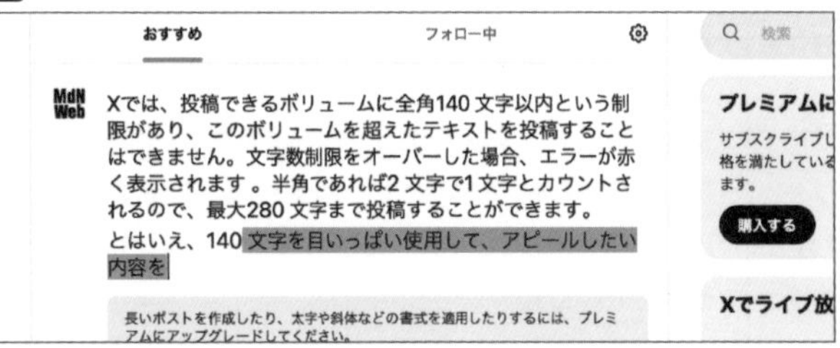

140文字を超えた部分は赤字でエラーが表示される

02 半角の表示例

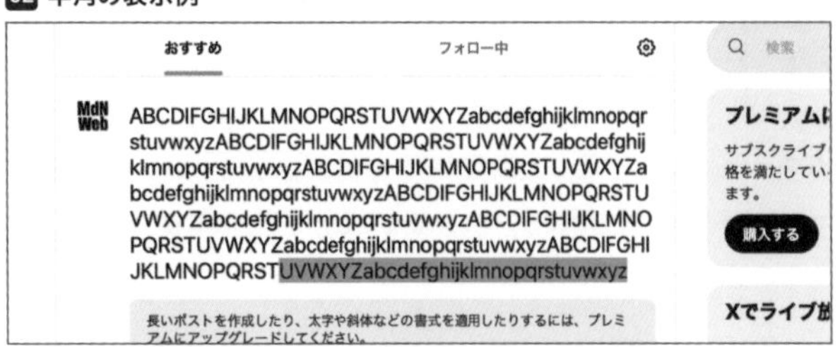

文字数制限の仕様

Xの文字数制限は、使用言語とプラン(無料/有料)によって異なります。
無料プランは全角文字(日本語、中国語、韓国語)では140字、半角文字では280字まで投稿可能です。ただし、ハッシュタグ、メンション、URL(半角23字としてカウント)も文字数に含まれるので注意が必要です。
さらに文字数を増やしたい場合は、有料プランであるXプレミアムの登録により、全角で12,500字までの投稿が可能になります。

動画機能も活用したい

○動画は140文字以上の価値を提供できる

Xは140文字以内の短文で投稿するという手軽さから、すぐに情報を発信でき、すぐに情報が拡散されるのが最大の利点です。しかし文字数制限があるために、良質で豊富な情報発信が要となるマーケティングにとってはやや不向きのプラットフォームでもあります。

しかし、動画投稿によって、Xで発信可能な情報量は圧倒的に増えます。時間は2分20秒（140秒）の制限がありますが、表情や音声を使って伝えたいことを発信するには十分な環境です。とくに、実際の雰囲気が重要視される飲食店などの業態でのPR活動においては、非常に有用な機能でしょう。お店で提供されている料理や店内の雰囲気を動画で伝えることで、ユーザーの求めるよりリアルなお店の様子を伝えることが可能です。

○すばやく動画を撮影して投稿する

動画は、iPhoneやAndroidスマートフォンなどのモバイル端末上のXアプリから直接撮影できます05。そのままXアプリを離れることなく不要な部分の切り取りなどを行うことができ、すばやく投稿することが可能です06。最長140秒までの動画を投稿でき、ユーザーに伝えられる情報量の面でも画像より格段に増えることから、SNSマーケティングには欠かせないツールといえるでしょう。

動画の撮影場所が屋外であることも多いものですが、屋外で撮影した動画を持ち帰ってパソコンから投稿するのでは、情報の鮮度が落ちて、エンゲージメントの機会を失ってしまいかねません。Xでは情報の鮮度が何より求められるため、すばやく撮影し、すばやく投稿することで、新鮮な情報を提供するように心がけましょう。イベントやセミナー会場で、現場ならではの情報や雰囲気を撮影して投稿する場合などに適しているといえるでしょう。

05 Xアプリからの撮影

Xアプリからそのまま動画を撮影できる

06 動画の編集

不要な部分の切り取りなどのかんたんな編集もできる

※1　フレームレート
動画が1秒あたり何枚の画像で構成されているかを示す。「fps」を単位とする。

※2　ビットレート
単位時間あたりの情報量。一般的には1秒あたりの情報量「bps」を単位とする。

投稿可能な動画の仕様

Xアプリで動画を撮影して投稿する場合は、動画は適切な仕様に調整されますが、そのほかのカメラで撮影した動画を投稿する場合や、パソコンから動画を投稿する場合には、投稿可能な仕様に注意しましょう07。Facebookではあらゆる形式の動画の投稿に対応していますが、XではMP4形式とMOV形式の2つにしか対応していないからです。そのため、XとFacebookで同じ動画を投稿することを想定している場合は、MP4形式もしくはMOV形式で動画を作成しておくとよいでしょう。ただし、パソコンからはMOV形式の動画が投稿できないことに要注意です。

万一、投稿したい動画がMP4形式でもMOV形式でもない場合は、動画の形式をこれらに変換する必要があります。フリーソフトとしては、「XMedia Recode」(https://www.xmedia-recode.de/)や「MediaCoder」(https://www.mediacoderhq.com/)が多くの形式に対応しており使いやすいでしょう。

07 Xに投稿可能な動画の仕様

モバイル端末	MP4形式、MOV形式
パソコン	MP4(H264形式、AAC音声)
アップロードできる動画のサイズ	最大512MB、長さは140秒以下
パソコンからアップロードできる動画の解像度と縦横比	最小解像度　32×32 最大解像度　1920×1200(および1200×1900) 縦横比　1:2.39～2.39:1の範囲(両方の値を含む) 最大フレームレート※1　40fps 最大ビットレート※2　25Mbps

動画の投稿頻度に気を付ける

スピード感と手軽さが求められるXでは、Facebookのように手の込んだ動画をじっくりと準備するよりも、すばやく旬の場面を投稿したほうが効果的です。編集に時間をかけた質の高い動画を少なく投稿するよりも、粗削りながら見どころの感じられる動画を多く投稿するようにしましょう。ただし、タイムラインに表示される動画は、初期設定では自動的に再生されるようになっていることも考慮しましょう。あまりにも動画ばかりを乱発すると、ユーザーからひんしゅくを買うことにもなりかねません。テキストや画像の投稿とバランスを取り、適度な頻度で投稿しましょう。

08

ハッシュタグを効果的に活用しよう

運用編

ハッシュタグを含むポストは、そのタグに興味があるユーザーに検索されることがあり、フォロワーではない人にも直接情報を見てもらえる可能性があるため、Xで情報を拡散するには効果的です。より多くのユーザーにポストを見てもらうために、適したハッシュタグを使えるようにしましょう。

ハッシュタグの効果

Xのハッシュタグは、特定のトピックやイベントを追跡し、コミュニティとのつながりを強化するために用いられます。ハッシュタグは「#」記号に続く単語やフレーズで構成され、関連するポストをリンクします。これにより、トレンドトピックの追跡が容易になり、注目度とエンゲージメントが向上します。

Xでのハッシュタグ活用は、適切なキーワード選択、コミュニティへの参加、プロモーション、エンゲージメントの促進などの要素に分けられます。効果的なハッシュタグはコンテンツと密接に関連し、ユーザーの検索傾向とマッチさせる必要があります。また、ハッシュタグはできるだけ少ない数に制限し、トレンドや独自のキャンペーンに関連付けることで、広範囲にわたる視聴者とのつながりを強化し、ブランドの目立ち度を高めることができます。

これらのポイントを踏まえることで、Xのハッシュタグをより効果的に活用し、エンゲージメントと可視性を高めることが可能です。適切な選択と利用方法を理解し、X上でのコミュニケーションを強化しましょう。

01 ハッシュタグの活用事例

ハッシュタグ活用のポイント

○適切なキーワード選択

Xの投稿では最大49個のハッシュタグが使用できますが、ハッシュタグは多すぎると反応が減少する可能性があるため、1つのポストにはハッシュタグを2個までにすることが推奨されています。また、1つのハッシュタグは最大100文字までです。

○内容にマッチしたキーワードを選択

ポストの内容に合ったハッシュタグを選ぶことが基本です。関連性のないワードを使用すると、ユーザーの興味を引きにくくなります。

○ポスト内の単語をハッシュタグ化

ポストの本文中にキーワードをハッシュタグ化することも可能です。これにより特定のキーワードを目立たせることができます。

○コミュニティへの参加

「アニメ好きとつながりたい」「起業家とつながりたい」などのフォロワー募集系ハッシュタグは、特定の対象とのつながりを強化します。

○プロモーション

多くの企業は特定のキャンペーンやプロモーションにおいて独自のハッシュタグを作成し、それをポストやほかのSNSプラットフォームで使用しています。たとえば、「#○○チャレンジ」や「#○○キャンペーン」など、ブランド固有のハッシュタグを使うことで、特定のキャンペーンについての話題を生み出し、ユーザーの参加を促すことができます。

○適切なハッシュタグの選択

適切なハッシュタグの選択も重要です。たとえば、特定のキャンペーンやイベントに関連するハッシュタグや、一般的に関心の高いトピックに関連するハッシュタグを選ぶことで、より多くのユーザーにリーチすることができます。

○エンゲージメントの促進

特定のハッシュタグを使用しているユーザーに返信を送ることで、自分の投稿への関心を高めることができます。

○フォロワーを増やすためのポイント

ハッシュタグを多用しすぎず、ポストに関連するものやXユーザーが検索しそうなものを選ぶことが重要です。

○トレンドハッシュタグの活用

Xの「日本のトレンド」セクションには、リアルタイムで人気のトピックやハッシュタグが表示されます。たとえば、「#オリンピック」や「#新商品発売」などの時事に関連するハッシュタグは、関連するイベントや季節に応じて人気を集めます。企業アカウントがこれらのハッシュタグを活用することで、特定のイベントやトレンドに関連するコンテンツを展開し、注目を集めることが可能です。

○大喜利スタイルのハッシュタグ利用

トレンドハッシュタグを利用する際には、大喜利スタイルの投稿が効果的です。「#あなたが知らない○○の事実」といったハッシュタグを用いて、ユーザーが興味を持ちやすいユニークな内容を提供することが重要です。このような投稿はユーザー間で共有されやすく、ブランドの親近感を高めることができます。

フォロワーと円滑にコミュニケーションしよう

運用編

Xにはほかのユーザーとコミュニケーションを取るための、さまざまな機能が用意されています。これらのしくみと効果を理解したうえでコミュニケーションを行うようにすると、Xの運用効果をより高めることができます。こうした観点から、代表的な機能をそれぞれ見ていきましょう。

コミュニケーションの重要性

Xでは、企業が伝えたい情報を一方的に配信するだけではなく、ユーザーと積極的にコミュニケーションを取ることが重要です。一般的に、ユーザーは日頃からコミュニケーションを取っている企業に対しては、そうでない企業に比べて身近に感じやすく、興味・関心や好意を持ったりすることにつながりやすいと考えられるからです。また、Xを利用する目的は企業によってさまざまですが、いずれの目的においても日頃からコミュニケーションを取っているユーザーが多いほど、成果に対してプラスに働きやすくなるものです。

ユーザーのポストに返信する

返信をする場合は、任意のポストの下部の○をクリックしましょう。相手のポストの下に連なる形で投稿ウィンドウが表示されます。「返信先」に相手のユーザー IDが表示されているので、文章を入力して投稿すると、そのユーザーに宛ててポストが送信されます01。相手もそのポストに対して返信することができるため、会話のようなやり取りを行うことができます。

ここで注意したいのは、返信の内容は第三者にも見えるということです。返信相手もフォローされていないかぎり、自分のフォロワーのタイムラインには表示されませんが、自分のタイムラインを訪れたユーザーは確認できるため、個人情報などを扱わないよう注意しましょう。

返信すべき相手がフォロワーにいない場合は、Xの検索欄で自社に関するキーワードなどを検索してみましょう。自社の商品・サービスに関することで困っているユーザーなどがいれば、返信で話しかけることでアクティブサポートが可能になります。

01 返信の手順

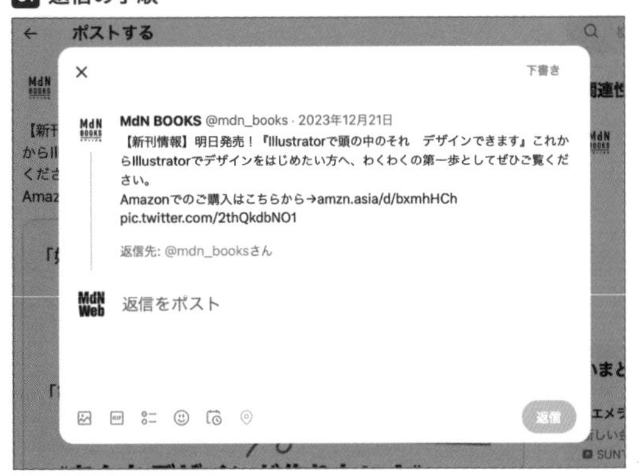

○をクリックすると返信ダイアログが表示される

リポストでコミュニケーションする

リポストする場合は、任意のポストの下部のをクリックし、「リポスト」をクリックします02。リポストは、ほかのユーザーのポストを自分のタイムラインに再投稿して情報を拡散する行為ですが、リポスト元のユーザーに自分がポストしたことが通知されるため、この行動もコミュニケーションの1つになります。「あなたのポストが興味深い内容だったので共有させてもらいましたよ」と相手に暗に伝えているのです。もちろん、リポストした情報は自分のフォロワーのタイムラインに表示されるため、何でもかんでもリポストするのではなく、フォロワーと共有したい、またはフォロワーの役に立ちそうだと思ったポストをリポストするとよいでしょう。

反対に、自分のポストがリポストされた場合は、通知を手がかりに相手のタイムラインを調べ、相手がリポストした意図を確認してみましょう。リポストは、ほかのユーザーに情報を教えたい、共有したいという動機をともなうアクションのため、ポジティブな意図で行われる場合が多いですが、悪質な情報などを注意喚起したり、コンテンツを批判したりするために行われる場合もあるため、厳密には相手のタイムラインの文脈から意図を判断する必要があるからです。

一般的には、企業のコンテンツをそのままリポストする場合は、ポジティブな意図から情報を共有することが多いと思われます。ネガティブなコンテンツについての情報をリポストする場合には、大元のポスト自体ではなく、それに対して注意を促しているポストをリポストすることが多く、大元のポスト自体を拡散する場合でも、自身の見解や感想をコメントとして追記してポストすることが多いためです。ただし、仮にポジティブな意図のリポストをユーザーからもらった場合であっても、何がそのユーザーを満足させたのかを把握できれば、新たなコミュニケーションのきっかけにできます。

02 リポストの手順

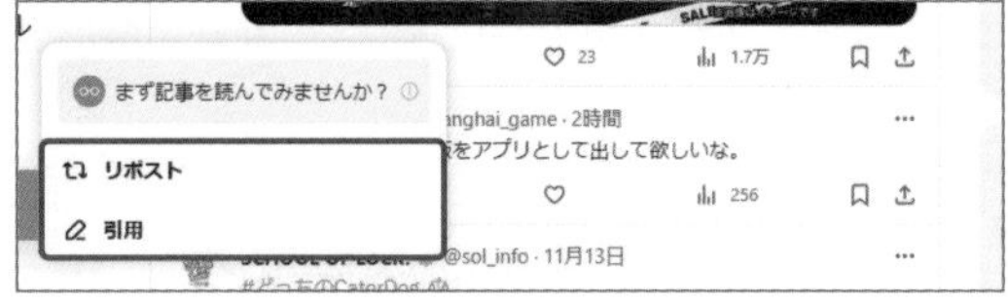

→「リポスト」の順にクリックしてリポストする

ユーザーのポストを引用リポストする

リポストの際、その先頭に自分の文章を追加して投稿することを引用リポストといいます。自分のメッセージを追加することによって、リポストよりも情報を拡散する意図が明確になりやすいため、これをきっかけとしたコミュニケーションが生まれやすくなります。どのような意図をもって引用しようとしているのかが他者に伝わるようなコメントを意識してみると、よりコミュニケーションのきっかけになりやすいでしょう。

引用リポストの手順はリポストの手順と途中までは同じです。「引用」をクリックし、リポスト画面の上部にコメントを入力して、「ポストする」をクリックすると引用リポストが完了します03。

03 引用リポストの手順

リポスト画面の上部に文章を入力し、「ポストする」をクリックする

10 Xアナリティクスで分析・改善しよう

専用の分析ツール「Xアナリティクス」を使うと、ポストやフォロワーなどのデータを詳しく知ることができます。データをもとに問題点を改善していくことで、Xをビジネスの成長につなげる方法が見えてきます。Xアナリティクスで確認することができる主要データを、使い方とあわせて覚えておきましょう。

Xアナリティクスとは

Xアナリティクスとは、Xユーザーが無料で利用できるX専用の分析ツールです。配信したポストに関する詳細なデータを把握することができます。それぞれグラフなどで視覚的に情報を確認できるため、すばやい分析が可能です。特異な部分や変動の激しい部分などに注目し、その理由を追究することによって、ポストの内容や、Xの運用方法を改善することができるでしょう。

Xアナリティクスの確認方法は、ユーザーのアカウントプランによって異なります。

無料プランのユーザーは、専用のURL「https://analytics.twitter.com/user/アカウントID/home」にアカウントIDを入力することでアナリティクス情報にアクセスできます。

また、Xのインターフェースからは、「もっと見る」を選択後、「広告」セクションを通じて、上部のツールバーにある「アナリティクス」オプションを選択することでもアクセス可能です（2024年3月時点）。

有料プランのユーザー（Xプレミアムに加入しているユーザー）は、「もっと見る」から「プレミアム」セクションへ進み、「アナリティクス」を選択することで、より詳細なデータと分析機能にアクセスできます 01。

01 Xアナリティクスの主要画面

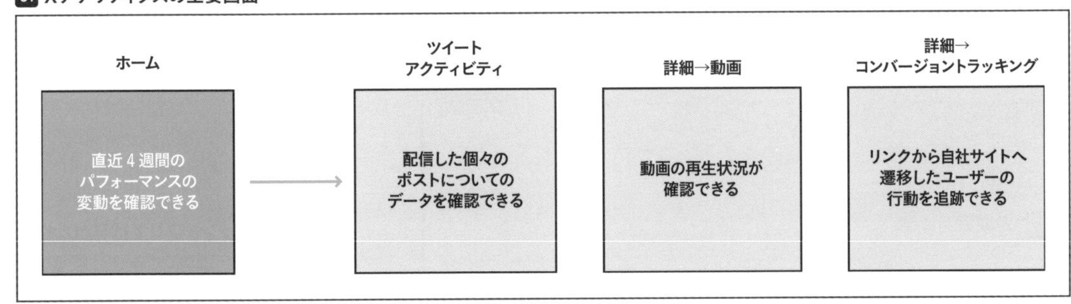

ホームで概要を確認する

ホームでは、自社のXアカウントの現在の状況と、過去の主なポストやフォロワーに関するデータが表示されます。パフォーマンスの変動や、月ごとの目立ったポストをひと目で把握できるため、全体的な運営の方向性を確認する場合に重宝します。過去一定期間のパフォーマンスの変動を見て、大きく上昇または下降している指標がある場合は、その原因がどこにあるのかを探りましょう。

ほかの分析画面とあわせて見て絞り込んでいくと、何を改善すればより効果が高まるのかというヒントを得られやすくなります。

なお、Xに代わってからアナリティクスの画面が正しく見れない事象が起きています。原因はXの不具合や、ブラウザの環境などが考えられます。

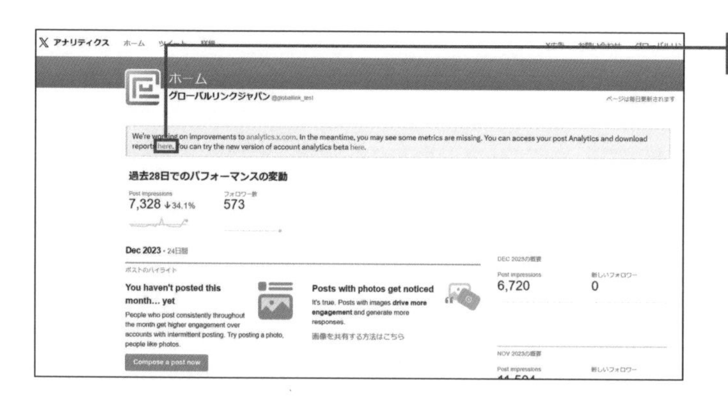

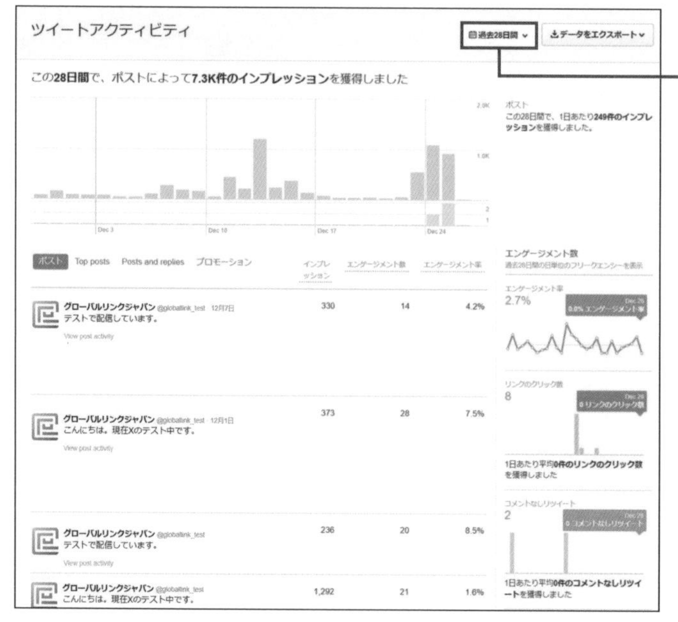

スマートフォンアプリでは見れない

Xアナリティクスは2024年3月現在、スマートフォンアプリでは確認することができません。スマートフォンで見る場合、Webでログインして確認しましょう。

ツイートアクティビティを確認する

Xアナリティクスの画面上部の「ツイート」をクリックすると、ツイートアクティビティが表示されます。ツイートアクティビティでは、投稿した個々のポストに関するデータを確認することができます。ポストがユーザーのタイムラインなどに表示されるインプレッションの回数や、ポストに対してユーザーが反応するエンゲージメントの回数※1などが詳細にわかるため、実際に個々のポストがどれだけユーザーの興味・関心を引きつけたのかがはっきりとします。一覧表示されている個々のポストをクリックすると、エンゲージメントの内訳を確認することもでき、ユーザーが具体的にどのような反応を示したのかが把握できます。

ツイートアクティビティではまず、人気の高いポストから確認してみましょう。ユーザーの反応を多く得ているポストの特徴を分析し、それを参考にして以降のポスト内容に反映させてみるとよいでしょう。改善したポストのデータもまた確認し、実際に改善効果が表れているかどうかを調べます。そこで改善効果が確認できなければ、改善内容を再検討するとよいでしょう。このように、一度ですべてを改善するのではなく、少しずつ改善をくり返していくことがポイントです。

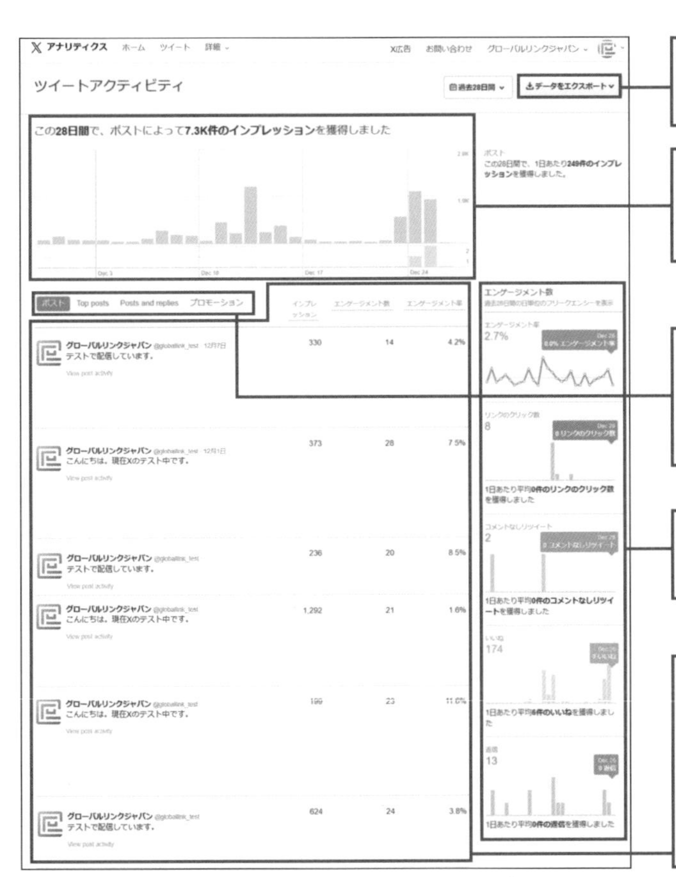

CSV形式のデータをダウンロードできます。資料やレポートを作る必要があるときなどに活用できます。

過去28日間における日ごとのポスト数と、そのインプレッション数の推移を把握できます。期間は画面右上のカレンダーで変更可能です。

インプレッション数が多いポストを確認する場合は「Top posts」、ポストと返信の双方を確認する場合は「Posts and replies」、X広告を確認する場合は「プロモーション」をクリックします。

エンゲージメント率、リンクのクリック数、リポスト、「いいね」、返信などの日別の推移が表示されます。

ポストごとに以下のデータが表示されます。
インプレッション…ポストの表示回数
エンゲージメント数…ポストへのユーザーの反応回数
エンゲージメント率…エンゲージメント数をインプレッションの合計数で割った値です。エンゲージメント率が高いほど、フォロワーが興味や関心を持ったポストといえます。

※1　エンゲージメントの回数
ユーザーがポストに反応した合計回数。この反応には、ポスト（ポスト自体、リンク、ハッシュタグ、ユーザー名、プロフィール画像）へのクリック、リポスト、返信、フォロー、「いいね」が含まれる。

動画の再生数、完了率を確認する

上部メニューの「詳細」の中にある「動画」をクリックすると、動画アクティビティが表示されます。指定した期間の投稿した動画の再生数や完了率が確認できます。表示している動画アクティビティ画面は、画面右上部「データをエクスポート」からダウンロードが可能です。

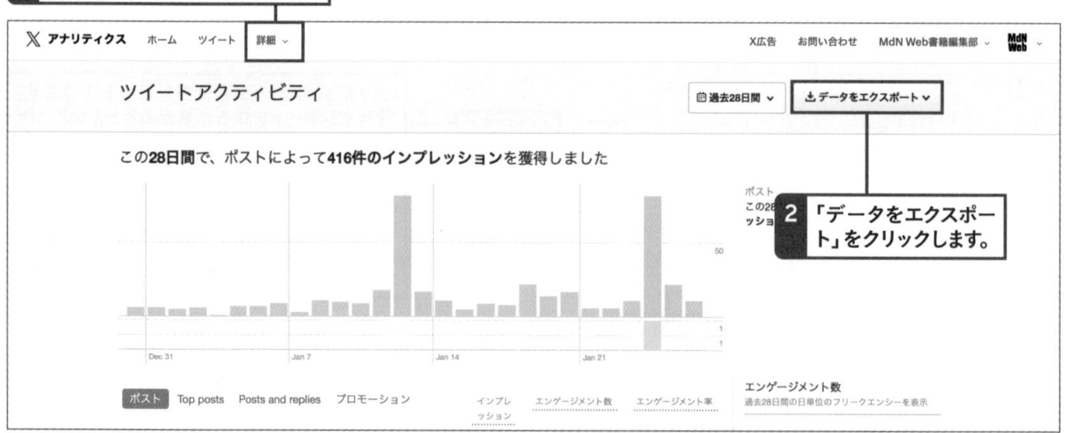

○アプリマネージャー

上部メニューの「詳細」❶の中にある「アプリマネージャー」を選択すると、アプリマネージャーが表示されます。アプリマネージャーは、アプリプロモーションキャンペーンで使うモバイルアプリを追加する、コンバージョンの効果を最適化する、エンゲージメントを獲得できそうなユーザーをターゲティングする、といったことができる広告アカウントのツールです。

○コンバージョントラッキング

上部メニューの「詳細」❶の中にある「イベントマネージャー」を選択すると、コンバージョントラッキングが表示されます。コンバージョントラッキングは、Webサイトでユーザーの行動からコンバージョンを最適化します。

11 X広告を活用しよう

以前は誰でもX広告を出稿できましたが、2023年4月から、プレミアムサブスクリプションの登録（有料）を行い、認証マークを獲得しないと広告掲載自体ができなくなりました。Xプレミアムには「ベーシック」「プレミアム」「プレミアムプラス」の3つのサブスクリプションレベルがあり、広告配信にはプレミアムレベルまたはプレミアムプラスレベルのサブスクリプションの購入が必要になります。

X広告とは

X広告とは、プレミアムサブスクリプションの登録を行い、認証マークを獲得することで利用可能になるX専用の広告サービスです。タイムラインの投稿に紛れて掲載されるため、注目度が高くなるメリットがあります 01。ただし、サブスクリプションに登録しても、Xがアカウントを組織として認証しないかぎり広告を実施できません。また、認証審査には2、3週間程度時間がかかりますので、あらかじめ注意しましょう。

X広告はWebサイトへの流入、エンゲージメントの増加、アプリインストール数の増加など、目的別に最適な配信が可能です。さらに、目的とキーワード、興味関心など、さまざまなターゲティング項目を組み合わせることで、より効果的なプロモーションが実現できます。

X広告の料金は、あらかじめ設定したアクションが達成された場合に発生するしくみです。オークション形式の料金体系であるため、競合する企業が設定した予算や入札額、または広告の品質に応じて、広告の料金が変動します。

01 X広告の掲載位置

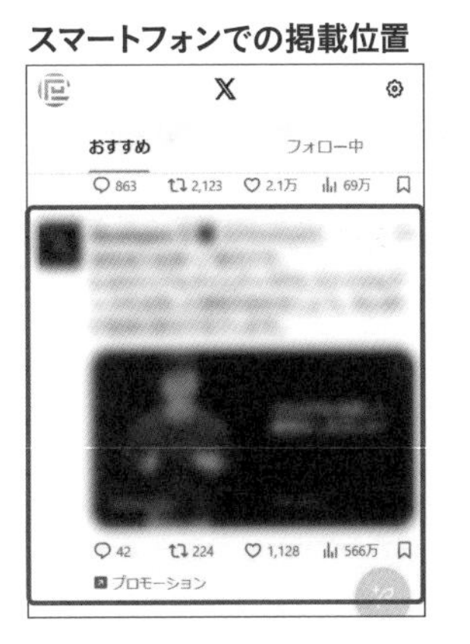

パソコンとスマートフォンのどちらも、タイムライン上のポストに紛れて掲載される

Xプレミアムに登録する

広告を出稿するためには、Xプレミアムに登録する必要があります。さっそく登録してみましょう。

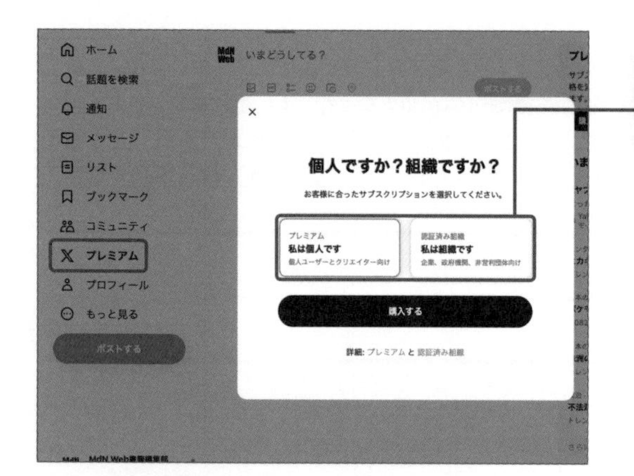

1 **Xにログインし、左メニューの「プレミアム」→「個人」または「組織」を選択します。企業でも「個人」を選択可能です。個人と組織では金額に大きな差があるので、まずは「個人」で運用してみることをおすすめします。**

個人と組織の違いについて

ここでいう個人と組織の違いは「認証バッジ」の違いとなります。「個人」を選択すると青色のバッジが、「組織」を選択すると金色または銀色のバッジが付与されます。「組織」の場合、月額135,000円（2024年2月時点）となっており、大きな企業で複数関連アカウントがあるなどの場合は取得するメリットが大きいです。

購入する
Xプレミアムプラス
高度な機能
Grokをいち早く利用する ✓
[おすすめ] に表示される広告数 なし
返信のブースト 最大
ポストを編集 ✓
長いポスト ✓
投稿を取り消す ✓
長い動画が投稿できます ✓
話題の記事 ✓
リーダー ✓
1年プラン 12%お得 ¥20,560/年 年額: ¥20,560
1ヶ月プラン ¥1,960/月 年額: ¥23,520 (月額課金)
サブスクライブして支払う

2 **個人を選択すると、プランの選択画面が表示されます。プランは「ベーシック」「プレミアム」「プレミアムプラス」の3種類で、左右の矢印で切り替えることが可能です。「プレミアム」以上が広告可能なサブスクリプションとなります。プラン名の下に使用できる機能と、金額が記載されているので、自社に合ったプランを選択しましょう。**

Xプレミアム

Xプレミアムは、Xの有料サブスクリプションサービスです。月額または年額で提供され、ユーザーは「ベーシック」「プレミアム」「プレミアムプラス」の3つのレベルから選べます。このサービスには、投稿の編集機能、140文字を超える長文投稿、長時間の動画アップロード、NFTを使ったプロフィール画像の設定など、多くの特典が含まれます。プレミアムとプレミアムプラスレベルでは、青いチェックマークの認証、広告収益の分配、クリエイターのサブスクリプション収入などの機能も提供されます。
https://help.twitter.com/ja/using-x/x-premium

X広告を出稿する

Xプレミアムに登録したら、さっそくX広告を出稿してみましょう。ここでは、基本的なX広告の出稿手順を例として紹介します。

1 Xにログインし、左メニューの「もっと見る」→「プロフェッショナルツール」→「広告」をクリックします。

Xプレミアム登録直後は広告を出稿できない

Xプレミアム登録後に一定期間の審査が入ります（約2～3週間程度）。また、非公開のアカウントや凍結アカウントは広告を出稿できないので注意しましょう。

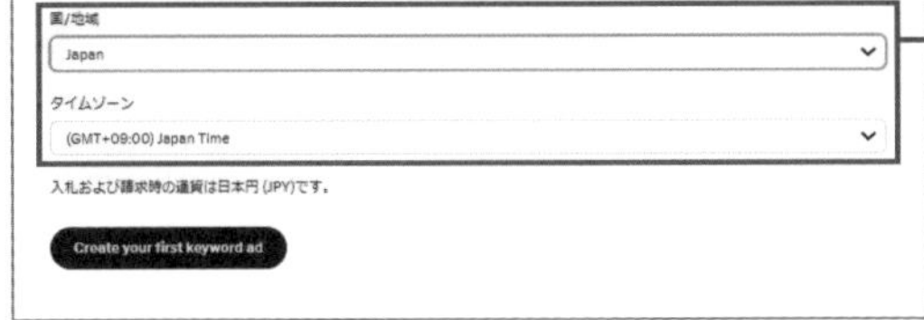

2 広告アカウントを作成します。国とタイムゾーンを設定してください。

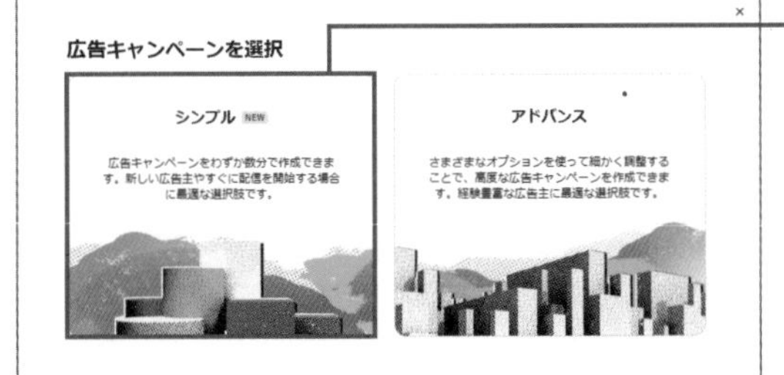

3 キャンペーンの選択を行います。まず「シンプル」か「アドバンス」を選択します。ここでは初心者が実施しやすい「シンプル」での手順を紹介します。

高度な広告設定は「アドバンス」で

「シンプル」は初心者向けですが、「アドバンス」は実施できる広告の目的が増えます。ターゲットも細かく設定できますがそのぶん煩雑なので、すぐに実施する必要がある場合は広告代理店などに相談することをおすすめします。

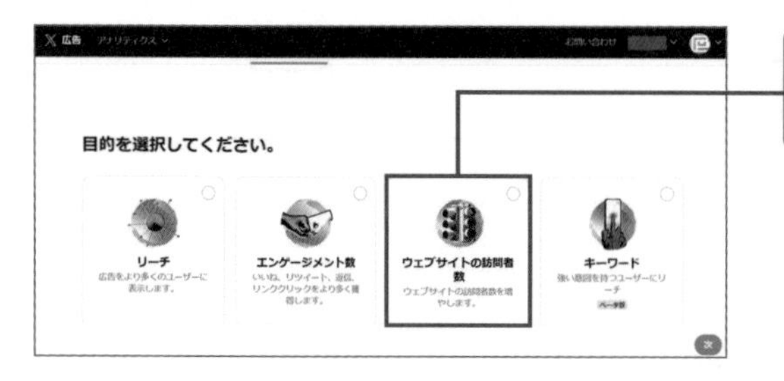

4 キャンペーンの目的を選択します。ここではいったん「ウェブサイトの訪問者数」を増やす目的で説明していきますが、基本的には同じような手順で設定可能です。

5 広告テキストを設定します。長いテキストはあまり読まれない傾向にあるので、伝えたいことを簡潔に記載するとよいでしょう。右側にプレビューが表示されます。

6 @では広告に返信可能なアカウントの範囲を設定できます。返信可能な範囲を狭めてしまうとエンゲージメント数に影響してしまう可能性があるので、よく考えて選択してください。

7 メディア（画像または動画）を設定します。「メディアを追加」をクリックします。

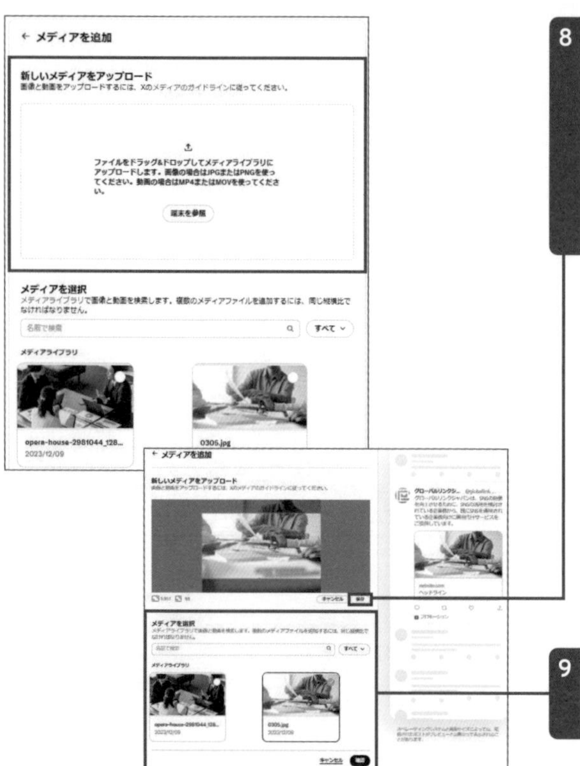

8 メディアをアップロードし、広告可能なサイズにトリミングして「保存」をクリックします。
メディアの仕様は下記の通りです。
画像：ファイルサイズ　最大5MB
　　　ファイル形式　JPEGまたはPNG
　　　縦横比　1.91:1または1:1
動画：ファイルサイズ　最大1GB（最長2分20秒）
　　　ファイル形式　MP4またはMOV
　　　縦横比　16:9および1:1

9 画面下のメディアライブラリにアップロードしたメディアが表示されるので、広告に表示したいメディアを選択し、「確認」をクリックします。

10 ヘッドラインとは、メディアの下に出てくる見出しです。最大70文字まで記載可能です。

11 リンク先のURLを入力します。URLは自動的に短縮されます。

初めて広告を実施する場合

クリエイティブ設定後、審査開始のアナウンスがポップアップされます。内容が問題なければ「OK」をクリックし、ターゲットの設定に進みます（2回目以降ポップアップは表示されなくなります）。

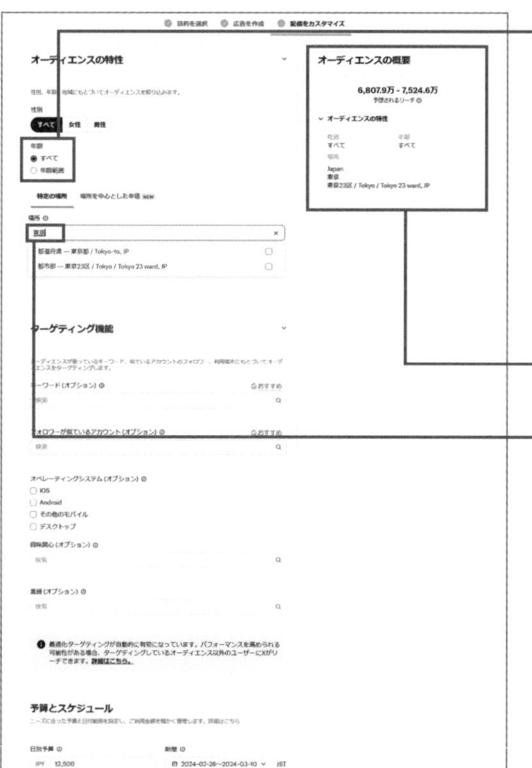

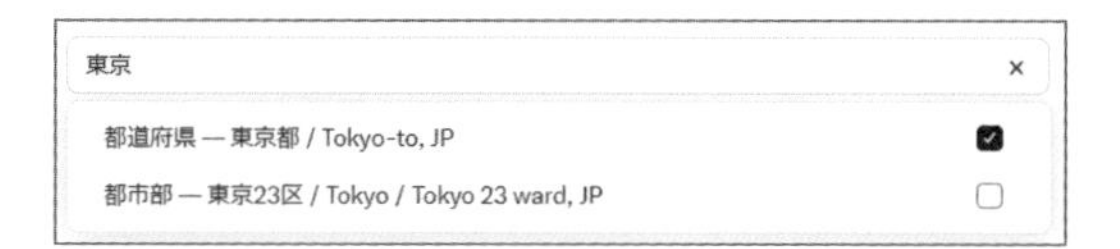

12 オーディエンスの特性を設定します。ここでは「性別」「年齢」「場所」の指定が可能です。
年齢は13歳以上を対象とすることができますが、未成年の場合、一部の商品・サービスについての広告掲載が禁止されているので、ガイドラインを確認しましょう。
https://business.twitter.com/ja/help/ads-policies/ads-content-policies/prohibited-content-for-minors.html

13 場所は国内の場合、市区町村まで設定可能です。

14 画面右側にオーディエンスの規模が表示されます。予想されるリーチ数をもとに対象を絞っていきましょう。

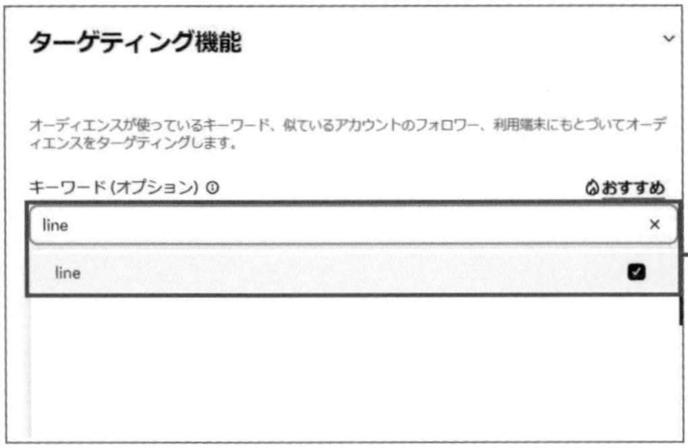

ターゲティング機能

オーディエンスが使っているキーワード、似ているアカウントのフォロワー、利用端末にもとづいてオーディエンスをターゲティングします。

キーワード（オプション）

おすすめ

line

line

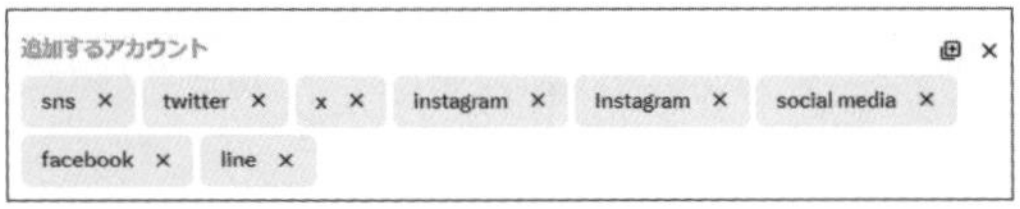

追加するアカウント

sns　twitter　x　instagram　Instagram　social media　facebook　line

15 次はより具体的にターゲットを絞っていきます。必須ではありませんが、設定しておくことで想定しているターゲットに表示させることができるので、極力設定しましょう。
キーワードでは、ユーザーが検索、ポストしたキーワードや、エンゲージメントしたポストに含まれているキーワードを追加または除外することで、オーディエンスをターゲティングします。自社サービスと関連がありそうなキーワードを入れてみるとよいでしょう。キーワードを入力すると候補が出てくるので、右側のチェックボックスにチェックを入れれば追加されます。

フォロワーが似ているアカウント（オプション）

おすすめ

global

16 右側のおすすめをクリックすると、関連しそうなワードが表示されます。

17 フォロワーが似ているアカウントでは、興味関心が似ているアカウントにリーチします。似ているかどうかは、ポスト、リポスト、クリックなどから判断されます。競合のアカウントや、ターゲットとなるユーザーがフォローしそうなアカウントを登録してみましょう。

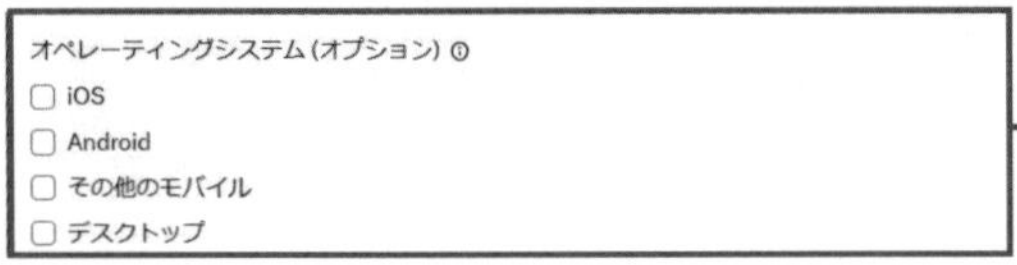

オペレーティングシステム（オプション）

- iOS
- Android
- その他のモバイル
- デスクトップ

18 オペレーティングシステムを指定し、ユーザーにリーチします。ここは絞りすぎるとターゲットが少なくなる可能性が高いので、とくにこだわりがある場合のみ設定するとよいでしょう。

19 興味関心は、利用者がポストまたはリポストした内容、クリックした内容、フォローしているアカウントなどに基づいています。広告キャンペーンのクリエイティブに直接関連する興味関心を選択すると、もっとも効果が高まります。
検索枠をクリックすると候補が出るので、該当するカテゴリーにチェックを入れましょう。右側にはオーディエンスサイズも表示されます。

言語(オプション)
検索

20 言語は、選択した場所で一般的に使われていない言語を使うユーザーにリーチさせたい場合のみ設定します。たとえば日本国内で英語ユーザーにのみ配信する場合などです。

予算とスケジュール
ニーズに合った予算と日付範囲を設定し、ご利用金額を細かく管理します。詳細はこちら
日別予算　JPY 12,500
期間　2023-12-21〜2024-01-03　JST

21 予算は日別で設定できます。期間と総予算が決まっている場合は、日数で割って設定しましょう。

税金情報を追加
ご利用の国では、広告キャンペーンを開始する前にビジネスの税金情報を収集することがTwitterに義務付けられています。続けるには、すべての必須項目にビジネス情報を入力してください。
課税ステータス
ビジネス　商品やサービスのプロモーションを行うことで経済的利益を得ることになる場合、アカウントに付加価値税は追加されません。利用ユーザー：企業、個人事業主、自営業者
個人（個人事業主を除く）　Twitter広告を個人的なビジネス以外の目的で利用する予定の場合、こちらのオプションを選択してください。利用ユーザー：個人
企業の連絡先情報
会社名
町名番地　住所1（町名番地）
住所2（マンション名・ビル名・階・部屋番号等）(オプション)
市区町村
都道府県　郵便番号
国　Japan
付加価値税IDをお持ちですか？（日本の場合は該当なしのため、いいえを選択してください）　はい　いいえ
広告代理店として広告主の代わりに購入を行っていますか？（こちらの質問について、日本の場合は該当なしのため、いいえを選択してください）　はい　いいえ
キャンセル　税金情報を保存

22 お支払い方法を登録します。まずは「税金情報を追加」をクリックします。
課税ステータスを選択し、企業の連絡先情報を入力して、最後に「税金情報を保存」をクリックします。

お支払い方法
お支払い方法を選択してください
お支払い方法を選択していません
＋ クレジットカードを追加

23 お支払い方法の画面に遷移すると「クレジットカードを追加」のボタンがクリックできるようになっています。クリックして、クレジットカード情報を登録しましょう。
これで広告出稿は完了です。

COLUMN

Xスペース

Xスペースは、X上でリアルタイムの音声会話ができる機能です。iOSやAndroidのXアプリから参加でき、ブラウザ版Xではリスナーとしての参加のみ可能です。スペースは公開されており、作成者をフォローしていないユーザーも含めて全ユーザーがリスナーとして参加できます。ホストは最大13人の同時話者を含むスペースを作成でき、スペースの開始、スケジュール設定、共同ホストの追加などが可能です。参加者は発言許可をリクエストできます。

◎Xスペースの特徴

- リアルタイム音声会話機能
- 最大13人の話者参加可能
- 公開スペースで広範囲の参加者が可能
- ホストによるスペースの管理と共同ホストの追加

◎Xスペースについて

https://help.twitter.com/ja/using-x/spaces

01 Xスペースの作成方法

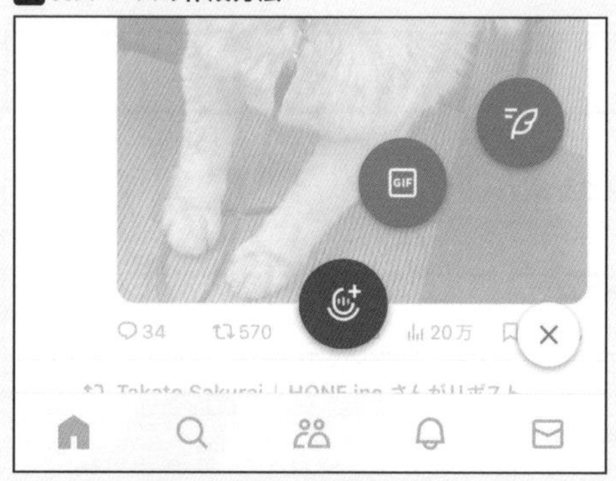

タイムラインのポスト作成画面の「+」を長押しし、●をタップするとスペースを作成できます。

02 スペースを開催中のときのタイムライン

タイムラインの上部にスペースが開催中である表記が現れます。

CHAPTER 4

YouTubeマーケティング

YouTubeは、直感的な視覚効果を用いてブランドストーリーを伝え、視聴者に直接的な体験を提供します。情報提供からエンターテインメントまで、幅広いニーズに対応可能で、各ブランドが独自の魅力を深く掘り下げ、多様な視聴者との強い結び付きを築くことができます。

01 YouTubeでできるマーケティングとは

YouTubeは動画の投稿を中心としたSNSの代表格です。InstagramやXなど、ほかのSNSでも動画を投稿することはできますが、動画をメインコンテンツとしている点で大きく異なります。マーケティングの目的に応じて適切に使い分けられるように、YouTubeの特徴からおさえておきましょう。

YouTubeとは

YouTubeは、全世界で24億人以上のユーザーに利用されている、人気の動画系SNSです。投稿された動画は毎日60億時間以上も視聴されており、注目を集めた動画などは再生回数が億単位に至るものもあるため、マーケティングでも積極的に活用されています。

ニールセン株式会社の調査によると、YouTubeの利用者数は2022年5月時点で7,000万人を超えています。ここで注目したいのは、日経BPコンサルティングの調査によって、パソコンでYouTubeを視聴するユーザー数の割合が49.4%であるのに対し、スマートフォンからのユーザー数はそれを大幅に上回る72.1%であるとわかったことです01。「PR TIMES」に掲載された株式会社シナプルリンクの調査で、YouTubeでの動画視聴の時間帯別利用時間が報告されており、このデータからも興味深い特徴がうかがわれます02。もっともYouTubeの利用率が高いのは夜の時間帯ですが、その直前の夕方から夜にかけての通勤・通学の帰宅時間も高い利用率であり、電車内や外出先などでも動画を視聴している実態が浮かび上がってくるのです。以上のことから、外出中のスマートフォンでの視聴も意識して動画を制作する必要があるといえるでしょう。たとえば、音声が聞こえない状態でも内容が理解できる演出を意識したり、手軽に見られる再生時間に抑えたりすることがポイントになります。また、被写体やテキストを見やすいサイズにすることなども重要です。

01 YouTubeを視聴する際に使用しているデバイス

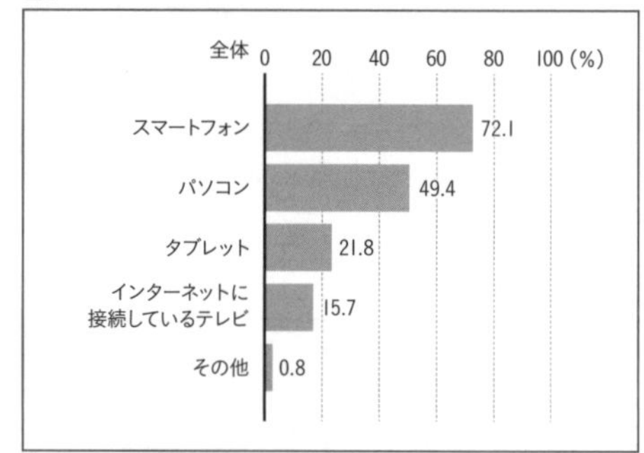

出典：日経BPコンサルティング「YouTube利用実態調査」
https://xtrend.nikkei.com/atcl/contents/18/00718/00010/

02 1日あたりのYouTubeの動画視聴時間

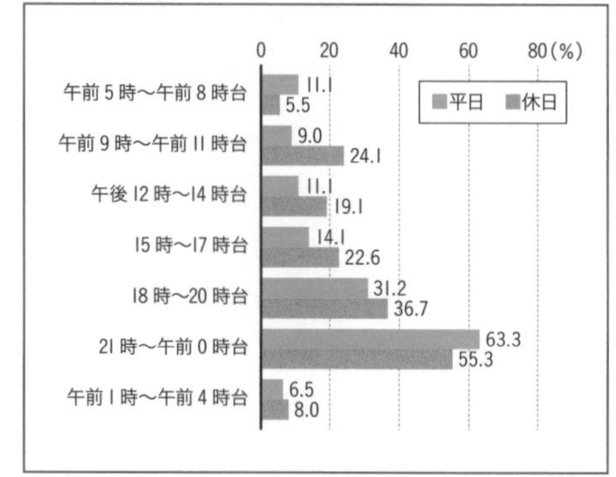

出典：株式会社シナプルリンク「1日あたりのYouTubeの動画視聴時間」
https://prtimes.jp/main/html/rd/p/000000009.000105351.html

マーケティングに活用できる各種機能

YouTubeはただ単に動画を投稿・視聴できるだけのSNSではありません。各種マーケティングがスムーズに展開できる、さまざまな機能が搭載されています。たとえばInstagramではWebサイトのリンクが掲載できませんが、YouTubeでは動画の下部や動画の画面上にリンクを設置することが可能です。タグやカテゴリなどのメタデータも設定でき、検索によるリーチも期待できます。また、XやFacebookなどのSNSで動画を共有するための専用ボタンも備えられており、拡散性も高いといえるでしょう。特筆すべきは「チャンネル」と呼ばれる独自のページを作り込むことができる点です03。チャンネルには動画を自由な配置で掲載できるため、カスタマイズ次第で効果的にPRできるでしょう。

03 チャンネルの活用例

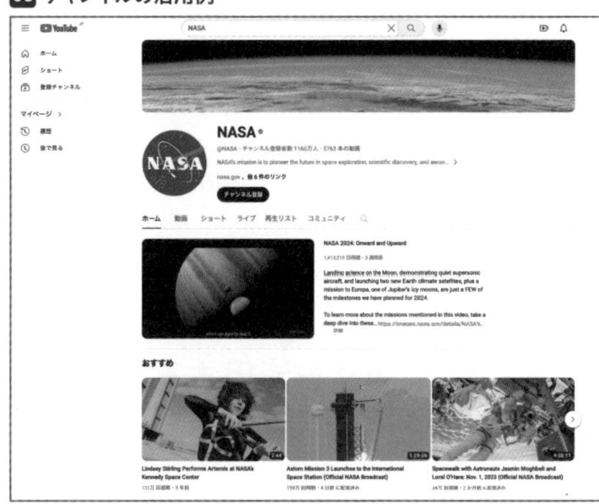

チャンネルでは動画を自由にカテゴライズ・配置できる

YouTubeの動画広告の強みと弱み

YouTubeの動画広告としては、ユーザーが一般の動画を視聴する前などに再生されるインストリーム広告（P.113参照）が代表的です。タイムラインに掲載されるほかのSNSの動画広告は、タイムラインをスクロールすることで無視できますが、YouTubeのインストリーム広告は一般の動画の再生画面自体に大きく再生されるため、ユーザーにしっかりと映像を見せることができます。また、XやFacebookの動画広告では、動画のイメージを大きく左右する音声が自動再生されない初期設定になっており、ユーザー側が能動的に動画広告に接触しないかぎりは動きとしてのおもしろさだけでPRするしかありません。一方、YouTubeのインストリーム広告では初期状態で音声が再生される本格的な動画広告です。 ユーザーにしっかりと動画自体を見せたいマーケティングには最適な媒体といえるでしょう。

しかし、YouTubeのインストリーム広告では、自社サイトやキャンペーンサイトなどリンク先への誘導が難しいという弱点があります。動画広告の画面上にリンクを設置できるものの、ユーザーはその動画広告のあとに再生される、一般の動画を見たいという気持ちが強いからです。画面右上のディスカバリー広告（P.113参照）の枠などにもあわせて広告を掲載することもできますが、スムーズにクリックしてもらいにくい仕様です。

一般の動画を視聴することを目的としているユーザーが多いYouTubeに対して、XやFacebookといったSNSでは、知人や友人とのコミュニケーションを取りつつ、「話題のネタを探す行動」も同時に行われやすい、という特徴があります。そのため、動画広告とあわせてキャンペーンや企業サイトなどのリンクを掲載すると、YouTubeの動画広告に比べてクリックされやすいといわれています。こうしたことから、YouTubeの動画広告では、ユーザーをWebサイトなどに誘導することよりも、ブランディングなどの目的で活用するほうが望ましいといえるでしょう。

02 YouTubeの活用ポイントをおさえよう

運用編

動画はユーザーにとって直感的に理解しやすく、伝えたいことを正確に訴求することに優れているため、Webマーケティングにおいて効果的なコンテンツです。ここでは、マーケティングをスムーズに行うための動画の編集方法のほか、広告や分析機能を活用する際のポイントについて解説します。

動画の編集機能を活用する

YouTubeでは、投稿した動画をWebブラウザ上で編集することができます。動画を魅力的に演出できるだけでなく、集客などの成果を効果的に高める仕掛けを組み込むこともできるため、ぜひ活用してみましょう。

投稿した動画を編集するには、YouTube Studioの左メニューで「コンテンツ」をクリックして動画の一覧を表示01し、編集したい動画の「詳細」をクリックして詳細画面を表示します。詳細画面では左部のエディタをクリックすることで、編集機能を切り替えることができます。

「動画の詳細」画面では、動画の基本情報やメタデータを設定できます。ユーザーへのリーチを増やすために、関連するタグを多く設定しておくことが大切です。また、YouTubeで動画を検索した際に表示されるのは、タイトル、説明文、サムネイルのため、ユーザーの目が留まるように、これらをわかりやすいものや、インパクトのあるものに設定しておきましょう。

「動画エディタ」では、動画のカット、ぼかしなどで雰囲気を調整できます02。オリジナルと比較しながら、より魅力的に見えるよう加工しましょう。BGMなどを追加したい場合は、「トラックを追加」をクリックして音源を使用しましょう。

01 YouTube Studio画面

02 動画エディタの編集画面

広告を活用する

YouTube広告は、その多様なフォーマットと広告主に対する高い費用対効果で注目されています。Googleの広告サービス「Google Ads」を通じて、広告を配信することができ、ターゲットを絞り込んでセグメント化することが可能です。広告がスキップされた場合、興味がないと判断でき、興味を持ったユーザーにのみコストをかけてアプローチすることができます。これによって、効率的な広告戦略を構築することができるため、今後もさらなる注目が集まると考えられます。

◯スキップ可能なインストリーム広告

動画が視聴される前などに表示される動画広告で03、5秒間再生するとスキップできるタイプの広告です。ユーザーが広告を30秒以上（動画が30秒未満の場合は、最後まで）視聴した場合に課金されます。

◯スキップ不可のインストリーム広告

動画が視聴される前などに表示される動画広告で、最後まで見ないと動画を視聴することができません。最長15秒までの動画広告を見せることができます。目標インプレッション単価制が採用されており、広告の表示回数に基づいて課金されます。

◯バンパー広告

最長6秒のスキップ不可の短い動画広告で、最後まで再生しないと動画を視聴することができません。バンパー広告も目標インプレッション単価制が採用されており、広告が表示数に基づいて課金されます。

◯TrueView ディスカバリー広告

YouTubeの関連動画の横や検索結果部分、モバイル版YouTubeのトップページなど、ユーザーが動画コンテンツを探している場面で表示される広告です。ユーザーがサムネイルをクリックして広告を視聴した場合のみ課金されます04。

これらの広告はYouTubeの利用者の多くが目にする場所で表示されるため、効果的な露出を期待できます。とくに、動画が再生される際に広告を視聴させることで、視聴者の意識に残りやすくなっています。Google広告のWebサイトでアカウントを作成し、これらの広告を活用することをおすすめします。

03 インストリーム広告

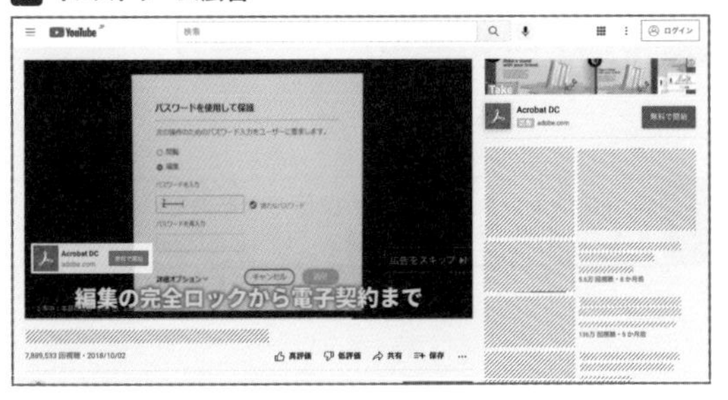

04 TrueView ディスカバリー広告

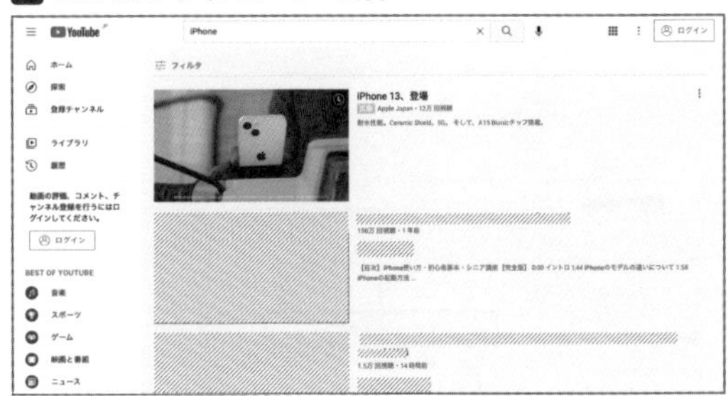

YouTubeライブを活用しよう

YouTubeライブはリアルタイムで映像配信できる機能です。以前はかぎられたユーザーしか利用できませんでしたが、現在は誰でもライブ配信可能です。YouTubeライブで配信した動画は、配信後にアーカイブとして残せるので、リアルタイムで見逃してしまったユーザも閲覧できます。アーカイブは非公開、限定公開などの設定も可能です。

「YouTubeライブ」の配信方法

YouTubeライブでは、個人のチャンネルや仕事で使用する名前で登録したチャンネルなどでの配信が可能です。パソコンやノートパソコンなどで配信を行う場合は、次の機材が必要になります。

- **Webカメラ**（パソコンまたはノートパソコンにカメラ機能がない場合）
- **マイク**（Webカメラまたはパソコン／ノートパソコンにマイク機能がない場合）

1 YouTubeにログインしてアイコンから「設定」をクリックします。

2 ここでは、新しくチャンネルを作成します。「チャンネルを追加または管理する」をクリックします。

3 自分のチャンネルページが表示されるので、「+チャンネルを作成」をクリックします。

4　チャンネル名を設定し、「新しいGoogleアカウントを独自の設定で作成していることを理解しています。」にチェックを入れて、「作成」ボタンをクリックします。

5　チャンネルページが表示されるので、右上のアイコンから「YouTube Studio」をクリックします。

6　チャンネルダッシュボードが表示されるので、「ライブ配信を開始」をクリックします。YouTubeライブ管理画面に遷移するので、各項目を選択または記入するとライブ配信が開始されます。

※電話番号の確認が必要になるので、携帯電話などを用意してください。

04 目的と目標を明確にしよう

YouTube運用において、まず目的と目標を明確にすることが重要です。たとえば、ブランドの認知度を上げる、商品の販売促進を行う、教育コンテンツを提供するなど、目的によって運用方法が異なります。目標を設定する際は、具体的な数値や期限を決めることで達成感を得られるでしょう。

目的の特定

YouTubeチャンネル運用の目的を明確にすることは、効果的なコンテンツ戦略を立てるうえで重要です。以下は、チャンネルの目的に応じた一般的なチャンネル例です。参考にしてみてください。

○ブランドの認知度向上

目的：新商品や新サービスの紹介と視聴者への認知。

チャンネル例：新製品やサービスを公式チャンネルで紹介し、特徴や利点を強調。ストーリーテリングや製品開発の背景紹介で感情的な絆を深め、ブランドへの親近感を促す01。

○商品の販売促進

目的：商品の特徴や魅力を伝え、購入を促す。

チャンネル例：アパレルブランドが美容インフルエンサーとのコラボで商品を紹介。使用デモンストレーションや顧客レビューで信頼性をアピールし、限定オファーで購入を促す。

○教育コンテンツ提供

目的：視聴者に知識や技術を学ばせる。

チャンネル例：ビジネス映像メディアがPowerPointの使い方を解説。チュートリアルやQ＆Aセッションで実践的な学びを促し、コミュニティの関与を深める02。

これらの目的は、チャンネルの方向性を決定し、コンテンツの作成と配信に役立ちます。チャンネルの目的が明確であればあるほど、効果的な戦略を立てやすくなり、結果的に目標達成につながります。

01 Apple

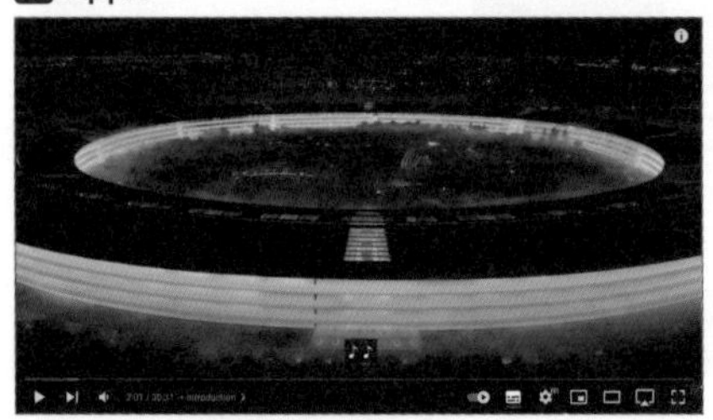

Apple Event - 10月31日（日本時間）
https://www.youtube.com/watch?v=ctkW3V0Mh-k

02 PIVOT 公式チャンネル

【パワポ作成 5つのポイント ＃2】①箇条書きを作る ②テンプレートを作る／ Wordで整理できない人がパワポに取り掛かるな／色はどうするべきか？【パワポ芸人 トヨマネ】
https://www.youtube.com/watch?v=b6r2xz_iCZo

目標の設定

　企業が公式YouTubeチャンネルの運用を開始する際には、効果的なYouTubeマーケティングを行うための目標KPI（Key Performance Indicator）を設定することが不可欠です。SMART原則（Specific, Measurable, Achievevable, Relevant, Time-bound）に基づき、具体的な数値目標と期限を設けることで、運用の成果を明確に測定できます。

◯チャンネル登録数

　チャンネル登録者数は企業のファンベースを表し、その増加は「新規顧客の獲得」を目指す際の重要なKPIです。

◯再生回数

　動画の総再生数である再生回数は、YouTube運営の基本的な指標です。商品の認知度向上を目指す場合、再生回数が重要なKPIになりますが、深い理解を目指す場合は視聴維持率が適した指標です。

◯クリック再生率

　表示された動画をユーザーがクリックして再生する割合を指すクリック再生率は、動画の魅力を示す重要なKPIです。サムネイルやタイトルの工夫により、自社製品の紹介時のクリック誘発を目指します。

◯視聴維持率

　視聴維持率は、視聴者が動画をどれだけ長く視聴したかを示す指標です。これは平均視聴時間をもとに計算されます。平均視聴時間とは、全視聴者が動画を視聴した平均的な時間です。たとえば、10分の動画で平均視聴時間が5分の場合、視聴維持率は50%となります。視聴維持率は動画の魅力や内容の改善を評価するのに役立ちます。

◯直帰率／コンバージョン率

　ユーザーが動画を視聴後にほかのページへ遷移せずに離脱した割合である直帰率は、とくに自社Webサイトでのコンバージョンを目指す際のKPIです。YouTube動画がWebサイト訪問者に影響を与えているかを示します。また、コンバージョン率は視聴後の商品購入やサービス申し込みの割合で、費用対効果の高いマーケティングを目指す際に重要です。

戦略とアクションプランの策定

　目的と目標が明確になったら、それらを達成するための戦略とアクションプランを策定しましょう。以下は、戦略とアクションプランの例です。

◯コンテンツ戦略

　ターゲットオーディエンスに魅力的なコンテンツを提供する。

　例：若年層向けのファッショントレンドを取り入れたスタイリング動画を毎週配信する。

◯プロモーション戦略

　動画の露出を増やし、新規視聴者を獲得する。

　例：SNSで動画をシェアし、インフルエンサーとのコラボを実施する。

◯コミュニケーション戦略

　視聴者との関係を深め、エンゲージメントを高める。

　例：コメントへの返信や視聴者の意見を取り入れた動画を作成する。

05

ターゲットオーディエンスを特定しよう

「ターゲット」は、ある製品やサービスが解決しようとする問題や機会に焦点を当てていますが、「ターゲットオーディエンス」は、その製品やサービスを購入する可能性が高い具体的（年齢、性別、居住地、職業、趣味、購買力）な人々のグループに焦点を当てています。 YouTube運用において、ターゲットオーディエンスの特定は成功の鍵を握っています。

ターゲットオーディエンスの特定

◎ターゲットオーディエンスの詳細な属性分析

YouTubeでの成功は、ターゲットオーディエンスの細かい属性を理解し、それに合わせたコンテンツを提供することから始まります。年齢、性別、居住地、職業、教育レベル、そして趣味や関心など、多岐にわたる情報を分析し、それぞれのニーズに応じた内容を企画します。このアプローチにより、特定のオーディエンス層の関心を引き、エンゲージメントを高めることができます。

◎深層のニーズと願望の分析

表面的なニーズを超えて、ターゲットオーディエンスの深層にある願望や悩みに焦点を当て、それに応えるコンテンツを提供することが重要です。アンケートやデータ分析ツールを利用し、視聴者の背後にある動機や意図を探ります。具体的な解決策やアドバイスを提供することで、視聴者との信頼関係を築き、チャンネルのロイヤリティを高めることができます。

◎コンテンツのニーズ分析の深化

視聴者にとって、何に価値があると感じ、どのコンテンツに時間を費やしたいかを深く理解することが、コンテンツ作成の成功につながります。視聴者の検索行動や視聴習慣、反応パターンを分析し、それに基づいてコンテンツを企画しましょう。たとえば、かんたんで健康的なレシピや、季節ごとの特別な料理アイデアは、家庭料理チャンネルにおいて視聴者の関心を引くトピックです。

ターゲットオーディエンスへのアプローチ方法

ターゲットオーディエンスにアプローチするためには、YouTube上で彼らの好みや行動パターンを深く理解し、それに合わせたコンテンツ制作とプロモーションが必要です。YouTubeコンテンツの形式は、視聴者の消費スタイルによって変わるため、短いクリップから長時間のドキュメンタリースタイルまで多岐にわたるべきです。

たとえば、短い動画は忙しい日常を送る人々に向けて、途中で視聴を中断してもYouTube上で再開しやすいコンテンツとなります。一方、長い動画はじっくりとコンテンツを消費したい視聴者に適しており、詳細な情報や物語を提供することができます。

また、トーンはターゲットオーディエンスの感情に訴えるよう選択されるべきです。若い世代にアプローチする際は、カジュアルなスタイルがYouTube上で好まれる傾向にあります。トレンドに敏感な若者向けには、最新のファッションやカルチャーに関する情報をリアルタイムで提供し、ブランドやデザイナーの紹介に加えて、スタイリングのヒントを提供することで関心を引きます。

プロモーション戦略もまた重要です。オンライン広告はもちろんのこと、若者が頻繁に利用するソーシャルメディアプラットフォームを活用してターゲットオーディエンスにリーチすることが効果的です。InstagramやTikTokなどのプラットフォーム上で独自のキャンペーンを展開したり、インフルエンサーと連携して商品やコンテンツをYouTube上で紹介してもらうことで、ブランドの認知度と信頼性を高めることが可能になります。

視聴者のフィードバックを活用

視聴者が動画にどの程度満足しているかを評価するために、詳細なフィードバックを求めることが有効です。たとえば、視聴者に対してアンケートへの参加を促すことで、具体的な感想を収集することができます。その結果をもとに、コンテンツの質を高めたり、新しいシリーズを企画したりすることが可能です。また、特定の視聴者がリクエストした内容を取り入れることで、コミュニティの一員としての所属感を高め、エンゲージメントの向上にもつながります01。

01 YouTubeのコミュニティ投稿でのアンケートの例

クマーバチャンネル
https://www.youtube.com/@kumarba/community

ターゲットオーディエンスの特定

ターゲットオーディエンスの特定は、YouTube運用の成果を最大化するために重要なステップです。属性分析、ニーズ分析、競合チャンネルの分析、アプローチ方法の検討、視聴者のフィードバック活用など、さまざまな項目を考慮しながら、ターゲットオーディエンスに適したコンテンツ制作とプロモーションを行いましょう。具体例を参考に、自分のチャンネルに合ったターゲットオーディエンスを特定し、より魅力的なコンテンツを提供していくことが大切です。

06 魅力的なコンテンツを制作しよう

運用編

魅力的なコンテンツ制作は、YouTube運用において視聴者の獲得やエンゲージメント向上につながります。ターゲットオーディエンスのニーズに応えるだけでなく、独自性やクオリティを追求することが重要です。以下では、魅力的なコンテンツ制作に関連する項目を具体例を交えて紹介します。

魅力的なコンテンツ制作

◎視覚的な魅力の追求

視聴者が興味を持つためには、視覚的な魅力が重要です。料理チャンネルであれば、美味しそうな料理の映像や鮮やかな色彩を使って目を引く演出を心がけます。また、ファッションチャンネルでは、最新のトレンドや華やかなスタイリングを取り入れることが重要です。

◎情報価値・教育性の提供

視聴者にとって有益な情報や教育的なコンテンツを提供することで、リピート視聴やチャンネル登録者数の増加につながります。DIYチャンネルであれば、わかりやすい解説やステップバイステップの手順を提供することで、視聴者が自分で試せるようなコンテンツを作成します。

◎物語やエンターテインメント性の強化

物語やエンターテインメント性を取り入れたコンテンツは、視聴者の心をつかむ力があります。旅行チャンネルで、訪れた場所の文化や歴史に触れるストーリーテリングによって視聴者を引き込むような動画を作成したり、ゲーム実況チャンネルで、プレイヤーのリアクションを交えたコメントで視聴者を楽しませたりすることが一例です。

◎編集技術とBGMの活用

編集技術やBGMを活用することで、動画のクオリティを高めることができます。

動画制作において、テンポのよい動画作成は、視聴者が飽きずに最後まで見る可能性を高めます。また、適切なBGMの選択により、動画の雰囲気やテーマを強調し、視聴者の感情に訴えかけることができます。

◎独自性とブランディングの確立

数多くのチャンネルが存在するYouTubeでは、独自性を持ったコンテンツが求められます。たとえば、独自の視点や手法を用いた映画解説チャンネルや、特定の分野に特化した知識やスキルを提供する専門チャンネルなどが該当します。また、ブランディングを意識して、ロゴやチャンネル名、動画内のテロップなどで統一感を持たせることで、視聴者の印象に残りやすくなります。

◎コンテンツの企画・スケジューリング

定期的に新しいコンテンツを提供することで、視聴者の期待を維持し、チャンネル登録者数を増やすことができます。企画を立てる際は、季節やイベントに合わせたトピックや、視聴者からのリクエストに応える内容を考慮しましょう。また、スケジューリングを行い、動画のアップロードを一定のペースで行うことが重要です。

YouTube動画とショート動画

YouTubeには、長尺動画とショート動画という2つの主要なコンテンツ形式が存在します。長尺動画は従来のYouTube動画であり、教育的な内容、深い話題の掘り下げ、ストーリーテリングに最適なフォーマットを提供します。これに対してYouTubeショートは、従来の長尺動画とは一線を画す特別なフォーマットであり、最大60秒の短い動画で、スマートフォンユーザーにすばやく情報を届けるために最適化されています(CHAPTER4-07参照)。

最近のトレンドとしては、企業チャンネルでは短尺で要点をまとめた動画か、または短尺の詳細情報を含む長尺動画が、チャンネル登録者数の増加に効果的であるとされています。このトレンドは、YouTubeショートのような短尺フォーマットが人気を集める中で、視聴者の期待に応じたコンテンツを提供することの重要性を示しています。短い動画は、簡潔でポイントをおさえた情報提供に適しており、忙しい視聴者や新しい情報をすばやくキャッチしたいユーザーに最適です。一方で、長尺動画は、より深い情報や詳細な解説を求める視聴者に向けたものであり、ブランドや製品の詳細な側面を伝えるのに役立ちます01。

魅力的なコンテンツ制作は、YouTube運用で成功を収めるための重要な要素です。視覚的魅力の追求、情報価値・教育性の提供、物語やエンターテインメント性の強化、編集技術とBGMの活用、独自性とブランディングの確立、コンテンツの企画・スケジューリングなど、さまざまな項目を考慮しながら、ターゲットオーディエンスに魅力的なコンテンツを提供していくことが大切です。具体例を参考に、自分のチャンネルに合った魅力的なコンテンツ制作の方法を見つけ、視聴者とのコネクションを深めましょう。

01 長尺動画とショート動画の特徴

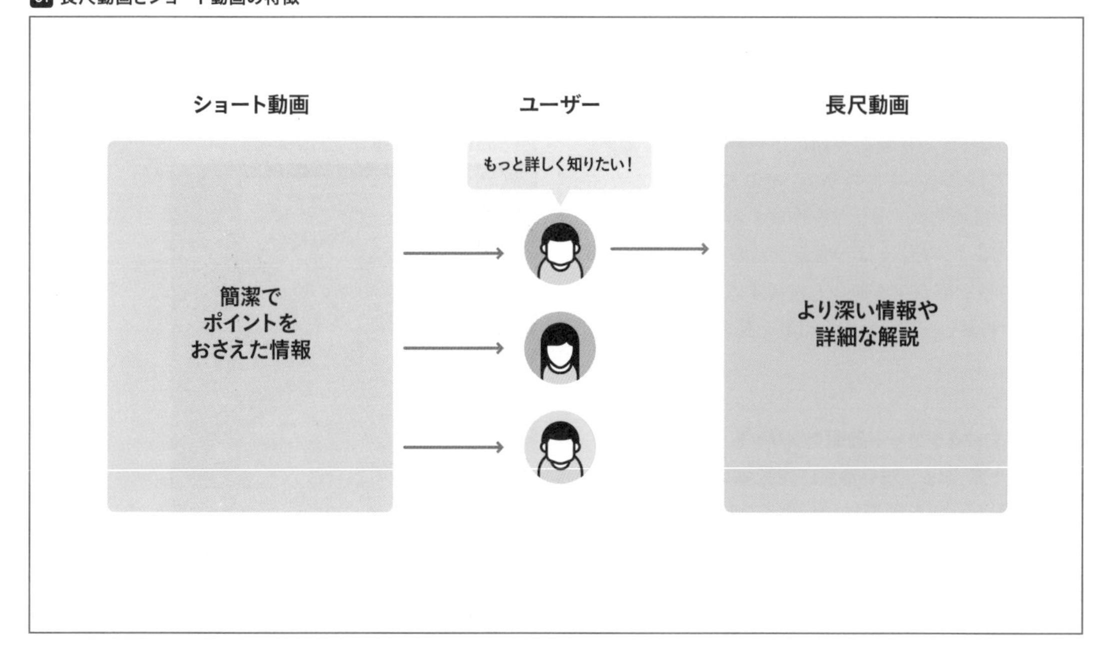

07 YouTubeショートとは

運用編

YouTubeショートは、企業のSNS戦略において新たなマーケティングツールとして注目されています。60秒以内のこの動画フォーマットはとくに若年層に人気で、企業にとって効率的なリーチ手段を提供します。その利用には、冒頭の数秒で視聴者の興味を引きつけること、リズム感のある動画作成、トレンドを取り入れたコンテンツ、自然体であることが重要です。

YouTubeショートとは

YouTubeショートは、企業のSNS担当者にとって新たなマーケティングツールとして注目されています。この短尺動画フォーマットは、視聴者に迅速かつ効果的にメッセージを伝えるための強力な手段です。本記事では、YouTubeショートの基本から活用方法まで、具体的な事例を交えながら詳しく解説します。

○YouTubeショートとは

YouTubeショートは、60秒以内の短い動画を投稿できるサービスです。とくに若年層に人気があり、企業がターゲットとする市場に迅速にリーチすることができます。YouTubeショートの特徴は、簡潔ながらもエンゲージメントを高めるコンテンツを作成することが可能である点にあります。たとえば、食品メーカーが新商品のレシピを30秒で紹介する動画を投稿することで、商品への興味を刺激し、ブランド認知度を高めることができます01。

○企業におけるショート動画のメリット

ショート動画は、短いゆえに視聴者の注意を瞬時に引き、メッセージを効率的に伝えることができます。さまざまな年齢層にリーチすることが可能で、とくに若年層に人気があるため、新しい顧客層を開拓する機会を提供します。さらに、動画はシェアしやすく、企業のブランド拡散にも貢献します。

○ショート動画の分析と改善

YouTubeショートの分析は、企業にとって非常に重要です。動画の視聴数、エンゲージメント率、視聴時間などを分析することで、動画のパフォーマンスを評価し、改善点を見つけることができます。分析を行うことで、より効果的なコンテンツを作成し、企業のマーケティング戦略を強化することが可能です。

01 YouTubeショート

YouTubeショートの投稿戦略

◎冒頭3秒で視聴者の興味を引きつける

YouTubeショートの閲覧者は、多くの動画の中から興味を持つものだけを選びます。動画の最初の3秒間はとくに重要で、この短い時間で視聴者の注意を引きつけなければなりません。動画の冒頭には、インパクトのあるビジュアルや興味深いフレーズ、視聴者が最後まで見ることで得られる情報や楽しさを予告する工夫が必要です。たとえば、驚くような映像や質問、視聴者の好奇心をそそる導入部を設けることが効果的です。

◎リズム感のある動画作成

YouTubeショートはループ再生されるため、リズム感を持った動画作成が重要です。テンポのよい動画は視聴者を引き込み、最後まで見させる効果があります。動画は短くても内容がリッチで、視聴者がくり返し見たくなるような魅力的な構成を心がけるべきです。ビートに合わせた編集や、視聴者の注意を引くような変化を取り入れるのがよいでしょう。

◎トレンドを取り入れる

トレンドに敏感なYouTubeショートの視聴者は、流行中の音楽やダンス、話題のイベントなどを取り入れた動画に引かれます。これにより、動画は共感性を持ち、より多くの視聴者の関心を集めることができます。トレンドを取り入れることで、ブランドの現代性を示し、視聴者とのつながりを強化することが可能です。

◎自然体であること

過度に作り込まれた動画よりも、自然でリアルな内容のほうがYouTubeショートの視聴者に受け入れられやすいです。自然体でリラックスした雰囲気のショートVlog形式は、とくに人気があります。視聴者は、製品の宣伝だけでなく、企業の人間的な側面や日常を垣間見ることを好むため、こうしたコンテンツが効果的です。

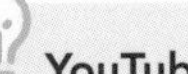

YouTubeショートフィード内の広告収益化

2023年2月1日からYouTubeパートナープログラムに参加するクリエイターは、YouTubeショートフィード内の広告収入を享受できるようになりました。これは、YouTubeショートを利用する企業にとって重要な収益化の機会であり、この新しい収益モデルを活用してYouTubeショートへの投資をさらに促進することが可能です。YouTubeショートに注力することで、企業は新しい視聴者層を引きつけ、既存のファンベースを拡大し、最終的にはブランドのデジタルフットプリントを強化することができます。

YouTubeショート活用事例

○トゥモローゲート株式会社

トゥモローゲート株式会社は、企業ブランディングを専門とする会社で、YouTubeショートを毎日投稿しています。テーマは「ビジネス×エンターテインメント」で、ブラックな社長が社員の質問に回答するやりとりや、実演動画、社員の日常動画など、さまざまなコンテンツを発信しています。これらの動画は企業の透明性と親しみやすさを見せており、主に学生や求職者である若手のユーザーとの濃い関係作りに成功しています。

西崎康平 ブラックな社長
https://www.youtube.com/@koheinishizaki/shorts

○アトム法律事務所

アトム法律事務所は、全国に展開する弁護士事務所で、YouTubeショートを活用して法的知識を普及しています。代表の岡野タケシ氏が、時事ニュースに対する法的解釈を簡潔に説明する動画を投稿しており、これが人気を集めています。これらの動画は、一般の人々に法律をわかりやすく伝えることに成功し、事務所の専門性と信頼性を高めています。アトム法律事務所の事例は、YouTubeショートを用いて専門知識を提供し、ブランド認知度を高める効果的な方法を示しています。

岡野タケシ弁護士【アトム法律事務所】
https://www.youtube.com/@okanotakeshi/shorts

○焼き鳥どん

焼き鳥どんは、東京の荻窪、駒込、西巣鴨に店舗を構える人気の焼き鳥居酒屋で、YouTubeショートを積極的に活用しています。この居酒屋のYouTubeショート動画は、個性的な店長が主役で、飲食店の日常やスタッフとの面白いやり取りを描いた「あるある」ネタが中心です。これらの動画は、店の楽しい雰囲気とユーモアを伝え、視聴者に親近感を与えています。焼き鳥どんの事例は、YouTubeショートを使って店舗の個性を前面に出し、ブランドイメージを強化する効果的な方法を示しています。

焼き鳥どんの飲食店あるあるチャンネル
https://www.youtube.com/@yakitori-don-tarako/shorts

08 定期的な投稿をしよう

運用編

定期的に投稿することで、視聴者がチャンネルに対する期待感を持ち続け、再訪問が促されます。投稿頻度はチャンネルの内容によって異なりますが、たとえば週に1回、毎週水曜日に動画を公開するといった具合にリズムを作りましょう。

定期的な投稿の重要性

◎詳細な投稿スケジュールの策定

視聴者がいつ新しい動画を見られるのかを把握しやすくするためには、詳細な投稿スケジュールが必須です。たとえば、「毎週水曜日の夜7時に料理動画をアップする」というように公表することで、視聴者はその時間を楽しみに待つことができ、定期的な視聴の習慣を形成します。

近年のトレンドとしては、ライブ配信を交えたスケジュールが注目されており、リアルタイムでのインタラクションが視聴者のロイヤリティを高めるとされています。

◎多様性を追求したコンテンツの計画

単調な内容のくり返しは視聴者の飽きを招くため、コンテンツには多様性が求められます。たとえば料理チャンネルであれば、和食、洋食、中華料理だけでなく、ヴィーガン料理や最新のフードトレンドを取り入れた動画を制作し、視聴者の好奇心を刺激することが有効です。

また、シーズナルなイベントやホリデーシーズンに合わせた特別企画は、チャンネルへの関心を高める絶好の機会となります。

◎動画投稿のプロモーションとSNSの統合的活用

新しい動画の投稿を告知する際には、InstagramやX、Facebookに加え、TikTokといった若年層に人気のプラットフォームを活用する事例が増加しています。これらのプラットフォームで投稿のティーザーを公開したり、制作過程の裏側を見せることで、動画への期待感を高めることができます。

さらに、Google広告などのツールを使って特定のターゲットに動画をプロモーションする方法も、新規視聴者獲得のために有効です。

◎データ駆動型の改善と分析

定期投稿を通じて得られるデータは、チャンネル改善の貴重な資源です。視聴者の反応やコメント、視聴時間などの指標を徹底的に分析し、成功パターンを把握することで、さらなるコンテンツの質の向上が図れます。

YouTubeアナリティクス（P.129参照）の機能を駆使して、視聴者層の解析や、どのコンテンツがトラフィックを生んでいるのかを把握することは、戦略的な投稿計画には欠かせません。

定期的な投稿戦略

○SEO最適化とキーワード戦略の強化

YouTubeでの視聴者獲得には、SEO（検索エンジン最適化）の適用が欠かせません。定期的な投稿は、SEO戦略においても重要な役割を果たします。各動画のタイトル、説明文、タグに適切なキーワードを含めることで、検索結果でのランキングを向上させ、より多くの視聴者に動画を届けることができます。

Googleトレンドや YouTubeの検索候補を利用して、人気のキーワードを見つけ出し、これらを定期的な動画の内容やメタデータに組み込むことで、視聴者の関心に合ったコンテンツを継続的に提供することが可能です。

○エンゲージメントの継続的な促進

視聴者のエンゲージメントはYouTubeのアルゴリズムにおいて大きな要素であり、これを高めるためには定期的なインタラクションが重要です。

動画内で視聴者に質問を投げかけ、コメント欄でのディスカッションを奨励することで、コミュニティの形成を促進します。また、視聴者が作成したコンテンツを定期的にフィーチャーすることで、視聴者との強い関係を構築し、エンゲージメントを持続的に生み出すことができます。

視聴者との定期的な対話は、コミュニティの活性化に寄与し、チャンネルの長期的な成長につながります。

○定期的なVlogの投稿と親近感の醸成

Vlogは、クリエイターの日常や興味深いイベントの裏側を視聴者に見せることで、強い親近感を生み出す効果的な手段です。

しかし、この親近感を継続的に育てるには、定期的な投稿が不可欠です。視聴者はVlogを通じて、クリエイターの人間性やライフスタイルに深く没入でき、これがチャンネルの魅力を高めます。

定期的なVlogの投稿により、視聴者との絆を持続的に強化し、チャンネルの忠実なファンベースを構築することができます。

○YouTubeチャンネルの成功のための戦略

YouTubeチャンネルの成功は、計画的なスケジュールに基づく定期的な投稿、多様性豊かなコンテンツ、効果的なプロモーション、データに基づいた分析、そして個性的なVlogなどの組み合わせによって達成されます。これらの要素を一貫して実施することで、視聴者は継続的に関心を持ち続け、チャンネルへのロイヤリティを深めます。

定期的な投稿は、新しい視聴者を引きつけ、既存の視聴者を維持するための鍵となります。また、Vlogを含む多様なコンテンツを定期的に配信することで、視聴者がつながりを感じ、チャンネルの成長に貢献します。

定期的な投稿

定期的な投稿は、YouTube運用において重要な要素です。投稿スケジュールの設定、コンテンツのバリエーション、投稿の告知とSNS活用、継続的な改善と分析、コラボレーションや企画動画など、さまざまな項目を考慮して定期的な投稿を実施しましょう。具体例を参考に、自分のチャンネルに合った投稿計画を立て、視聴者の獲得とチャンネルの成長に努めましょう。

09 コミュニケーションを活性化させよう

YouTube運用の成功には、視聴者とのコミュニケーションが極めて重要です。このコミュニケーションを活性化することで、チャンネルのエンゲージメントを高め、視聴者の関係性を育むことが可能になります。視聴者と積極的に関わることは、チャンネルの魅力を最大限に引き出し、新規ファンを獲得するうえでの鍵となります。

コミュニケーションの重要性

◎コメントへの迅速かつ丁寧な対応

視聴者との信頼関係を構築するためには、コメントへ迅速に対応することが不可欠です。とくに、視聴者の質問や意見には感謝を示しつつ、詳細な回答を提供することが効果的です。YouTubeのコメント機能を利用し、視聴者のコメントを次回の動画で取り上げることで、視聴者が積極的にチャンネルに参加するきっかけを作ることができます。ネガティブなコメントに関しても、冷静に、かつ建設的な方法で対処することが求められます。

◎視聴者参加型コンテンツの積極的な制作

視聴者が自らの意見や要望を反映したコンテンツに強い関心を示すことが多く、これによってエンゲージメントの向上が見込めます。一例ですが、フォロワーからのレシピリクエストに応じた料理チャレンジ動画や、視聴者の質問にリアルタイムで回答するQ＆Aセッションが人気を集めています。これにより、視聴者は自分がチャンネルに影響を与えていると感じることができます。

◎ライブ配信を通じたリアルタイムコミュニケーション

YouTubeのライブ配信（P.114参照）は、リアルタイムでのインタラクションを提供する強力なツールです。視聴者と直接対話し、即時のフィードバックに応じることができるため、より深い関係を築く絶好の機会となります。機能には、ライブ配信中に視聴者のコメントをハイライトし、対話を活発にするためのツールが含まれています。また、共同ライブ配信を通じてほかのクリエイターや視聴者とのコラボレーションを行うことも、エンゲージメントを高める効果的な手段です。

◎ソーシャルメディアを通じた対話の拡大

Instagramや Xを活用することで、YouTube以外のプラットフォームにおいても視聴者との対話を維持することができます。これにより、異なるプラットフォームのフォロワーをYouTubeチャンネルに誘導し、さらなる視聴者層を開拓することが可能です。また、YouTubeの投稿をソーシャルメディアでシェアすることで、新しい視聴者にリーチし、チャンネルの知名度を高めることができます。

◎定期的なコンテンツの更新と予告

前ページでも解説しましたが、定期的なコンテンツ更新は、視聴者がチャンネルを継続してフォローする理由を提供します。また、新しい動画の予告は、視聴者の期待を高め、リリース時の視聴数を増加させることに寄与します。動画のアップロードスケジュールを視聴者に明示し、予定通りに動画を公開することで、信頼性を築き、ファンを定着させることができます。

YouTuberとコラボする際のメリット・デメリットとは

YouTuberとのコラボレーションは、コミュニケーションの活性化に効果的です。異なる視聴者層へのアプローチが可能になることで、幅広いコミュニティとのつながりを築けます。このアプローチは消費者の購買行動にも影響を与え、YouTubeでの商品レビューや使い心地のデモンストレーションを通じて、購入決定に至る人が増加しています。YouTubeは、商品の魅力を直感的に伝える視覚的情報が豊富で、企業にとって有効なマーケティングツールとなります。

◯YouTuberとコラボするメリット

UUUM株式会社が実施した、クリエイターによるタイアップコンテンツ・X動画広告に関する、態度変容効果の検証では、タイアップ動画が購買意欲を最大84.6%、認知度を43.5%向上させると報告されています 01。YouTuberの動画は、初期はチャンネル登録者やYouTuberのSNSによる告知で視聴者を集め、その後はYouTube検索からの流入を期待できます。このアプローチは長期的な効果をもたらし、コミュニケーションの活性化にも寄与します。とくに、視聴者がYouTuberに対して信頼を置いている場合、その信頼はコラボレーションする企業にも波及し、視聴者とのコミュニケーションをさらに活性化させます。また、YouTuberとのコラボは、既存の視聴者層だけでなく、新しい顧客層を引きつける効果も期待できます。

自社だけで宣伝を行う場合は、企画内容や期間などを自由にコントロールできます。しかし、インフルエンサーとコラボすると、PR方法や動画内の世界観はYouTuberに委ねられる部分が大きくなります。これにより企業のイメージとYouTuberのスタイルに齟齬が生じる可能性があり、YouTuberの選定やコンテンツのコントロールには慎重さが求められます。さらに、YouTubeの規約変更によって、のちに規約違反に該当する可能性もあります。依頼するYouTuberが商品を効果的にPRし、マーケティングに精通しているか、企画内容や商品がYouTubeの規約に違反していないかを確認することが重要です。

01 タイアップ動画による購買意欲の変化

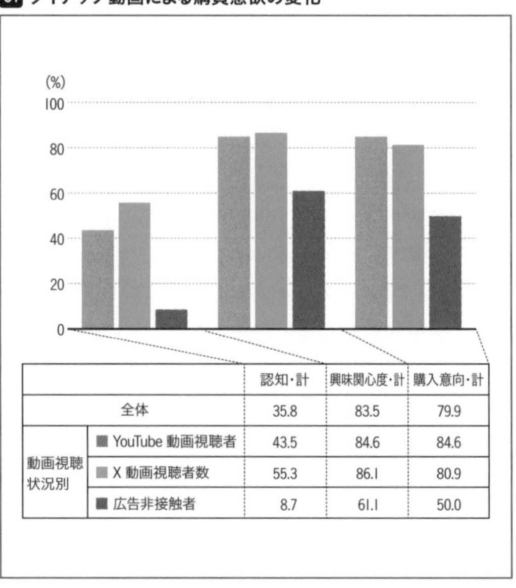

		認知・計	興味関心度・計	購入意向・計
全体		35.8	83.5	79.9
動画視聴状況別	■ YouTube 動画視聴者	43.5	84.6	84.6
	■ X 動画視聴者数	55.3	86.1	80.9
	■ 広告非接触者	8.7	61.1	50.0

出典：UUUM株式会社「クリエイターによる タイアップコンテンツ・Twitter動画広告に関する、態度変容効果を検証」
https://www.uuum.co.jp/news/60587

コミュニケーションの活性化

コミュニケーションの活性化は、YouTube運用において成功への鍵となります。コメントへの対応、視聴者参加型コンテンツ、ライブ配信の活用、ソーシャルメディアの活用など、さまざまな手法を用いて視聴者とのコミュニケーションを図りましょう。積極的なコミュニケーションを通じて、視聴者のエンゲージメントを向上させ、チャンネルの成長を促進していきましょう。

10 動画の分析と改善をしよう

YouTubeでの成功は、精密な動画分析と継続的な改善によって成し遂げられます。YouTubeアナリティクスの詳細なデータを利用し、視聴者の振る舞いやコンテンツのパフォーマンスを深く理解することで、よりエンゲージメントの高い動画を制作することが可能です。

分析機能を活用する

YouTubeで公開した動画のデータは、分析ツール「YouTubeアナリティクス」で見ることができます。

左メニューの「アナリティクス」をクリックして確認しましょう。YouTubeアナリティクスでは、公開した動画全体の総再生時間、平均視聴時間、視聴回数、動画への評価、ユーザー情報などが把握できます 01。YouTubeの運用効果を高めるには、動画コンテンツの質を向上させていく必要があります。個別の動画ごとの効果を把握することもできるため、動画を公開したら定期的にYouTubeアナリティクスにアクセスし、どのような内容の動画だと効果が高いのかを確認して、今後の動画制作に反映させるようにしていきましょう。また、流入経路となった検索キーワードも把握できるため、タグや説明文などを改善する際の参考にしましょう。

01 YouTubeアナリティクスの管理画面

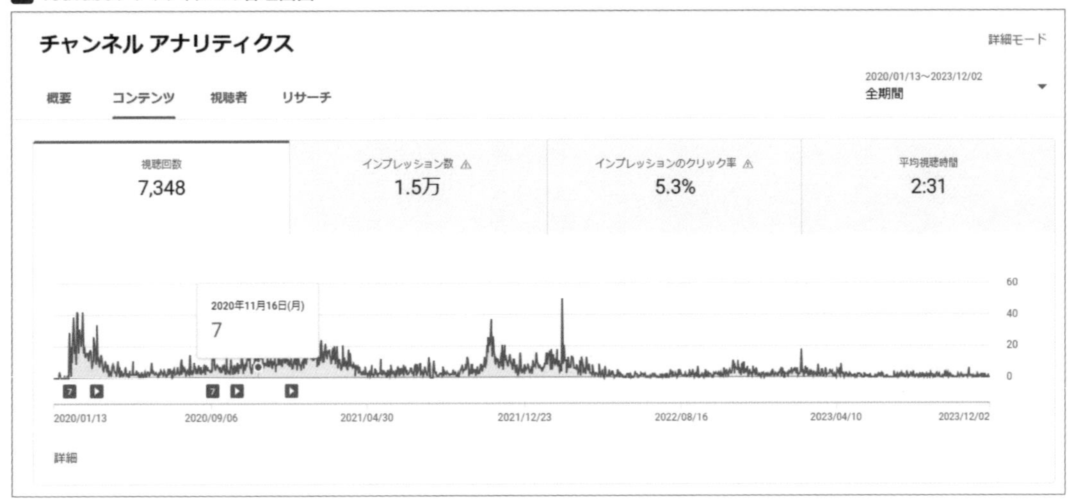

視聴者エンゲージメントの分析と強化

○詳細な再生時間分析と視聴体験の改善

視聴者が動画を最後まで見るためには、最初の30秒が重要です。ここで視聴者の注意を引きつけることができなければ、離脱率が高まります。分析では、具体的にどのセクションで視聴者が離れていくかを特定し、その部分に対してストーリーテリングを強化したり、ビジュアルエフェクトを追加したりすることで改善を図ります。近年のトレンドとして、インタラクティブな要素を取り入れることも有効です。たとえば、視聴者が次に見たい内容を選ぶポーリング機能などが挙げられます。

○高視聴回数動画の徹底分析

成功している動画は貴重なデータの宝庫です。タイトルやサムネイルがクリックを促しているのか、特定のトピックや発言が視聴者の共感を呼んでいるのかなど、詳細に分析します。さらに、最新のYouTubeアルゴリズムの変更に対応し、SEO対策を施したキーワード選定や説明文の工夫も大切です。ほかのソーシャルメディアでの動画のシェア状況も考慮し、多角的に成功要因を探ります。

○ターゲット視聴者の属性に基づいたコンテンツ最適化

CHAPTER4-05でターゲットオーディエンスについて解説しましたが、視聴者の属性分析は欠かせません。データをもとに、年齢、性別、居住地などに合わせたコンテンツを制作します。たとえば、都市部に住む若者に人気のあるライフスタイルやテクノロジーに関するコンテンツ、または地方の視聴者に向けたローカルなイベントの紹介など、細分化されたニーズに応えることができます。

○インタラクションの分析とコミュニティ構築

視聴者とのコミュニケーションは、YouTube運用において極めて重要です。コメントや高評価、シェア数を分析し、視聴者がどのようなコンテンツに反応しているかを把握します。また、コメント欄での積極的な交流を通じてコミュニティを形成し、視聴者のロイヤリティを高めることができます。

動画の分析と改善

動画の分析と改善は、チャンネルの成長を促すために欠かせないプロセスです。YouTubeアナリティクスを活用して、視聴者の反応や動画のパフォーマンスを定期的にチェックし、分析結果をもとにコンテンツの改良を行いましょう。これにより、視聴者のニーズに合った魅力的な動画を提供でき、チャンネルのエンゲージメントや再生回数を向上させることが期待できます。分析と改善のサイクルをくり返すことで、YouTube運用の成功へと近付くことができるでしょう。

動画の改善例　動画の再生回数をあげるコツ

YouTubeでの動画投稿において、再生回数が伸び悩むのは企業がよく直面する問題です。ここでは、動画の再生回数を効果的に増やすための改善策を紹介します。

○サムネイルにこだわる

YouTubeでは、サムネイルが非常に重要な役割を果たします。とくに以下の2点に注意して作成してください。

1つ目は、文字量を減らすことです。レコメンドされたときのサムネイルの表示時間は約0.2秒です。その短い時間内に視聴者の関心を引きつける必要があります。文字が多かったり色が見にくかったりした場合、ユーザーの目に留まりにくくなります。

2つ目は、統一感を持たせることです。色や配置の統一により、ユーザーが「この動画はあのチャンネルのものだ」とすぐに認識できるようになります。顔出しやキャラクター表示が難しい場合は、フォントや色の統一、同じ画角での撮影、特定の衣装を着用するなど、ブランドイメージを強化する工夫が効果的です。

02 サムネイルの例

両学長 リベラルアーツ大学
https://www.youtube.com/@ryogakucho/videos

○検索結果に引っかかるようなタイトルを付ける

検索結果で上位に表示されるタイトルを付けることが重要です。動画を投稿してもすぐに関連動画やおすすめに表示されることは少ないので、検索で上位にくるようなタイトルが必要です。どのようなキーワードでユーザーが検索しているかをリサーチし、それらのキーワードをタイトルに含めることが効果的です。このためには、「サジェスト機能」の利用が便利です。YouTubeの検索窓にキーワードを入力すると、人気の検索語句が表示されます。同業他社の動画タイトルと再生回数を調査し、参考にしましょう。ただし、人気のYouTuberの場合は、過去の実績でYouTubeからの評価が高いため、検索を意識していない可能性があります。その場合、参考にするかどうかは慎重に判断する必要があります。

また、以前アップロードした動画のタイトルも、検索されやすいものに変更すると再生回数が増えることがあります。新しい動画だけでなく、過去の動画も見直してみましょう。

COLUMN

「閲覧数」と「チャンネル登録者数」

YouTubeにおける「閲覧数」と「チャンネル登録者数」は、チャンネルの成功を測るための重要な指標であり、それぞれ異なる側面を反映しています。

閲覧数

「閲覧数」は、特定の動画が視聴された総回数を示し、その動画の人気や関心の度合いを直接的に反映します。動画の内容が一時的に話題になったり、特定の検索キーワードによって多くの視聴者にリーチしたりする場合、閲覧数が急激に増加することがあります。しかし、高い閲覧数が必ずしもチャンネル全体の人気や品質を示すわけではなく、ときには特定のトレンドや出来事による一時的な注目を反映することもあります。

チャンネル登録者数

一方で「チャンネル登録者数」は、そのチャンネルのコンテンツを定期的にフォローするユーザーの総数を示します。これは、視聴者がそのチャンネルのコンテンツに継続的な関心を持っていること、そしてチャンネルに対するロイヤリティが高いことを意味します。チャンネル登録者数は、長期にわたるチャンネルの影響力、コンテンツの一貫性、そして視聴者との関係構築の成功を示す指標となります。登録者数が増えるということは、より多くの視聴者がチャンネルのアップデートを定期的に受け取り、新しい動画が公開されるたびに通知を受けることを選択していることを意味します。

したがって、「閲覧数」は動画1つ1つのパフォーマンスや短期的な成功を反映し、「チャンネル登録者数」はチャンネル全体の健全性や長期的な影響力を示します。どちらも重要ですが、異なる観点からチャンネルの成功を評価しています。閲覧数が動画の瞬間的な人気を示すのに対し、チャンネル登録者数はより持続的な関係構築とブランドのロイヤリティを反映するため、SNS担当者は両方の指標をバランスよく重視することが重要です。

01 「閲覧数」と「チャンネル登録者数」

CHAPTER 5

TikTokマーケティング

TikTokは若年層を中心に人気があり、そのユニークなコンテンツ形式、高度にパーソナライズされたユーザー体験、若年層への強いリーチという点でほかのSNSと一線を画しており、これらの特性を活かしたマーケティング戦略は企業にとって大きなメリットになるでしょう。

01 TikTokでできるマーケティングとは

「TikTok」は、アプリダウンロード数で世界1位になったことのある大人気アプリです。2018年の新語・流行語大賞にもノミネートされた「TikTok」ですが、名前は知っているものの、実際に利用したことがない担当者の方も多いのではないでしょうか。

TikTokとは

TikTok（ティックトック）は、2016年9月に北京字節跳動科技有限公司（ByteDance）によってリリースされた短編動画の共有サービスです。2017年あたりから日本国内でも若者を中心にユーザー数が増加しており、2023年9月にはアクティブユーザーが2,700万人（国内）に達し、世界でもっともダウンロードされたアプリとなっています。

iOS：https://apps.apple.com/jp/app/id1235601864
Android：https://play.google.com/store/apps/details?id=com.ss.android.ugc.trill&hl=ja&gl=US

TikTokの特徴

多くのユーザー（10代～20代中心）に支持された特徴として、次の3点が挙げられます。

○動画撮影～編集作業の簡易化

TikTokの特徴として、ほかの動画SNSのようにコンテンツ自体にオリジナリティーが求められているわけではなく、誰もがTikTokに参加しやすくするためにあらかじめ動画のお題が決まっていたり、動画コンテンツの編集もしやすくされていたりするので、アプリ内ですべての作業が完結できるようになっています。今までの動画SNSへの参加のハードルを大幅に低くしたことが成功している要因であり、TikTokの一番の特徴でもあります。

今までの動画 SNS

→作業ごとにいろいろなアプリや機材を使って作業

TikTok

動画撮影→動画編集→動画投稿

→TikTok 内で作業が完結

○シンプルな操作性

TikTokのUIは、一画面完結型のシンプルな画面構成です。動画画面内のメインボタンも「フォロー」「いいね」「コメント」「セーブ」「シェア」5つのみで構成されています。片手でかんたんに操作しやすいように、動画再生画面はフリックで上下に飛ばせます。興味がなければ次の動画へ遷移することができるので、TikTokから離脱させないようなしくみになっています。

○TikTokからのレコメンド

現在のSNSの多くは人とのつながりをベースに情報やタイムラインを表示していますが、TikTokの場合、TikTokがレコメンドするコンテンツをベースに表示させているので、人とのつながりがなくても多くのコンテンツを閲覧することができます。閲覧されたコンテンツに何らかのアクション（フォロー、いいね、コメント、セーブ、シェアなど）をすることで、TikTokのAIがさらに最適なコンテンツをレコメンドしてくれるしくみになっています。

TikTokのビジネスアカウント

TikTokをビジネス活用するためには、単に動画を投稿するだけではなく、投稿した動画にどれくらいの効果があったかを分析する必要があります。このようなインサイト機能は、個人アカウントを作成してからビジネスアカウントに切り替えることで利用可能になります。ビジネスアカウントでは人気動画の視聴数、フォロワー数、フォロワー属性などを確認できるようになります。ビジネスアカウントへの切り替えの詳しい手順は、TikTokの公式ページ（https://tiktok-for-business.co.jp/archives/5907/）を参照してください。

TikTokの活用ポイントをおさえよう

TikTokのユーザー層は若年層が中心です。若い層を対象にマーケティングを行いたいときはこのTikTokの有用性も高くなるわけですが、新しいSNSなので、利用状況や広告の特徴を把握したうえで施策を行いましょう。

TikTokの認知度と利用度

NTTドコモ モバイル社会研究所が実施した市場調査によると、TikTokのブランド認知度は非常に高く、対象となった15歳から79歳の男女6,587人のうち、およそ70%がこのプラットフォームを認知していることが明らかになりました01。とくに10代の若者たちは、新しいトレンドや社会的な動きに敏感で、90%近くがTikTokを知っており、20代から30代の女性でも約80%の認知度を示しています。これは、若年層を中心とした文化的な現象や、コミュニケーションの手段としてのTikTokの浸透を示唆しています。

一方で、同調査によると、全体的な実際の利用率は8.5%と比較的低く、多くの人々が知ってはいるものの、日常的に使用しているわけではないことが伺えます。しかし、これには年齢層による顕著な違いがあり、10代の女性たちの約半数（46.2%）はTikTokを積極的に利用しています02。これは、このプラットフォームが若い女性たちにとっての表現の場や、友人たちとのコミュニケーション手段として定着していることを示しています。同様に、10代男性の利用率も32.1%に達し、若年層男性の間でも人気があることがわかります。20代女性においては、約5人に1人の割合で利用されています。

01 TikTokの認知度

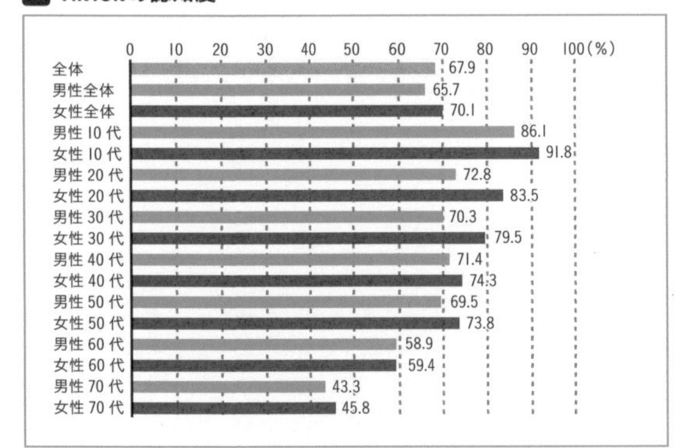

出典：NTTドコモ モバイル社会研究所「2022年一般向けモバイル動向調査」
https://www.moba-ken.jp/project/service/20221212.html

02 TikTokの利用率

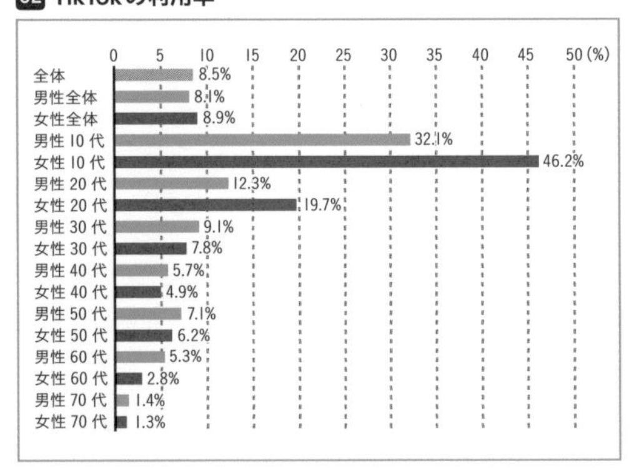

出典：NTTドコモ モバイル社会研究所「2022年一般向けモバイル動向調査」
https://www.moba-ken.jp/project/service/20221212.html

TikTokの利用用途

また、株式会社マイナビの調査結果からは、TikTokの使用パターンが非常に興味深い傾向を示していることがわかります03。このプラットフォームのユーザーのほとんど（97%）がコンテンツを消費する側、つまり動画の閲覧に重点を置いていることが明らかになったのです。これは、ユーザーがTikTokを主に情報源やエンターテインメントとして利用していることを示しており、積極的にコンテンツを作成し共有するユーザーは全体の約20%に留まっています。ただし、この割合は固定的なものではなく、時間の経過とともに変化するかもしれません。

動画の投稿者が少数派である現在でも、TikTokのプラットフォームは、その独特なアルゴリズムとユーザーの関与の高さによって、コンテンツの作成者にとって大きな潜在力を持っています。ユーザーが動画を閲覧するだけでなく、自らもクリエイターとして参加し始めると、プラットフォームのダイナミクスはさらに活性化するでしょう。TikTokはその使いやすさと多様なコンテンツによって、とくに若年層の間で高い人気を誇っており、これが将来的な投稿者数の増加に寄与する可能性があります04。

03 TikTokの利用用途

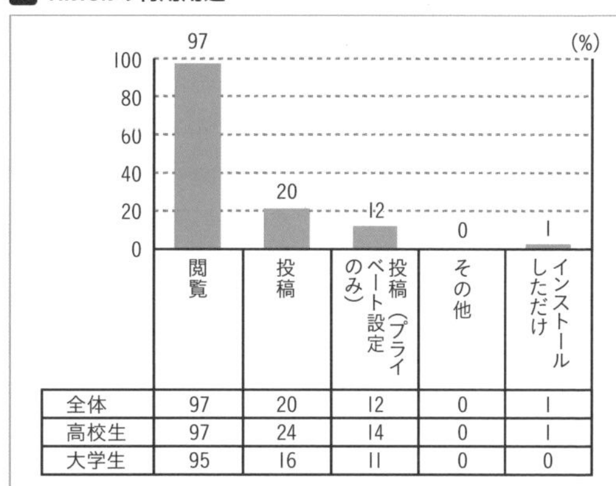

	閲覧	投稿	投稿（プライベート設定のみ）	その他	インストールしただけ
全体	97	20	12	0	1
高校生	97	24	14	0	1
大学生	95	16	11	0	0

出典：株式会社マイナビ「10代女子のTikTok利用実態を調査」
https://cm-marketinglab.mynavi.jp/column/research_tiktok/

04 TikTokの利用状況

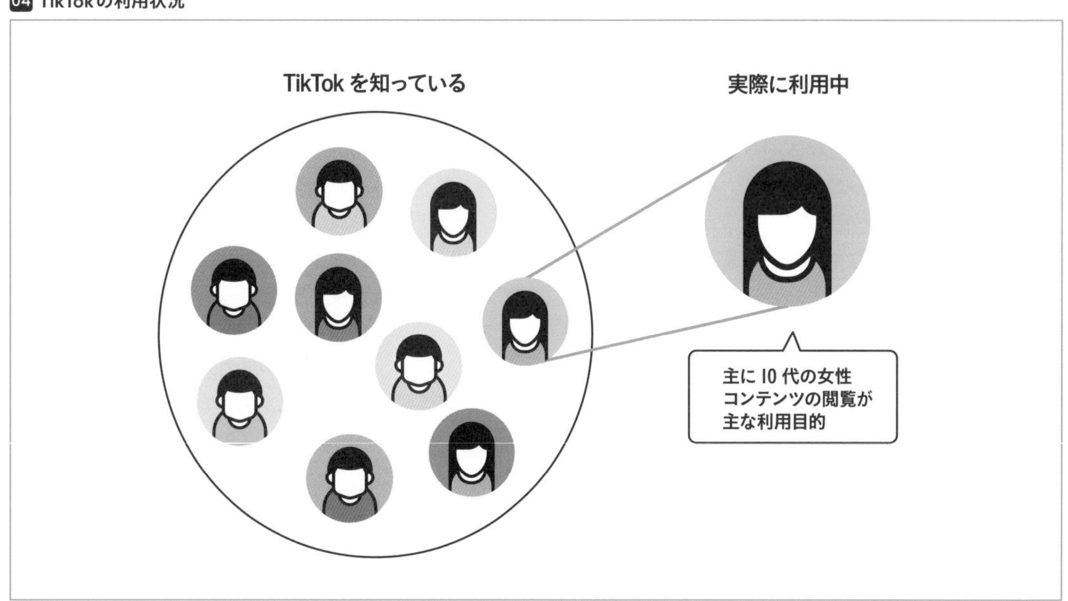

「一般アカウント」と「ビジネスアカウント」の違いとは

TikTokでは、ユーザーは「一般アカウント」と「ビジネスアカウント」のいずれかを選択できます。

TikTokのアカウントタイプ選択は、企業の目的とニーズに応じて慎重に行うべきです。認知度向上を目指す場合は一般アカウント、専門的な動画分析やブランディングを重視する場合はビジネスアカウントが適しています。下記ではその違いについてより詳しく解説していきます。

○一般アカウント

- 気軽な運用：社内のTikTokに慣れた従業員を活用して、企業情報の気軽な配信が可能。
- 楽曲の自由度：利用できる楽曲に制限がないため、流行の音楽を自由に使用してリーチを拡大できる。
- 分析ツールの制限：投稿動画の分析ツールが利用できないため、動画のパフォーマンスを詳細に分析できない。

「一般アカウント」は、企業の認知活動を気軽に行いたい方に適しています。このアカウントタイプは主に「認知目的」で利用され、企業アカウントとして運営できるシンプルな方法です。たとえば、TikTokに慣れ親しんでいる社内従業員がいる場合、その従業員の意見を取り入れつつ、一般アカウントを利用して企業情報の配信を開始することで、スムーズにアカウント運用を始めることができます。一般アカウントの最大の魅力は、利用可能な楽曲に制限がないことです。ビジネスアカウントでは使えない楽曲を活用し、流行の音楽を取り入れることで、より広範囲なリーチを獲得することが可能です。しかし、投稿動画の分析ツールが利用できないというデメリットもあります。動画分析の機能が必要な場合は、ビジネスアカウントの利用が推奨されます。

○ビジネスアカウント

- 動画分析データ：リアルタイムで動画パフォーマンスのデータを確認できるため、効果的な戦略立案が可能。
- ブランディング強化：アカウントのカテゴリーを設定できるため、TikTokでのブランディングが強化される。
- 商用音楽ライブラリ：商用音楽ライブラリが利用可能であり、著作権違反のリスクが低減され、ストレスフリーで楽曲選択が可能。

「ビジネスアカウント」は、動画分析データや企業情報、アカウントカテゴリーの利用を望む方に適しています。ビジネスアカウントは、一般アカウントでは得られない動画パフォーマンスのデータをリアルタイムで提供し、TikTokにおける企業ブランディングを強化します。また、ビジネスコンテンツガイドを利用して、ビジネスに適したTikTokコンテンツの作成方法を学ぶことができ、動画テーマの決め方や撮影のコツなどのポイントを理解するのに役立ちます。さらに、ビジネスアカウントでは、商用音楽ライブラリが利用可能で、著作権違反を気にすることなく楽曲の選択をストレスフリーで行うことができます。一般アカウントでは商用利用できない楽曲も利用でき、より広い選択肢が提供されます。TikTok上で著作権違反による動画削除のリスクがないため、ビジネスアカウントのほうが企業運用には適しているといえるでしょう。

ビジネスアカウントの切り替え方

ここでは、ビジネスアカウントへの切り替え方を説明します。ビジネスアカウントは、投稿した動画についてリーチ数や、エンゲージメント数をはじめとした分析を見ることができます。

1 TikTokトップページ右上のアカウントアイコンをクリックし、メニューから「設定」をクリックします。

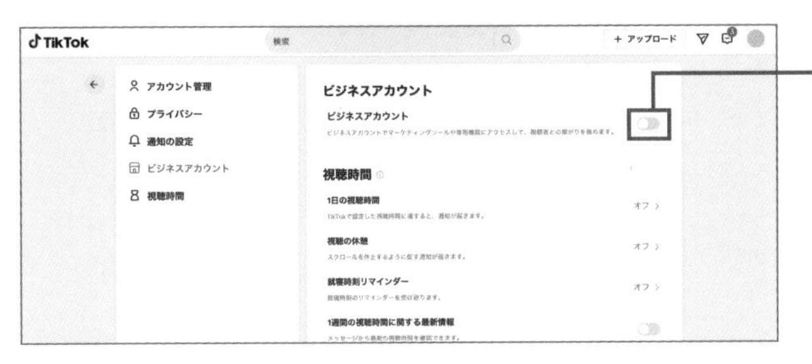

2 左メニューから「ビジネスアカウント」をクリックし、ビジネスアカウントを「オン」にします。

3 「分析」からさまざまな数値を見ることができます。

03 目標設定をしよう

明確な目標設定が、TikTokマーケティングの成功には欠かせません。目標設定は、フォロワー数の増加、ブランド認知度向上、商品やサービスの売上向上などの具体的な目標を立てることを意味します。以下では、具体的な目標設定の例をいくつか示し、TikTok運用において目標設定がどのように役立つかについて説明します。

具体的な目標設定の例

○フォロワー数の増加

TikTok運用においてもっとも一般的な目標は、フォロワー数の増加です。たとえば、「3か月でフォロワー数を○○人増加させる」という明確な数値目標を設定することができます。フォロワー数を増加させるために、以下のような戦略を検討しましょう。

- コンテンツの質を向上させる
- ターゲットオーディエンスに合わせたコンテンツを作成する
- ハッシュタグを適切に使用する
- コラボレーションを行う
- インフルエンサーマーケティングを活用する

○ブランド認知度の向上

ブランド認知度を向上させる目標は、新しいビジネスを開始したばかりのブランドにとって重要です。たとえば、「ブランド認知度を1か月で○○%向上させる」という明確な数値目標を設定することができます。ブランド認知度の向上のために、以下のような戦略を検討しましょう。

- ブランドのユニークな要素を強調するコンテンツを作成する
- ブランドの価値観や使命を明確にするコンテンツを作成する
- インフルエンサーとのコラボレーションを行う
- ハッシュタグを適切に使用する
- 広告を利用する

○商品やサービスの売上向上

TikTok運用を利用して商品やサービスの売上を向上させる目標もあります。たとえば、「商品の売上を1か月で○○%増加させる」という明確な数値目標を設定することができます。商品やサービスの売上向上を達成するために、以下のような戦略を検討しましょう。

- 商品やサービスを紹介するコンテンツを作成する
- ハッシュタグを適切に使用する
- インフルエンサーとのコラボレーションを行う
- クーポンやプロモーションコードを提供する

目標設定がどのように役立つか

目標設定は、TikTok運用において成功を収めるための重要なステップです。明確な数値目標を設定することにより、目指すべき方向性がはっきりし、それに基づいた戦略を構築することが可能になります。また、目標達成に必要なリソースの配分を行うことができます。以下に、目標設定によって得られる主なメリットを挙げます。

◯ターゲットオーディエンスの理解の深化

目標を設定することで、ターゲットオーディエンスのニーズや関心事をより深く理解することができます。これにより、オーディエンスの興味を引くコンテンツの制作が可能になります。たとえば、特定の年齢層や趣味を持つオーディエンスに向けたコンテンツを企画する際、そのオーディエンスが好むトピックやスタイルを取り入れることができます。

◯リソースの効率的な配分と最適化

明確な目標を持つことで、必要なリソースの割り当てが容易になります。たとえば、フォロワー数の増加を目標にする場合、質の高いコンテンツ制作に注力する必要があります。これには、適切な時間、予算、人材の配分が不可欠です。また、広告投資の効率化やマーケティング活動の焦点を絞ることも重要です。

◯成果の定量的評価と戦略の調整

数値目標の設定により、達成状況を定量的に評価することができます。フォロワー数や動画再生数などの指標を通じて、運用成果を定期的にチェックし、必要に応じて戦略を微調整することが可能です。この評価プロセスは、運用の効率を高め、目標に向けた進捗を確実にするために不可欠です。

◯ブランド認知度の向上

目標設定は、ブランド認知度の向上にも寄与します。特定のターゲット層にフォーカスし、彼らの関心に合わせたコンテンツを提供することで、ブランドの可視性と魅力を高めることができます。これは、長期的な顧客関係の構築にも貢献します。

◯ユーザーエンゲージメントの強化

目標に基づいたコンテンツ戦略は、より高いユーザーエンゲージメントを促すことができます。ターゲットオーディエンスの関心を引くような内容を提供することで、多くのいいね、コメント、シェアを獲得し、コミュニティ内でのブランドの位置付けを強化することが可能です。

これらのメリットを通じて、TikTok運用における効果的な目標設定の重要性が明らかになります。適切な目標を設定し、それに基づいた戦略を実行することで、TikTok上での成功を実現することができます。

明確な目標設定を行う

TikTok運用において、明確な目標設定は重要なファクターです。フォロワー数の増加、ブランド認知度向上、商品やサービスの売上向上などの具体的な目標を設定し、それに向けて戦略を立てることがTikTokマーケティングの成功につながります。目標設定によって、ターゲットオーディエンスの理解やリソースの最適化、成果の評価が可能になります。目標設定をしっかり行い、効果的なTikTokマーケティングを展開していきましょう。

04 トレンドを活用しよう

TikTokでは、トレンドや流行りの音楽を活用した動画が注目を集めやすくなっています。企業もトレンドに乗った動画を作成し、フォロワーの関心を引くことが重要です。たとえば、流行りのダンスや音楽を商品やサービスに絡めた動画を制作し、視聴者の興味を引きましょう。

トレンドの活用方法

TikTokは、トレンドやバイラルコンテンツが急速に広がるプラットフォームです。これらのトレンドや人気のある楽曲を活用することで、企業はより多くのユーザーの注意を引き、自社のフォロワーを増やすことが可能になります。トレンドを取り入れた動画は、見る人に新鮮さと関連性を与え、ブランドの視認性を高めるための強力なツールとなります。以下に、トレンドを最大限に活用するためのTikTokマーケティング戦略と、成功した事例をいくつか紹介します。

◎ハッシュタグを効果的に利用する

ハッシュタグは、TikTok上で動画をより多くのユーザーに届けるための重要な手段です。トレンドに関連するハッシュタグを使うことで、自社の動画をトレンドに乗せ、より広い範囲の視聴者にアピールすることが可能になります。また、特定のキャンペーン用に独自のハッシュタグを作成し、フォロワーに拡散を促すことも有効です。これにより、ブランドの認知度を高め、コミュニティを形成するきっかけを作ることができます。

◎流行りの音楽をBGMに利用する

TikTokの動画で流行の音楽を使用することは、視聴者の関心を引きつけるうえで非常に効果的です。とくに、商品やサービスを紹介する動画のBGMに流行曲を使用することで、動画の魅力を高め、視聴者にポジティブな印象を与えることができます。音楽は感情を呼び起こす強力なツールであり、ブランドメッセージを伝える際にも、視聴者の記憶に残りやすくなります。

◎ダンスやチャレンジを取り入れることでブランドを宣伝

TikTokでは、ダンスやチャレンジが一般化しており、これらに参加することで自社のブランドを有効にプロモーションできます。たとえば、流行のダンスチャレンジに自社の商品やサービスを取り入れた動画を投稿することで、視聴者の好奇心を刺激し、エンゲージメントを高めることができます。企業は、自社のイメージに合ったクリエイティブな動画を作成し、ブランドの個性を表現しながらチャレンジに参加することが重要です。

トレンドを取り入れた企業運用アカウント例

TikTokはトレンドを取り入れ、ユーザーとのインタラクションを生み出すことで、ブランドの魅力を最大限に発揮することができます。TikTokのようなプラットフォームは、企業にとって常に変化するトレンドの波を捉え、それを独自のマーケティング戦略に融合させる機会を提供しています。エンゲージメントを生むためのクリエイティブなアイデアを継続的に提供することが、TikTokで成功する秘訣の1つです。そして、TikTokユーザーが求めるものは、ただの商品の宣伝ではなく、彼らの生活に溶け込むような体験や物語です。ブランドがこのような体験を提供できれば、ユーザーとのつながりを深め、長期的なロイヤリティを築くことができるでしょう。

○ハッシュタグ

ローソン（@akiko_lawson）は、「Lチキ」を使ったTikTokイベントを開催しました。このイベントは「#いつでもLチキチャレンジ」というハッシュタグを通じて行われ、Lチキ関連の曲に合わせて、「L」の字を手で作るダンスが人気を集めました。TikTokの利点の1つは、ユーザーが手軽に参加できる音楽とダンスのコンテンツが豊富にあることです。企業が独自性を活かしながら、ユーザーがかんたんに参加できるキャンペーンを行うことは、ブランド認知度を高める効果的な手法です 01。

01 ハッシュタグを利用したトレンドの活用例

ローソン
https://www.tiktok.com/@akiko_lawson

○流行りの音楽

ほっともっと（@hottomotto_com）が投稿する動画の多くは、視聴回数が100万を超えるほどの人気を誇っており、注目を集めています。内容は、弁当の魅力的な盛り付けプロセスを映し出したものですが、ただの盛り付けに留まらず、TikTokで流行している音楽をBGMに、それに合わせたオリジナルコンテンツを制作しています。このようにトレンドを取り入れることで、一般の投稿と調和しつつも、ユーザーの関心を引きつけることに成功しています。

○ダンス動画

サントリー（@suntorytiktok）は、新商品とNMB48内のグループユニット「Queentet」がコラボした動画「#ピーカーダンス」を全12篇公開し、ダンス動画の流行とともに新商品のPRを目指すキャンペーンを実施しました。結果、動画の総再生回数は1,500万回を超え、新商品の売上向上に貢献しました。

オリジナルハッシュタグを作成しよう

企業が独自のハッシュタグを創出し活用することは、ブランドの認知度を高め、エンゲージメントを促進する効果的な戦略です。たとえば、ハッシュタグを使ったキャンペーンは、ユーザーとの関係を深め、製品やサービスの認知度を高めるのに最適です。ここでは、ハッシュタグの効果的な活用法について解説します。

効果的なオリジナルハッシュタグの活用例

○ソーシャルメディアキャンペーンの展開

企業は独自のハッシュタグを作成し、これをソーシャルメディアキャンペーンの一環として活用できます。たとえば、新商品発売を記念したキャンペーンに「#新商品発売」や「#企業名キャンペーン」などを用いることで、キャンペーンの内容がひと目で理解しやすくなり、興味を持ったユーザーによる共有が促進されます。

○インフルエンサーとのコラボレーション

コラボレーションを通じて、より広範なユーザーへのリーチを図ります。具体的には、「#企業名+インフルエンサー名」などを用いて、インフルエンサーとの共同プロジェクトを宣伝します。これによって、インフルエンサーのフォロワーに企業のメッセージを届けることができ、新たな顧客層へのアプローチを可能にします。

○イベントやプロモーションでの活用

イベントやプロモーションでは、ハッシュタグを用いることで、その存在を効果的にアピールできます。例として、「#企業名+イベント名」を使用することで、開催期間中に参加者や見込み客の間で自然な形で共有が促進されます。

○ユーザー参加型キャンペーン

ユーザー参加型のキャンペーンにおいては、ユーザーにコンテンツの作成を促すことも効果的です。たとえば、「#企業名チャレンジ」などを用いて、ユーザーに特定の行動を取ってもらい、それを動画で共有してもらうようなキャンペーンを展開します。これにより、多くのユーザーに認知され、ブランドとの関わりを深めることが可能になります。

○継続的なブランドメッセージの強化

オリジナルハッシュタグを継続的に使用することで、企業はそのブランドメッセージを強化し、長期的にフォロワーとの関係を構築できます。一貫したメッセージを発信することで、ブランドイメージが明確になり、顧客のロイヤリティを高める効果が期待できます。

オリジナルハッシュタグの戦略的な利用

オリジナルハッシュタグの戦略的な利用は、TikTok上で企業のブランド認知度を高め、ユーザーとのエンゲージメントを促進するうえで非常に重要な要素です。ハッシュタグを通じてブランドの物語を伝え、消費者との対話を促進することで、企業のマーケティング目標の達成に貢献できるでしょう。

ハッシュタグ運用事例　旅行関連

TikTokの独特な体験がユーザーに提供する没入感は、とくに旅行コンテンツにおいて大きな影響を与えています。短尺動画というフォーマットは、視聴者に対し、全画面表示での視聴と音声オンの設定を促し、ほかのメディアと比較しても、ユーザーがコンテンツに集中する「フルアテンション」の状態を生み出しやすいとされています。

集中して視聴することで、視聴者は旅行の美しい風景や文化を、よりリアルに感じることができます。まるでそこにいるかのような体験は、旅行の魅力をよりダイレクトに伝え、視聴者の旅行意欲を刺激します。

たとえば、「#TropicalParadise」などのハッシュタグを付けて、熱帯のビーチでのリラックスしたひと時を共有したり、「#MountainHiking」というハッシュタグを付けて、山頂からの息をのむような景色を共有したりすることで、視聴者に楽しさと達成感を伝えることが可能になります。

そんな人気コンテンツの1つである旅行を例に、ハッシュタグの活用法を幅広く紹介します。

○Vlogスタイルで旅の記録を共有

多くのユーザーが、「#旅行vlog」というハッシュタグを利用して、彼らの旅行体験をVlog形式で共有しています01。2023年に入ってから、この形式のコンテンツはTikTok上で急速に人気を博しています。息をのむような風景や地元の美味しい食べ物、隠れた観光スポットなど、ユーザーは自分たちの旅の1コマを紹介し、視聴者に旅の喜びを間接的に伝えています。これにより、視聴者は動画を通じて旅行気分を味わうだけでなく、実際の旅行計画にも役立てています。

01 #旅行vlog投稿例

https://www.tiktok.com/tag/旅行vlog

○ハッシュタグを使って旅行先を選ぶ

旅行先の選択においても、TikTokのハッシュタグが重要な役割を果たしています。とくに、インバウンドの需要が回復し始めた2023年は、多くのユーザーが「#travel」や「#japan」「#tokyo」「#japantravel」「#japanese food」などのハッシュタグを活用して、次の目的地を決めています。これらのハッシュタグの使用率は日々増加しており、とくに「#japantravel」は、日本を訪れる海外旅行者にとって人気のタグとなっています02。これらのタグを通じて、世界中の人々が日本の文化や名所を発見し、実際に足を運んでみたいと思わせるようなコンテンツが拡散されています。

02 #japantravel投稿例

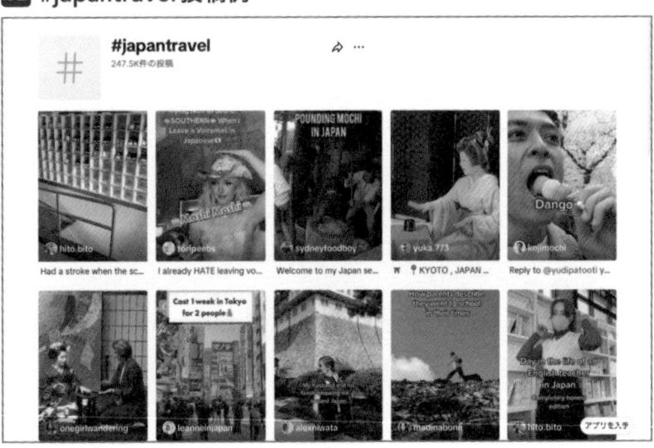

https://www.tiktok.com/tag/japantravel

06

エンゲージメントを促すコンテンツとは

TikTokでは、視聴者が参加しやすいコンテンツが好まれます。チャレンジやクイズなど、視聴者が自ら参加できるコンテンツを企画しましょう。たとえば、商品を使った料理チャレンジや、ブランドに関するクイズを投稿して、フォロワーのエンゲージメントを高めましょう。

ユーザーエンゲージメントを促すコンテンツ例

企業がTikTokを駆使してユーザーエンゲージメントを高めるためには、視聴者が積極的に参加し、興味を持ち続けるようなコンテンツの提供が不可欠です。以下に、視聴者の参加を促し、ブランドの魅力を際立たせるさまざまなコンテンツタイプの例と効果的な運用方法を詳述します。

○チャレンジコンテンツ

チャレンジは、ユーザーが自分で試したり、ほかの人と共有したくなったりするようなコンテンツです。たとえば、製品を使用した創造的な料理チャレンジや、オリジナルのダンスルーティンを作成するダンスチャレンジなどがあります。これらは、製品をどのように活用できるかという新しいアイデアを視聴者に提供し、彼らの創造力を刺激することで、エンゲージメントを向上させます。企業は独自のハッシュタグを付けてチャレンジを投稿し、ユーザーが容易に参加できるように促すことが重要です 01 。

○クイズコンテンツ

クイズは、視聴者が知識を試したり、新しい情報を学んだりできるコンテンツです。企業の歴史や製品の隠れた特徴に関する問題は、視聴者の興味を引き、彼らが自分の知識を共有したくなるような挑戦を提供できます。正解を共有することで、ユーザーは自分が学んだことをアピールでき、企業はブランド認知を深めることが可能です 02 。

01 マクドナルド

https://tiktok-for-business.co.jp/archives/953/

02 D マガジン 毎日 クイズ 答え

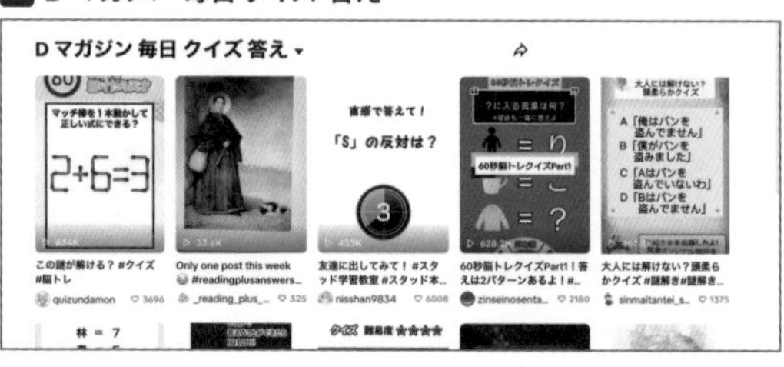

https://www.tiktok.com/find/d-マガジン-毎日-クイズ-答え?is_from_webapp=1&sender_device=pc

◯リアクションコンテンツ

リアクションは、特定のトピックや製品に対する直接的なフィードバックを促します。このようなコンテンツは、視聴者の意見や感想を真摯に受け止めることで、ブランドと消費者の間の信頼関係を築く絶好の機会となります。たとえば、新製品の発表に際して、ユーザーにその第一印象を共有してもらうことで、リアルタイムの市場反応を得ることができます03。

◯ディスカッションコンテンツ

企業は自社の製品やサービスについての質問や話題を提起することで、視聴者がコメントを通じて意見を共有するディスカッションを生み出せます。このアプローチは、関心を引きつけ、ブランドへの愛着を深めるチャンスを提供します。たとえば、新製品の使い心地やサービスの改善点について意見を求めることで、顧客の声を直接聞くことができ、それに応える形で企業が反応することで、一体感を生み出して、リピーターを増やすことが可能になります。

◯イベントコンテンツ

企業が開催するイベントやキャンペーンに関する情報は、視聴者の関心を集め、参加を促す大きな機会です。特別なプロモーションや限定イベントの案内は、視聴者に行動を起こさせる強い動機付けとなります。また、イベントの様子をリアルタイムで共有することで、参加できなかった視聴者にもイベントの雰囲気を感じてもらい、次回の参加を期待させることができます04。

◯コラボレーションコンテンツ

有名なTikTokerとのコラボレーションは、既存のフォロワーを超えた広範囲な視聴者へのアプローチを可能にします。このようなコラボレーションを通じて、インフルエンサーの信頼性と人気を借り、企業の商品やサービスを紹介することができます。インフルエンサーが自らのスタイルで製品を使用したり、ブランドのメッセージを伝えたりする様子は、視聴者に新鮮な印象を与え、製品への興味を引き出します。

03 リアクションコンテンツの例

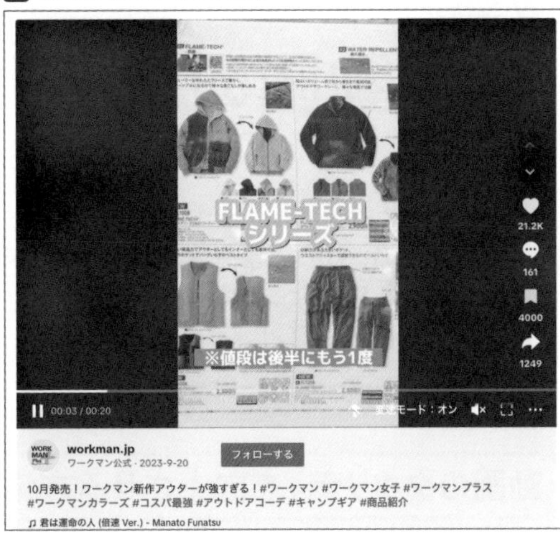

ワークマン公式
https://www.tiktok.com/@workman.jp/video/7280846776477797639

04 イベントコンテンツの例

ローソン
https://www.tiktok.com/@akiko_lawson/video/7253990121437957378

動画のクオリティを向上させよう

運用編

TikTokでは、クオリティの高い動画がより多くの再生数やいいねを獲得できます。編集スキルを磨いたり、効果的なカメラワークや照明を使用したりすることで、動画のクオリティを向上させましょう。たとえば、カメラのアングルや照明を工夫して、商品の魅力を最大限に引き出す動画を制作します。

動画のクオリティを向上させる方法

TikTokは、クオリティの高い動画を投稿することで、フォロワーの関心を引きつけ、多くのいいねやシェアを獲得することができます。そのため、企業がTikTokを活用する場合には、クオリティの高い動画を制作することが重要な戦略の1つです。ここでは、動画のクオリティ向上について、具体的な方法を紹介します。

○編集スキルの磨き上げ

編集スキルを磨くことで、映像の効果を高めたり、ストーリー性のある動画を作成したりすることができます。編集機能を使ったトランジションやフィルター、エフェクトを駆使し、視聴者にインパクトを与える動画を制作しましょう。

○カメラワーク

手持ちのスマートフォンのカメラを使用する場合、三脚やスタビライザーを使用してカメラの安定性を確保すると効果的です。さらに、さまざまなアングルからの撮影は、より魅力的な動画制作に寄与します。

○照明

照明を工夫することで、商品やサービスの魅力を最大限に引き出せます。自然光を使って映像を撮影する際は、昼間の時間帯を選ぶことが望ましいでしょう。また、人工照明を使う場合は、明るさや色温度の調整で映像の質感を向上させることが可能です。

○音声

TikTokの動画では音声が重要な要素です。BGMやナレーションを含む企業の動画では、音声の質を向上させるためにマイクの使用を考慮するとよいでしょう。さらに、エフェクトの加工や音声トラックの編集によって、より効果的な音声を作り出せます。

○色彩

色彩を工夫することで、より鮮明で魅力的な動画を制作することができます。たとえば、映像にカラーグレーディングを施すことで、映像の雰囲気を変えたり、色彩のコントラストを調整することができます。

○タイトルやキャプション

TikTokの動画において、タイトルやキャプションは動画の内容をわかりやすく伝える重要な役割を持ちます。これらの要素のフォントや色、配置を工夫することで、より視聴者の目を引く動画を制作できます。

動画編集アプリの活用

TikTokの動画は自社で編集している、という担当者も多いのではないでしょうか。ここでは、TikTok編集におすすめのアプリ３選を紹介します。

○CapCut

「CapCut」はTikTokクリエイターにとくに人気です。このアプリの強みは、TikTok内で使用する際に著作権の心配が少ない点です。すべての機能が無料で利用可能で、初心者から上級者まで幅広く利用されています。CapCutの主な機能には、BGMや効果音の挿入、動画のワイプや分割、トレンドのテンプレート利用、テキストや絵文字の追加、逆再生、再生速度調整、アフレコなどがあり、プロ並みのクリエイティブなコンテンツを作成できます。

https://apps.apple.com/jp/app/capcut-動画編集アプリ/id1500855883

○InShot

「InShot」は、iPhoneとAndroidの両方で利用可能です。このアプリは、基本的なフィルターやエフェクトのほか、トランジション機能を提供しており、動画のつなぎ目を自然かつスムーズに見せることができます。InShotの強みは、アプリ内での色調整が可能な点や、多彩なステッカーを提供している点、そして4倍速の動画撮影に対応している点です。これらの機能により、ユーザーはクリエイティブな動画をかんたんに作成し、SNS上でのエンゲージメントを高めることができます。

https://apps.apple.com/jp/app/inshot-動画編集-写真加工アプリ/id997362197

○iMovie

「iMovie」はAppleが提供する無料の動画編集アプリです。このアプリを使えば、iPhoneで撮影した動画をかんたんにMacBook上で編集できます。これは、大画面を使って細かい編集作業を行いたい場合にとくに有効です。ただし、パソコンからTikTokに投稿する場合、投稿時に推奨されるハッシュタグが自動表示されないというデメリットがあります。このため、最終的な投稿はスマートフォンから行うことが推奨されます。iMovieのもう１つの便利な機能は、縦位置の動画をそのまま編集できる点です。これにより、撮影したままの表示で動画をTikTokに投稿したい場合に、効率的な編集が可能となります。

https://apps.apple.com/jp/app/imovie/id377298193

動画のクオリティ向上

企業がTikTokを活用する場合には、動画のクオリティ向上を意識することが重要です。編集スキルの磨き上げ、カメラワークの工夫、照明の調整、音声の質の向上、色彩の工夫、タイトルやキャプションの工夫など、さまざまな要素を意識しながら、より魅力的な動画を制作しましょう。

08 コラボレーションを活用しよう

TikTokでは、ほかのアカウントとのコラボレーションが注目を集めることが多いです。企業も、インフルエンサーやほかの企業とコラボレーションを行い、リーチを拡大しましょう。たとえば、業界のインフルエンサーと商品紹介動画を制作したり、同業界の企業とコラボイベントを企画したりすることで、相互のフォロワーを増やすことができます。

TikTokでのコラボレーション

TikTokでのマーケティング戦略として、とくにコラボレーションは大きな成功を収める手段となり得ます。ここでは、TikTokでのコラボレーションを用いたマーケティング方法について、さらに詳しくほり下げていきます。

◎インフルエンサーとのコラボレーション

インフルエンサーとのコラボレーションは非常に効果的です。インフルエンサーは広範囲にわたるフォロワーを持ち、フォロワーに対して強い影響力を行使することができます。これにより、企業は自社のブランドや製品をより多くの人々に効果的に宣伝することができます。たとえば、美容関連の企業が美容やスキンケアをテーマにしたインフルエンサーと提携することは、そのインフルエンサーのコンテンツを通じて製品を紹介するよい方法です。さらに、インフルエンサーが自身の経験や体験談を交えて商品を紹介することで、より説得力のあるプロモーションを行うことができます。

◎ほかの企業とのコラボレーション

同業種の他企業とのコラボレーションも、TikTokマーケティング戦略として大いに利用価値があります。同じ業界内の企業同士が連携し合うことで、お互いのフォロワー基盤を拡大し、新しい顧客層にアプローチすることが可能になります。異なるカテゴリーのブランドが共同で新しいスタイルやコレクションを発表するという方法で、それぞれのフォロワーに対して新鮮な刺激を与えることもできます。このようなコラボレーションは、新しい市場を開拓するだけでなく、ブランドイメージの向上にも寄与します。

◎コラボレーションの具体的な方法

TikTokでのコラボレーションは、多岐にわたる方法で行うことができます。商品レビューや体験動画の制作をインフルエンサーに依頼することは、インフルエンサーとのコラボレーションにおいて一般的です。これにより、製品の特徴や利点を信頼性の高い形でフォロワーに伝えることが可能です。一方、ほかの企業とのコラボレーションでは、共同でイベントを企画したり、限定版の商品を開発したりするなど、両社の強みを活かした企画を実施することが重要です。これらのコラボレーションは、ストーリーテリングやクリエイティブなコンテンツ制作を通じて、両社のブランド価値を高め、より広範な視聴者層にアピールする絶好の機会となります。

コラボレーションのメリット

◯新しい視聴者の獲得

コラボすることで、相手のフォロワーが自社のアカウントに触れる機会を得られます。とくに自社のターゲット層に合致するインフルエンサーとのコラボは、新しいフォロワーの獲得に直結します。

◯多様なコンテンツの提供

コラボを通じて、さまざまな配信者や視聴者との交流が可能になります。これにより、新鮮で多様なコンテンツを提供でき、ファン層の拡大が期待できます。

◯ブランドイメージの向上

異なる分野の配信者とのコラボは、企業のブランドイメージを多角的に展開する機会を提供します。異業種との協業や意外な組み合わせによるコラボは、視聴者に新しい側面を見せ、ブランドの魅力を高めます。

◯コンテンツの新鮮味の維持

自社だけでコンテンツを生産し続けると、マンネリ化やアイデア不足に直面することがあります。マルチ配信を活用することで、新しい刺激と創造性をもたらし、コンテンツの鮮度を保つことができます。

◯相互プロモーションの機会

コラボは相手のファンに自社を紹介する絶好の機会です。この相互プロモーションは、両者のファンベースを拡大し、新たなビジネスチャンスを生み出すことができます。

コラボ配信に最適！　マルチ配信機能

TikTok LIVEのマルチ配信は、配信者とともに視聴者も画面上に登場し、リアルタイムで会話ができる機能です。Zoomなどでの1対1通話のような状況を生み出し、企業アカウントにおいても効果的に活用されています。このマルチ配信の具体的な手順とメリットを詳しく見ていきましょう。

● 1　配信条件の確認

マルチ配信を開始する前に、参加条件を確認することが必要です。TikTok LIVEの基本的なルールと同じく、16歳未満は利用ができません。さらに、ギフティングを受け取るには20歳以上である必要があります。コラボは相互フォロー関係にある配信者、またはおすすめに表示された配信者とのみ可能です。視聴者が特定の配信者とコラボしたい場合は、相互フォロー関係を築く必要があります。

● 2　ライブ配信画面でのコラボボタンの操作

ライブ配信を開始したら、TikTok LIVE画面左下にある「コラボマーク」をタップします 01。

● 3　コラボの申請

画面上の指示に従い、コラボを申請します。申請が配信者に通知され、承認された場合、コラボが開始されます。

01 コラボマーク

視聴者やほかの配信者とのコラボが可能になる

09 TikTok広告を活用しよう

TikTokにおける広告展開は、ユーザーのエンゲージメントを高めるための効果的な手段です。広告機能を活用することで、企業の動画をより多くの人に届けることができます。#チャレンジ広告やインフィード広告を使用して、ターゲット層に合った広告を配信しましょう。

TikTokの広告について

TikTokの広告には、「#チャレンジ広告」「インフィード広告」「起動画面広告」「運用型広告」などの広告形式が存在します。

○#チャレンジ広告

ハッシュタグ(#)を活用して、広告主が手本となる振付動画を公開し、その動画を見たユーザーが真似たり、アレンジを加えたりした自撮り動画を投稿します。ほかの動画SNSに比べ、TikTokの場合は一般ユーザーが誰でもキャンペーンに参加できるところに大きな特徴があります。投稿動画は投稿数が多いほど人の目に留まり、バズる確率が高くなるので、ブランド認知度に大きく貢献できる可能性があります01。

01 #チャレンジ広告の実例

ユニリーバ「LUX」の#チャレンジ

○インフィード広告

TikTokの中でもっともユーザーに視聴されている、「おすすめ投稿」に表示される広告です。スマートフォンの全画面に表示されるので、自然な形で目を引く広告商材だといえるでしょう。通常投稿と同様に「いいね」や「コメント」、「シェア」ができるので、さらに多くのユーザーに拡散されることも期待できます02。

02 インフィード広告の実例

サントリー「Qoo」のインフィード広告

○起動画面広告

TikTokの起動画面に全画面表示される広告です。すべてのユーザーに訴求できるので、もっとも強力な広告商材だといえるでしょう。ただし1日1社限定のため、広告枠の確保やコストの問題が発生し、配信のハードルは高いようです。

○運用型広告

広告主が予算やターゲットなどを設定すると、適切なユーザーに広告が配信されます。ほかの広告よりも安価で始められるので、費用を抑えながら効果検証が可能です。

広告の測定方法

TikTokでの広告配信は、その効果を正確に把握することが次の戦略立案に欠かせません。効果測定の方法として、まずTikTokでビジネスアカウントへの設定が必須です。ビジネスアカウントにすることで、以下のような広告効果の数値分析が可能になります。

- 平均再生時間（配信した動画の平均再生時間）
- 平均視聴時間（各動画がどれだけの時間視聴されているか）03
- 視聴者の所在地（どの地域からの視聴が多いか）04
- トラフィックソース（どの経路から動画が見られているか）
- プロフィール表示回数（あなたのアカウントプロフィールがどれだけ閲覧されているか）
- フォロワー数の増減（期間内のフォロワー数の変動）
- 動画の視聴数（各動画がどれだけ視聴されているか）

03 平均視聴時間

名前	再生完了数	6秒動画再生数	動画視聴数	50%までの再生数	動画視聴1回あたりの平均視聴時間	1人あたりの平均再生時間
	180	2,936	16,321	1,253	4.46	6.36
	30	323	10,728	112	1.58	1.74
	818	7,667	100,129	2,712	2.65	4.06
	2,848	29,617	318,936	7,997	2.91	4.34
	13	268	10,001	55	1.94	2.20
	37	494	9,636	137	2.30	2.50
	79	912	13,462	265	2.30	3.28

ビジネスアカウントへの切り替えは無料です。TikTokをビジネス目的で利用する際は、アカウントをビジネスアカウントに変更し、これらの数値を通じて効果を評価することが大切です。

TikTokの標準搭載分析機能でも基本的な分析は可能ですが、さらに詳細な分析を行いたい場合は、TikTok対応のSNS分析ツールの利用がおすすめです。外部の分析ツールには無料と有料のものがあり、通常、有料ツールのほうがより詳細なデータを提供します。セキュリティや信頼性も考慮し、自社に適したツールを選ぶことが重要です。

04 視聴者の所在地

現在、TikTokはブランディングや売上向上に非常に効果的なSNSとして注目されています。広告や宣伝の効果を最大化するには、戦略を慎重に立て、効果を定期的に分析・改善し、ターゲットユーザーに響く内容を継続的に配信する必要があります。ユーザー数が急増している現在、TikTokは購買へと直結しやすい環境を提供しています。効果的なPDCAサイクルを実施し、戦略的にTikTokを活用することをおすすめします。

TikTokの広告機能を活用することで、企業はターゲット層に効果的にアプローチすることができます。#チャレンジ広告やインフィード広告を使用し、ターゲット層に合った広告を配信することで、ブランド認知度の向上や新規顧客獲得が期待できます。

さらに、TikTok広告の活用においては、広告配信の効果測定や最適化も重要です。広告のクリック数や再生数、コンバージョン数などの指標をもとに、広告クリエイティブや配信対象のターゲット層を調整し、最適な広告戦略を練り上げましょう。

また、TikTok広告だけでなく、自社のアカウントでのコンテンツ投稿も併せて行うことで、より一層の効果が期待できます。自社アカウントにおいては、定期的な投稿スケジュールを作成し、フォロワーとのエンゲージメントを深めることが重要です。

TikTok広告を活用し、効果的なマーケティング戦略を展開して、ブランドの成長を加速させましょう。広告クリエイティブやターゲティングを最適化しながら、TikTokのポテンシャルを最大限に引き出すことが求められます。

CHAPTER 6

Facebookマーケティング

Facebookでは、企業向けの「Facebook ページ」を利用することで、ビジネスに最適な運用が可能です。画像や動画などさまざまなメディアに対応しているほか、運用データの分析や、広告の活用もできるため、積極的に導入するとよいでしょう。

01 Facebookでできるマーケティングとは

Facebookは、現実的な人間関係をもとにつながっているユーザーが多いため、口コミのように情報が伝搬する特性を持ったSNSです。企業の情報発信ツールとして利用できる「Facebookページ」のしくみを理解し、消費者にとって役立つ情報を提供することで、企業のマーケティングに大いに役立てることができます。

Facebookページを活用する

Facebookページとは、企業や団体、ブランドなどが、Facebook上で情報を発信してユーザーとつながるための場所のことです。記事、写真、動画、リンクなどで最新情報を公開したり、イベントを作成したりするなど、さまざまな形で情報を発信することができます。Facebookページに「いいね！」をした人——ファン※1——やその友達は、ニュースフィード※2を通じてそのページの最新情報を知ることができるため、Facebookユーザーと接点を持ちたいと考えている多くの企業がFacebookページを開設しています01。

01 Facebookページ

Facebookページは主に企業などの情報発信に用いられる

Facebook活用の流れ

新しく開設したFacebookページを多くのユーザーに見てもらうには、ユーザーから「いいね！」などのアクションをしてもらい、Facebookページの情報を拡散させることが重要です。そのためにはどのようなユーザーにリーチするべきなのかを考える必要があります。

企業がFacebookページを使う場合は、認知度を高めたい、Webサイトへ誘導したい、売上につなげたいなどといった、何かしらの目的があるはずです。そういった目的を達成するためには、まずどのようなユーザーへリーチしたいのかという視点で考えてみるとよいでしょう。

ターゲットが固まったら、そのようなユーザーに対してどのような情報を配信すると、関心を持ったり魅力的だと感じたりしてくれるのかを考えながらコンテンツを作成します。コンテンツを作成したら、Facebookページに投稿してみましょう。投稿したコンテンツにユーザーからコメントが寄せられた場合は、丁寧かつすみやかに対応することで、信頼関係をより構築しやすくなります。また、コンテンツを定期的に投稿し、ユーザーの興味や関心を持続させることも大切なポイントです。

※1　ファン
Facebookページに「いいね！」を付けたユーザーは、そのページのファンになり、ページからの更新情報を受け取れるようになる。

※2　ニュースフィード
Facebookのメインとなるページで、中央に記事などが一覧表示される。

顧客へのリーチ

新しくFacebookページを開設したばかりのときは、Facebookページの存在がユーザーに認知されておらず、ファンがいない状態です。そのため、工夫を凝らしたおもしろいコンテンツを投稿しても、ほとんど見てもらうことができません。こうした状況から抜け出すため、Facebookの機能を活用して、ターゲットとして想定しているユーザーに地道にリーチしましょう。

具体的には、友達をFacebookページに招待したり02、配信したコンテンツを自分自身でシェアしたりすることで、ファンを増やせます。また、ビジネス上のユーザーのメールアドレスに招待メールを送ったり、名刺やチラシなどにURLを記載したりして宣伝することも効果的です。

02 友達をFacebookページに招待する

Facebookページの「･･･」をクリックして「友達を招待」を選択すると、任意の友達をチェックボックスで選択して「招待」を一括送信できる

コンテンツの効果測定

Facebookページが順調に成長しているか、投稿したコンテンツがどれほどの効果をもたらしているのかを正確に把握することも重要です。Facebookページにはインサイトという分析機能が用意されており、ページ全体の概要やコンテンツごとのユーザーの反応を把握することができます（詳しくはP.178参照）。投稿が配信されたユーザー数や、コメント・シェア数などを分析することにより、効果を高めるためにどのような点を改善したらよいのかというヒントを得ることができます03。

03 インサイトの分析画面

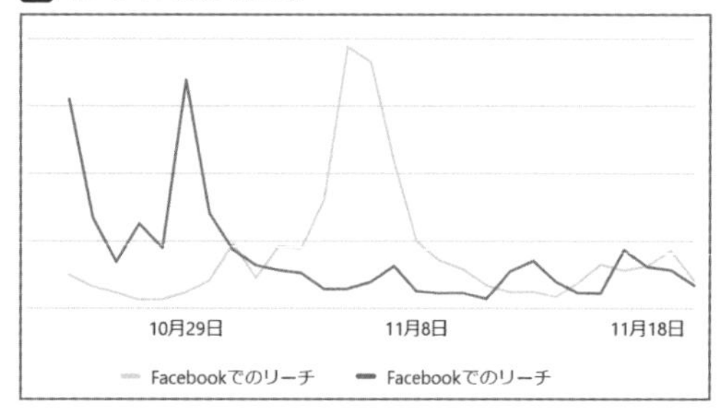

インサイトを利用すれば、投稿が配信されたユーザー数や、コメント・シェア数などが詳細に把握できる

02

Facebookに適した目的・商材を把握しよう

企業によってFacebookの目的や商材はさまざまですが、Facebookに適した目的や商材があるのも事実です。適したものを理解したうえで活用するのと、何も知らずに活用するのとでは結果に大きな違いが出てくるはずです。どのような目的や商材がFacebookに適しているのかを把握しておきましょう。

Facebookに適した目的

まず、NTTコムリサーチによる「第7回 企業におけるソーシャルメディア活用に関する調査」を見てみましょう。この調査では、SNSごとの企業の活用目的がまとめられていますが、ここではFacebookの活用目的に注目します。わかりやすくするために、活用率が高い順に項目を並べました01。

Facebookの活用目的としてトップに位置しているのは、「企業全体のブランディング」です。48.8%という数字からも、ブランディングに対する企業の期待が極めて高いことがよくわかります。XやYouTubeなどと比較しても非常に高い割合で、「特定製品やサービスのブランディング」も24.1%と高い活用率を示しています。このようにブランディングに活用されやすい理由としては、Facebookが原則として実名で利用されるSNSであり、ユーザーから攻撃的な投稿がされにくい雰囲気があることが挙げられるでしょう。こうした意味でFacebookは、企業のブランドイメージを保つために適した環境だといえます。

もっとも、「広報活動」や「キャンペーン利用」、「顧客サポート」などでの活用も多くなっています。画像や動画の投稿、メッセージによるコミュニケーションがしやすいため、幅広い用途に活用できると考えてよいでしょう。全体的には、工夫次第であらゆる効果が期待できる、バランスのよいSNSだといえます。

01 Facebookの活用目的

順位	目的	順位	目的
1位	企業全体のブランディング（48.8%）	6位	サイト流入増加（17.5%）
2位	広報活動（41.9%）	7位	製品・サービス改善（11.6%）
3位	特定製品やサービスのブランディング（24.1%）	8位	EC連動（8.3%）
4位	キャンペーン利用（23.4%）	8位	採用活動（8.3%）
5位	個々の従業員のブランディング（18.2%）	9位	リアル店舗への集客などO2O関連の施策強化（7.9%）
5位	顧客サポート（18.2%）		

出典：NTTコムリサーチによる「第7回 企業におけるソーシャルメディア活用に関する調査」
https://research.nttcoms.com/database/data/001978/

Facebookに適したコンテンツ

メッセージ機能やコメント機能が充実したFacebookでは、従来のメディアのような企業からユーザーへの一方的な関係性ではなく、企業とユーザーの双方向な関係性を築きやすいメリットがあります。株式会社IDEATECHの「Facebookのリード獲得広告に関する実態調査」では、もっとも効果的だったのはホワイトペーパーで、約45%が効果を実感しています。これは専門的な情報やインサイトを求めるユーザーにアプローチするのに最適です。また、自社製品やサービスに関する資料も約34%の企業によって効果が認められており、具体的な情報がリードの質を高めることを示しています。

メールマガジンやイベント、セミナーへの参加案内なども29%近くの企業が有効であると回答しており、定期的なコミュニケーションと行動を促す内容がリード獲得において重要であることがわかります。限定特典や無料トライアルの提供も一定の効果を示していますが、トップのコンテンツほどの影響は見られません。

これらのデータをもとにすると、教育的かつ実用的なコンテンツがFacebookユーザーの関心を引き、エンゲージメントを高める鍵であるといえます。企業はこれらの情報を活用し、ターゲットオーディエンスのニーズに合致したコンテンツ戦略を展開することが重要です。

Facebookのユーザー層から考える

Facebookのユーザー層から目的や商材を考えるのもよいでしょう。主要SNSの年代別利用率の調査結果を見ると、やはり20～30代に多く利用されていますが、そのほかのSNSと比較すると40代以上の利用率が高く、高年齢層にもリーチが可能だといえます02。そのため、高年齢層の好む比較的品質の高い商品・サービスも展開が可能でしょう。また、性別利用率を見ると、若干男性ユーザーの利用率が高くなっています03。男性ユーザーのニーズや好みに合わせたサポートに対応すると、さらに運営効果が期待できるはずです。

02 主要SNSの年代別利用率

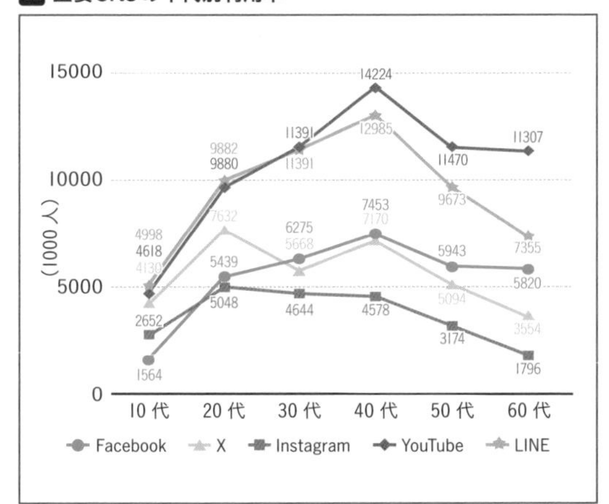

出典：OgaWeb「2018年ソーシャルメディア（SNS）の年代別利用者比較」
https://www.make-light.work/web/2018sns/

03 Facebookの年代別・性別利用率

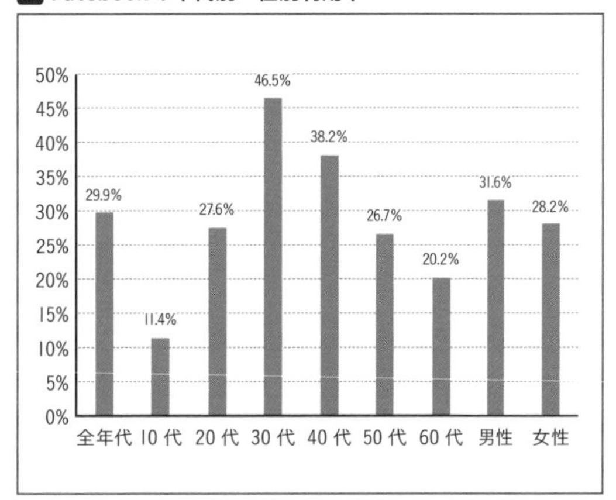

出典：総務省 情報通信政策研究所「令和4年度情報通信メディアの利用時間と情報行動に関する調査」
https://www.soumu.go.jp/main_content/000887660.pdf

03 個人アカウントとFacebookページの違いを知ろう

Facebookには個人アカウントとFacebookページがあり、見た目は大きく違いませんが、機能やできることが大きく異なります。個人アカウントと同じ感覚でFacebookページを利用していると、ページが本来持っているメリットを十分に活かすことができません。それぞれの違いや特徴をよく理解しておくことが大切です。

個人アカウントとFacebookページの主な違い

Facebookの個人アカウントは実名で個人が情報を発信する場であり、主に友人や知人とプライベートなコミュニケーションを行う用途で使われます。それに対してFacebookページは、企業、ブランド、製品、組織、団体、著名人などの公式代理人が情報を発信する公式ページ※1であり、ファンやユーザーなどとコミュニケーションを行う用途で使われます。

Facebookページはそうしたビジネス用途をメインとしているため、個人アカウントに比べて制限が少ないのが特徴です01。たとえば、個人アカウントは作成できるアカウントが1人につき1つしかなく、友達としてつながりを持てる人数も5,000人までという制限が設けられていますが、Facebookページはいくつでも作成することができ、ファンになることができるユーザー数にも制限が設けられていません。

また、Facebookページには、広告を配信することができたり、ページへのアクセス状況を分析するインサイトを利用できたりと、個人アカウントにはないメリットがあります。投稿が表示されているタイムライン※2をFacebookにログインしていない人でも閲覧できることや、投稿した情報がGoogleやYahoo!などの検索エンジンの検索対象になることも、ビジネス上の大きなメリットだといえるでしょう。

こうした違いから、Facebookページは広く一般に情報を配信するためのルールや機能が備わっているツールといえます。本格的にビジネスで運用をしたいのなら、個人アカウントとは別に、やはりFacebookページを用意する必要があるのです。

01 個人アカウントとFacebookページの制限の違い

	個人アカウント	Facebookページ
目的	個人が情報を発信	企業や団体などが情報を発信
アカウント数	1人につき1つ	上限なし
友達・ファン数	5,000人が上限	上限なし
投稿記事の検索	検索エンジンの検索対象にならない	検索エンジンの検索対象になる
分析機能	なし	あり

Facebookページでは制限が少ないため、より自由にビジネスに活用することができる

※1　公式ページ
公式代理人によって管理されるFacebookページは正式には「公式ページ」と呼ばれ、公式代理人ではない個人によって管理される応援や関心を意図するページとは区別される。本書では断りがないかぎり、Facebookページを公式ページとしての意味で使用する。

※2　タイムライン
Facebookの画面上部のアカウント名をクリックすると表示される、プロフィール画面中央の自分の投稿記事が時系列順に並ぶ画面領域のこと。

Facebookページのホーム画面

個人アカウントのホーム画面とFacebookページのホーム画面の基本構造は同じですが、細かな部分が異なります。機能が適切に使い分けられるように、機能に関わる主要な部分を把握しておきましょう。ここでは、Facebookにログインした状態で自分が管理するFacebookページを表示した場合を例にしています。

ログアウト時のFacebook
前述したように、Facebookページは、ユーザーがFacebookにログインしていない状態でも閲覧できます。「いいね!」を付けたりコメントしたりすることはできませんが、投稿や基本データ、写真などは確認できるようになっています。Facebookユーザー以外の来訪者の目も意識したいものです。

04 Facebookページで目標を設定しよう

導入編

Facebookには運用効果を計るたくさんの指標があり、目的や運用方針によって企業の目標設定はさまざまです。それでも、多くの企業で「いいね！」やシェアの獲得が目標に設定されています。そのためには、それらを目標に設定する場合のポイントについて把握しておきましょう。

「いいね！」の獲得を目標にする

「いいね！」とは、Facebookに投稿された記事に対して、肯定的なフィードバックを与えるために行われるアクションのことです。投稿記事などの「いいね！」ボタンをクリックすることによって「いいね！」を付けることができます。

ここで注意しておきたいのは、Facebookの友達やFacebookページの投稿に対して「いいね！」を付けることと、Facebookページ自体に「いいね！」を付けることは、大きく意味が異なるということです。友達やFacebookページの投稿に対して「いいね！」を付けると、その投稿に興味を持ったということを、友達やFacebookページに知らせることができます。一方で、Facebookページ自体に「いいね！」を付けると、そのFacebookページからの投稿がニュースフィードに表示されるようになります。つまり、投稿に対しての「いいね！」が一時的に肯定的なフィードバックを与えるものであるのに対して、Facebookページへの「いいね！」は継続的なつながりを構築するためのものだということです 01。もちろんFacebookページを運用する企業は、Facebookページへの「いいね！」を増やしたほうがユーザーと長期的な関係を築きやすくなります。そのため、Facebookページへの「いいね！」を付けてくれるユーザー（ファン）の獲得を目標にする企業が多いのです。

以上のことから、Facebookページに投稿した記事が、投稿への「いいね！」と、Facebookページへの「いいね！」のそれぞれの指標にどれだけ貢献したのかを把握したうえで、コンテンツを評価するのが望ましいといえます。そこで、それぞれの指標の確認方法についても、続けておさえておきましょう。

01 投稿への「いいね！」とFacebookページへの「いいね！」

Facebookページ自体に「いいね！」を付けると、Facebookページと継続的なつながりが構築されるため、投稿への「いいね！」よりも重要になる

投稿コンテンツの効果を確認する

投稿ごとの効果測定データは、Facebookの無料ビジネスツール「Meta Business Suite」内のインサイトで確認できます。

ホーム画面の左メニューより「Meta Business Suite」をクリックし、遷移した画面の左メニューより「インサイト」→「コンテンツ」へと遷移してください（メニューに「Meta Business Suite」の項目がなければ、https://business.facebook.com/ へアクセスしてください）。

コンテンツごとの内容と、主要データ（いいね！とリアクション数、シェア数、リーチ数など）が確認できます02。データは期間を指定してエクスポートすることも可能です。画面右上で期間を設定し、「データエクスポート」をクリックします。どんなデータが必要かポップアップが表示されるので、必要箇所にチェックを入れて最後に「コード生成」をクリックしてください（基本的にはデフォルトで項目が設定されているので、そのまま生成ボタンをクリックするだけで大丈夫です）。データがダウンロードされます。

02 インサイトでの投稿へのいいね！とリアクション数とリーチ数の確認

Facebookページへの「いいね！」数と「フォロー」数

このように、投稿への「いいね！」は具体的に把握できますが、Facebookページへの「いいね！」や「フォロー」に関しては、投稿記事による明確な効果を把握する指標はありません。そのため、記事を配信したあとにどれだけFacebookページへの「いいね！」が増えたのかに注目し、その相関を推測するとよいでしょう。数値の推移は「インサイト」の「概要」内で確認できます03。

先月の同時期と比較できるようなグラフになっており、青い実線が当月の数値です。

03 インサイトでの「いいね！」数の確認

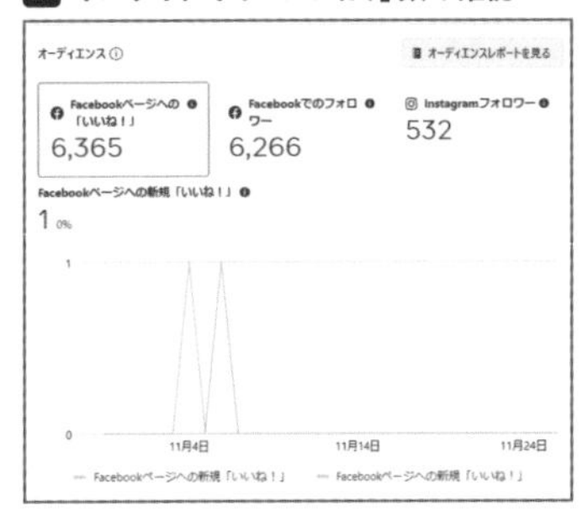

シェアの獲得を目標にする

Facebookにおけるシェアとは、ほかのユーザーが投稿した記事を引用して自分のタイムラインに書き込む行為です。Facebook上の投稿には「シェア」ボタンが付いており、シェアの形式を選択できます04。

○今すぐシェア

現在のプライバシー設定に従って、ニュースフィードとタイムラインでシェアされます。

○フィードでシェア

投稿に説明を追加するなどしてから、ニュースフィードにシェアできます。

○ストーリーズでシェア

友達やフォロワーに写真や動画をシェアできます。

○Messengerで送信

基本的には「シェア」と同じしくみですが、情報を共有する相手を指定できます。

○ページ／グループ／友達のプロフィールでシェア

Facebookページ自体をシェアすることができます。

04 シェアボタン

「いいね！」とシェアの違い

ユーザーの行動心理の面からすると、「いいね！」は投稿に対して賛同の意思表示をするものであるのに対して、シェアは友達に情報を伝えたいと思ったときに行われるアクションといえます。この違いはFacebookにおける情報の拡散の仕方にも関係しており、「いいね！」を付けた場合は友達のニュースフィードにその情報は流れませんが、シェアをした場合は友達のニュースフィードにもその情報が流れます。

当然、Facebookページを運用している企業にとっては、ファンに「いいね！」を付けてもらうより、シェアをしてもらったほうが、より多くの人に情報が拡散することになるため、望ましいでしょう。そのため、投稿別にシェア数を計測したうえで、どのような記事を投稿するとシェアされやすいのか、「いいね！」されやすい記事とシェアされやすい記事にはどのような違いがあるのか、といった要素について検証を重ね、シェア数の拡大を目指していくことは、Facebookページを運用していくうえで欠かせない作業です。

05 ファンを獲得するポイントをおさえよう

Facebookページで「いいね！」を獲得し、よりファンを増やすためには、ユーザーの反応を促す投稿を作ることが重要です。ユーザーの感情が動く瞬間をイメージし、それに見合った投稿内容を意識しましょう。テキストの読みやすさを工夫したり、ユーザーが参加できる内容にしたりすることで、効果が大きく変わります。

ユーザーの感情を揺さぶる投稿

たとえ有益な情報をタイムラインに流しても、ユーザーに反応されないままでは、認知の輪は一向に広がらず、プロモーションの効果は十分には得られません。Facebookをプロモーションに有効活用するには、ユーザーの反応を促すような投稿を意識的に作ることが重要です。

「いいね！」が多く付いている投稿の共通点を分析すると、ユーザーの感情を揺さぶる要素が効果的に働いていることが多いため、まずはこの点を意識するようにしましょう。人が拡散したくなる情報には、一般的に「感動」、「発見」、「共感」のいずれかの要素が含まれているといわれています01。ネタを漠然と思案するのではなく、この3つの要素を意識的に具体化することで、よりユーザーの心に響くコンテンツを作りやすくなるでしょう。

01 拡散されやすいコンテンツの3要素

要素	内容
感動	ノンフィクションの感動秘話、家族や動物との絆、歴史上の美談など
発見	おもしろ雑学、最新ニュース、ユーザーへの提案など
共感	あるある話、体験談など

それぞれの要素ごとにほり下げて考え、少しずつ具体化していくことで、コンテンツにつなげていくとよい

読みやすい文章の体裁を心がける

投稿する際に気を付けたいのが、文章の読みやすさです。現在では、大半のユーザーがスマートフォンでFacebookをチェックします。パソコンでは改行の位置が適切に見えても、スマートフォンで見ると不自然な箇所で改行されていることがよくあります。そのため、下書きはパソコンで行い、投稿はスマートフォンから行うとよいでしょう。端末によって異なりますが、一定以上の文字数・行数の投稿は一部が省略されて表示されるので注意が必要です02。

02 読みやすい文章量

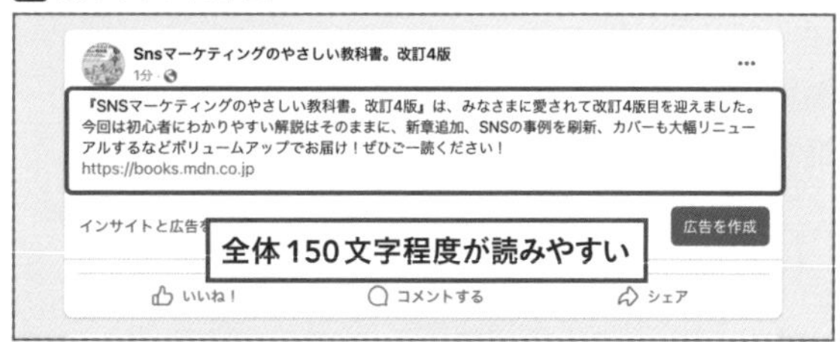

全体で150文字程度に収めると読みやすい文章に仕上がる

写真付きで投稿する

写真を含めたFacebook投稿は、テキストだけの投稿と比較して、視覚的な魅力によりユーザーの関心を引きつける効果が高いです。写真は感情を伝えやすく、とくに印象的な瞬間や風景、重要なイベントの写真は共感を呼び、多くの「いいね！」やシェアを集めることができます。また、製品やサービスの写真は、ブランド認知を高め、具体的な情報を伝えるのに有効です。Facebookにおいて、ユーザーは視覚情報を速く処理するため、写真付きの投稿はメッセージをより効果的に伝えることができます。さらに、写真はストーリーテリングの一部として機能し、テキストだけでは伝わりにくい細かいニュアンスや感情を伝えることができます。これらの要素は、投稿のエンゲージメントを高め、より多くのユーザーとのつながりを築くのに役立ちます。

03 写真付きの投稿のイメージ

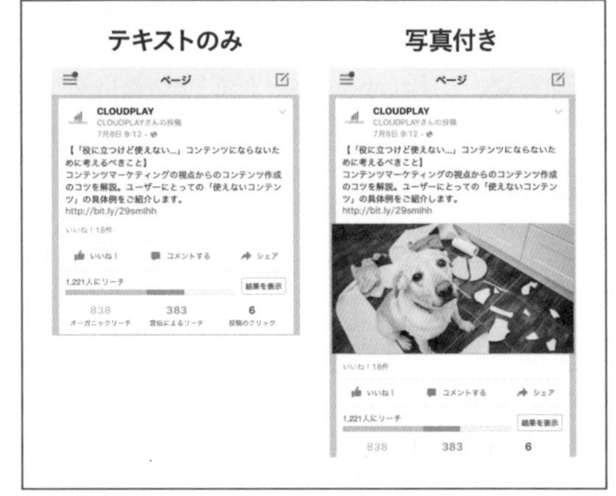

投稿に写真が添えられていると、注目度が高まりやすくなるだけでなく、内容も格段にイメージしやすくなる

ユーザー参加型の内容にする

コメントやシェアなどによって、ユーザーが参加できる投稿も効果的です。「Nintendo of America」のFacebookページなどは、こうした投稿を積極的に活用しています。クイズやアンケートなどを含む投稿を定期的に配信することによって、企業とユーザーで双方向のコミュニケーションが取れる場所を作り上げています 04。

一方的な宣伝ではユーザーの心に届きません。ユーザーとコミュニケーションを取り、前向きに関係性を構築する姿勢が感じられて初めて、効果的なプロモーションを行うことができるのです。

04 Nintendo of AmericaのFacebookページ

https://www.facebook.com/NintendoAmerica/

広告・宣伝らしくないことも重要

プロモーションで大切になるのは、宣伝らしさを見せないことです。宣伝らしさが見える投稿は、どこか余裕が感じられず、それだけで一気に魅力がなくなってしまいます。企業や商材を一方的に売り込むのではなく、きちんと自分の言葉で企業・商品の魅力を文章にし、ユーザー目線の内容に落としこむことが重要です。

Facebookページ開設のポイントをおさえよう

Facebookページは、企業、ブランド、店舗などさまざまなビジネスで利用されますが、初期設定の手順はそれほど大きく変わりません。Facebookページの開設から運用を開始するまでに、最低限行っておきたい手順をおさえましょう。なお、Facebookページを作成する前に、あらかじめ個人アカウントにログインしておきましょう。

Facebookページを作成する

ブラウザで 01 のFacebookページの作成画面（https://www.facebook.com/pages/creation/）にアクセスして、次の必須項目を設定し、ページを作成します。

○ページ名

ビジネス名が伝わりやすい名前を設定します。

○カテゴリ※1

ページが象徴するビジネス、組織、トピックのタイプを示すカテゴリを選択します。3件まで追加できます。

情報を入力したら「Facebookページを作成」をクリックして完了です。

01 Facebookページの作成画面

一般設定を行う

「ページを管理」からメニュー内の「設定」をクリックし、以下の項目を設定しましょう。

○ページ名とユーザー名を変更する

「ページ設定」から編集します。あまり長くなりすぎず、ユーザーが視認しやすいものにするとよいでしょう。

○公開／非公開

左メニューの「フォロワーと公開コンテンツ」から、個別の項目を設定します。

○ページからブロックしたい言葉を選ぶ

同じく「フォロワーと公開コンテンツ」から設定します。ブロックしたい言葉を登録しましょう。

○アクセス権の管理

「ページ設定」に戻り、「ページアクセス」から管理権限の追加などを行えます。そのほか「ページのステータス」からは、ページで規定違反がないか確認できます。

※1　カテゴリ
カテゴリはパソコンでFacebookページを検索する際にページ名の下に表示されるため、適切なものを選択したい。よくわからない場合は、競合企業のFacebookページを検索してみるなどして、カテゴリを検討するとよい。

基本データを入力する

「基本データ」はプロフィールとなる部分です。Facebookページトップにある「基本データ」タブで編集することができます02。

下記のものは必ず登録しておきましょう。

○カテゴリ

ページのカテゴリを変更・追加登録できます。サービスの核となるキーワードを入れると候補が出てくるので、そこから選択します。3件まで登録可能です。

○ウェブサイト

企業サイトのURLを入力します。信頼感が増すだけでなく、企業サイトへの流入も期待できます。

02 基本データの編集画面

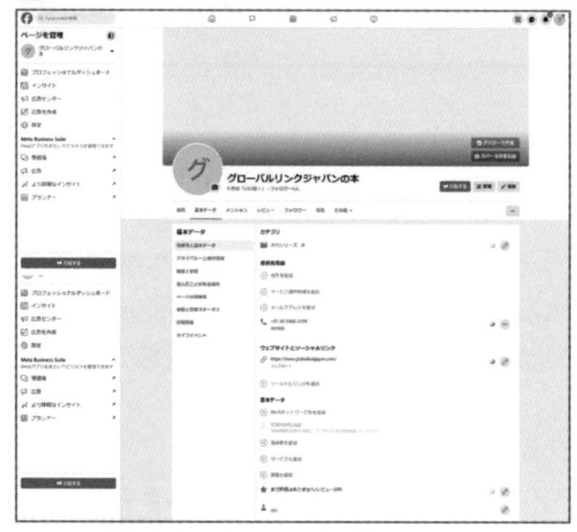

ユーザーに安心感を与えるためにも、詳細に情報を入力したい

プロフィール画像／カバー画像を設定する

Facebookページのプロフィール画像とカバー画像03は、画像右下に表示されているカメラアイコンから変更できます。

○プロフィール画像

投稿やコメントなどを行う場合にはすべてこの画像がアイコンとして使われるため、企業やサービスのロゴなど、ひと目でその存在が伝わるものを設定しましょう。

○カバー画像

ユーザーにどのようなイメージを持ってほしいかという視点から、写真の素材やデザインを考えてみましょう。

03 プロフィール画像とカバー画像

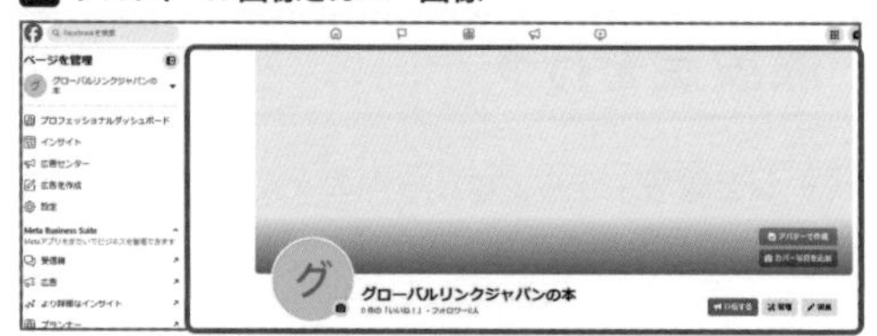

複数の関係者で管理する場合

Facebookページ左メニューの「設定」→「新デザインのページ」から、管理人の追加や権限の変更をすることができます。管理人の役割は5種類あるため、「https://www.facebook.com/help/289207354498410」にアクセスして管理者や権限を設定する必要があります。

07

Facebookに適した記事の作成スタンスを確認しよう

Facebookに適した記事を書くために、自社ブランドなどの立ち位置や、Facebookの特性・ユーザー層を確認しておきましょう。闇雲に記事を書いても、継続的な効果を得ることは困難です。「誰に対してどのような効果を期待しているのか」を明確にしたうえで記事を作成することを推奨します。

企業やブランドよってスタート地点が大きく異なる

Facebookページを作成したばかりの段階ではまだファンはいないため、まずはFacebookページの存在自体をユーザーに知ってもらう必要があります。Facebookページの存在を知ってもらう方法としては、企業の公式サイトなどでの情報発信が一般的だと思いますが、ブランド力が強い企業やサービスはすでにリアルなファンが存在しているため、そのようにFacebookページを開設したことを広報するだけで、ある程度ファンを獲得することが可能です。しかし、ブランド力が弱い企業やサービスの場合はもともとリアルなファンが少ないため、公式サイトなどでFacebookページを開設したと広報しただけでは、ファンを獲得することは困難です 01。

このように、開設した段階で企業やブランドによってスタート地点に大きな差があることを認識しておく必要があります。このことを念頭に置いて、記事作成に臨まなければなりません。まずはスタート時点で、既存のファンに向けたコンテンツなのか、まだファンではない一般のユーザーに向けたコンテンツなのかを明確にしたうえで、記事作成を考えていくことを推奨します。

01 ブランド力によるスタート地点の差

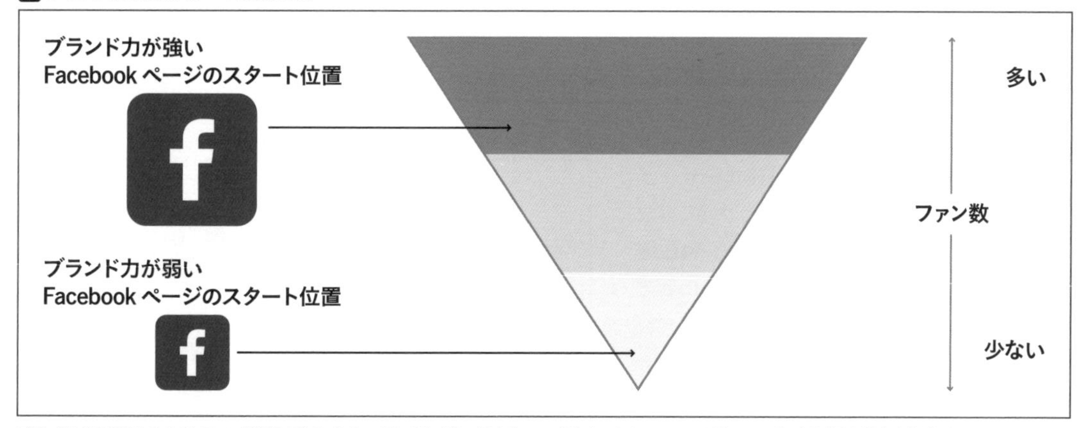

ブランド力がある場合はすでにファンが確保できているが、ブランド力がない場合はファンが少ないため、ファンではないユーザーを意識した記事を作成したい

Webサイトへの流入を促す

Webサイトへの流入を促す記事を作成する場合、テキスト+テキストリンクだけの投稿では、効果はあまり期待できません。投稿されるテキスト記事のほとんどは流し読みされるため、ユーザーがテキストを読まないことを前提にして、写真で興味を喚起することを意識するようにしましょう。P.166でも解説したように、実際に写真付きの投稿ではクリック率が大幅に上昇します。テキストとの関連性が高く、一瞬で理解できるものが効果的です。

キャラクターを活用する

「いいね！」やシェアを増やすために、キャラクターを活用した内容にしたいと考えている人も少なくないでしょう。実際にキャラクターの活用は有効ですが、ブランド力の違いによってFacebookページのスタート地点が違ったように、有名キャラクターと無名キャラクターの違いによってもスタート地点が異なることに注意が必要です。キャラクターの知名度によって、アプローチ方法もコミュニケーション方法もまったく別のものになります。

既存の有名キャラクターを使用する場合は、そのキャラクターのファンに対して記事を書き、ファンと良好なリレーションシップを構築することを意識します。無名のキャラクターを使用する場合は、まずはキャラクター自身のことを一般ユーザーに認知してもらえるようなわかりやすいアプローチが必要です02。使用するキャラクターの立ち位置を把握したうえで、文章のトーンや記事の内容を検討しましょう。

02 キャラクターの認知度による違い

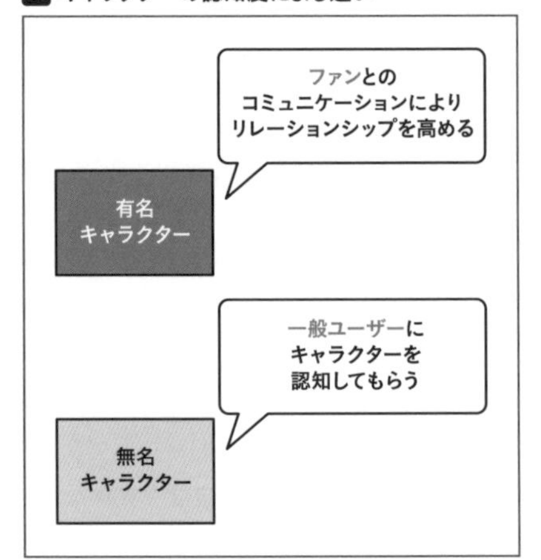

ユーザーに有益な情報を配信する

同様の情報を複数の企業が配信しても、ファンが多いFacebookページと、一般ユーザーが多いFacebookページとでは、効果が大きく異なります03。自社のファン数やその年代、居住地域などを考慮したうえで、ニーズに応える内容の記事を作成しましょう。他社のFacebookページがうまくいっているからといって、投稿を真似ても同じ効果は期待できません。

03 ファンと一般ユーザーによる受け止め方の違い

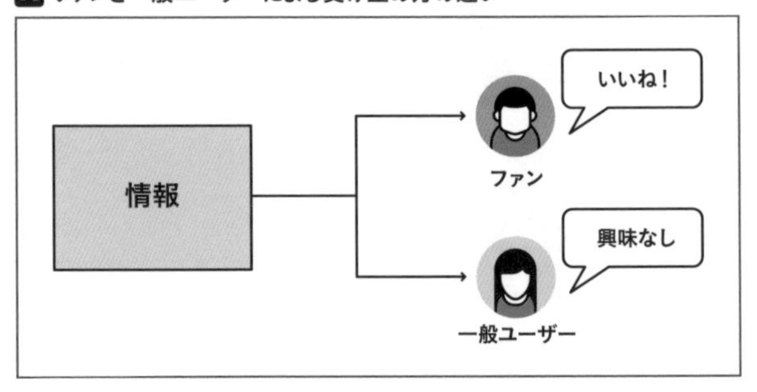

目的に応じた記事の作成ポイントをおさえよう

運用編

これまでにも解説してきたように、Facebookページを運用する目的には、ブランディングや集客などさまざまなものがあります。目的ごとに記事の内容も変わってくるため、記事の目的が明確な場合に、どのようなポイントに注意して記事を作成すると効果が高いのかをおさえておきましょう。

ブランディングではブランド力を考慮する

ブランディングでは、「この会社のこの商品だから買おう」といった、企業・ブランドとユーザーとのつながりの意識をユーザーに持たせるように仕向けます。まずは、「いいね！」を多く付けてもらうことで継続的なファンを多く獲得することが重要になります。ただしP.169で解説したように、ブランド力が強い企業のFacebookページと、ブランド力が弱い企業のFacebookページとでは、スタート時点のファン数が大きく異なります。そのため、ブランディングを目的とした記事を作成する際にも、このファン数の違いを考慮しなければなりません。

ブランド力が弱い企業の場合、まずは企業・ブランドの認知度を上げて、徐々にファンを獲得していくことが最優先になります。後述するFacebook広告との併用を前提として、初めてのユーザーでもわかりやすい情報を提供することを意識するとよいでしょう。また、ブランド力の強いFacebookページの場合は、ユーザーから共感や信頼をさらに得て、ユーザーの心の中にある企業のイメージや価値を高めていく必要があります。前提となる基本情報を薄める一方で、より詳細な情報やイメージを提供することを心がけましょう 01。

01 ブランド力によるブランディングの違い

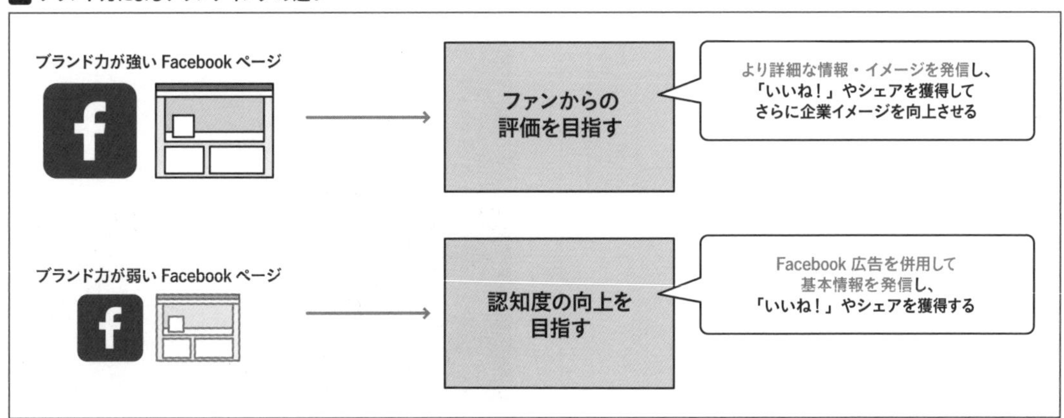

ブランド力の弱いFacebookページでは、まず企業やブランドに関する基本的な情報を発信し、認知を拡大しなければならない

※1　クリエイティブ
広告業界において、広告として制作される広告素材などを意味する。ディスプレイ広告、テキスト広告、メール広告など、インターネットにおける広告も含まれる。

集客では見込み客を集める

Facebookに投稿した記事からWebサイトへユーザーを流入させる場合、基本的には見込み客を集めることが目的となるため、クリエイティブ[※1]の作成（P.189参照）と同様に記事を作成することになります。ただし、Facebookはあくまでもコミュニティであるため、ユーザーは「いいね！」を付けたりシェアをしたりしたくなるような情報を求めている、という点には注意が必要です。一方的に企業や商品の魅力をアピールするだけでは、大きな効果は期待できません。ユーザーが求めているのは、商材を売買することを前提とした記事ではなく、「この情報とリンクの先には自分にとって価値がある」と思える記事です。

この際、記事の内容がリンク先のWebサイトの内容と乖離しないように気を付けましょう。記事の内容に誇張や紛らわしい部分などがある場合、一度はユーザーにクリックしてもらえるかもしれませんが、次回からはクリックされなくなる可能性が高くなるため、広告の運用と同様に中長期的には効果は期待できません。企業・ブランドの信用やイメージを傷付けることにもなりかねず、場合によっては炎上に発展してしまいます。こうした理由から、Facebookページ上の記事と、流入先となるWebサイト・ランディングページはセットで考え、ユーザーに有益な情報を提供することを前提にプランニングする必要があります02。

また、記事とWebサイト・ランディングページとのセットによる集客になるため、記事自体に内容を書き尽くす必要はありません。ボリューム的にも、ユーザーの興味を喚起する程度でよいでしょう03。

02 見込み客を集めるポイント

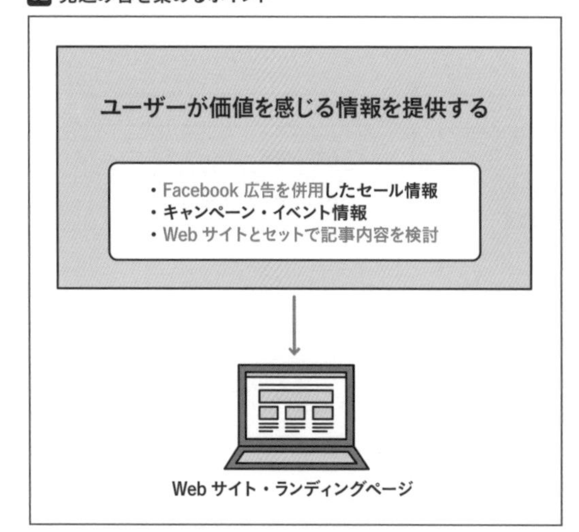

クリエイティブに近いとはいえ、ユーザー目線の情報を提供したい

03 Webサイトへの誘導例

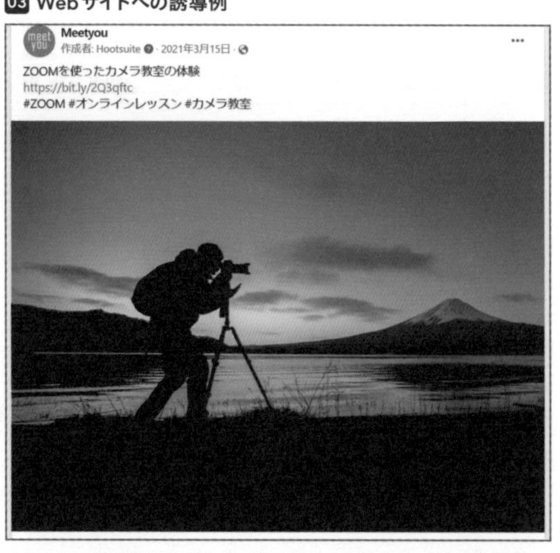

メインはリンク先のWebサイト・ランディングページとなるため、記事は簡潔でよい

販促では特別感で購買意欲を喚起する

販促を目的とする場合も、企業のブランド力によって記事の扱い方が異なります。まずはブランド力が強いFacebookページでの販促について解説しましょう。

ブランド力が強い企業の場合、すでに自社のFacebookページのファンになっており、投稿を閲覧できる状態になっているユーザーが前提になります。集客の場合と同様に、Webサイト・ランディングページへの流入や店舗への誘導がメインになりますが、販促ではその対象を主にファンに絞るという点が異なります。そのうえで、ファンであるからこそメリットの感じられる要素を盛り込んだ記事を作成するとよいでしょう。つまり、「ファン限定」、「SNS限定」などといった特別感を付加価値にすることで、購買意欲をさらに刺激し、効果を高めるというわけです。通常考えられるコンテンツとしては、SNS限定のセール情報、キャンペーンなどがあります。

ブランド力が弱い企業の場合は、ファン数が少ないため、販促の対象をファンだけに絞らず、一般ユーザーにもメリットがある内容の記事を作成し、幅広い見込み客を取り込むようにしましょう。この際、Facebook広告を併用することで効果を高めるとよいでしょう04。

04 ブランド力による販促の違い

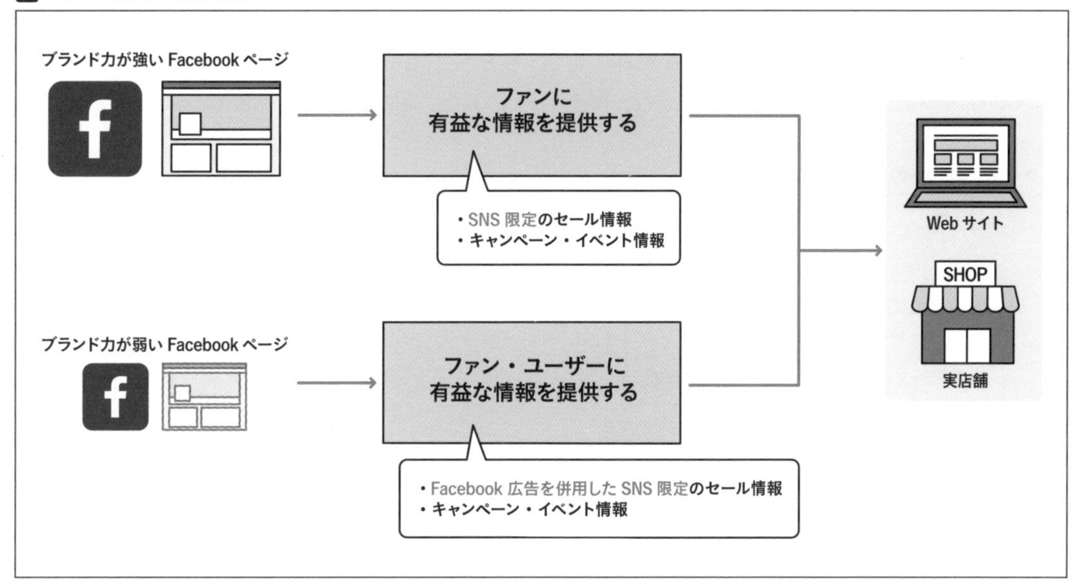

ブランド力が強い場合は販促対象をファンに絞るが、ブランド力が弱い場合はユーザーも対象として間口を広げる

複数の目的で運用する場合

記事は複数の目的で作成されているケースが多いと思われますが、複数の目的を達成するためには、企業のブランド力や中長期でのFacebookページの運用方針などを考慮して、総合的にプランニングする必要があります。ここで紹介している目的別のポイントを参考にしつつ、臨機応変に記事を作成しましょう。

ユーザーサポートは丁寧かつ迅速に

最後に、ユーザーサポートを行う場合について確認しましょう。ユーザーサポートでは、最終的にはユーザーからの質問やメッセージに対応することが目的になりますが、そうしたユーザーからのアクションを受け付けやすい記事を投稿すると、サービス性を高めることができます。商材に関するアンケートを投稿したり、よくある質問に対する回答を投稿したりするなどして、先回りのサポートを行うとよいでしょう。

投稿した記事に対するユーザーからの質問や、ユーザーから直接送られてくるメッセージに対応する際のポイントについてもおさえておきましょう。Webサイトに対してユーザーが問い合わせをする場合、返信が多少遅くてもそれほど問題にならないケースが多いと思いますが、SNSの場合は異なります。企業がユーザーとのコミュニケーションを強化するためにSNSアカウントを開設しているという認識がユーザーに強くあるため、Webサイトの問い合わせ対応と同様のスピード感ではトラブルになる可能性があります。各社の定める運用ガイドラインにもよりますが、Facebookにかぎらず SNSのユーザーサポートでは、総じて迅速に対応するようにしましょう。

また、当事者であるユーザー以外の第三者の目も意識しましょう。Facebookの場合、直接のメッセージであれば第三者に情報が洩れることはありませんが、タイムライン上で質問などを受けた場合には、第三者に閲覧できる状態になるため注意が必要です。ユーザーの質問・意見がポジティブな内容であってもネガティブな内容であっても、そこに書かれている内容以上に、企業側の対応が適切か不適切かをユーザーは見ているものです。ポジティブな質問・意見であればとくに回答に悩むことはないと思いますが、ネガティブな内容の場合にどれだけ適切かつ迅速に回答できるかが重要です05。

05 ユーザーサポートのポイント

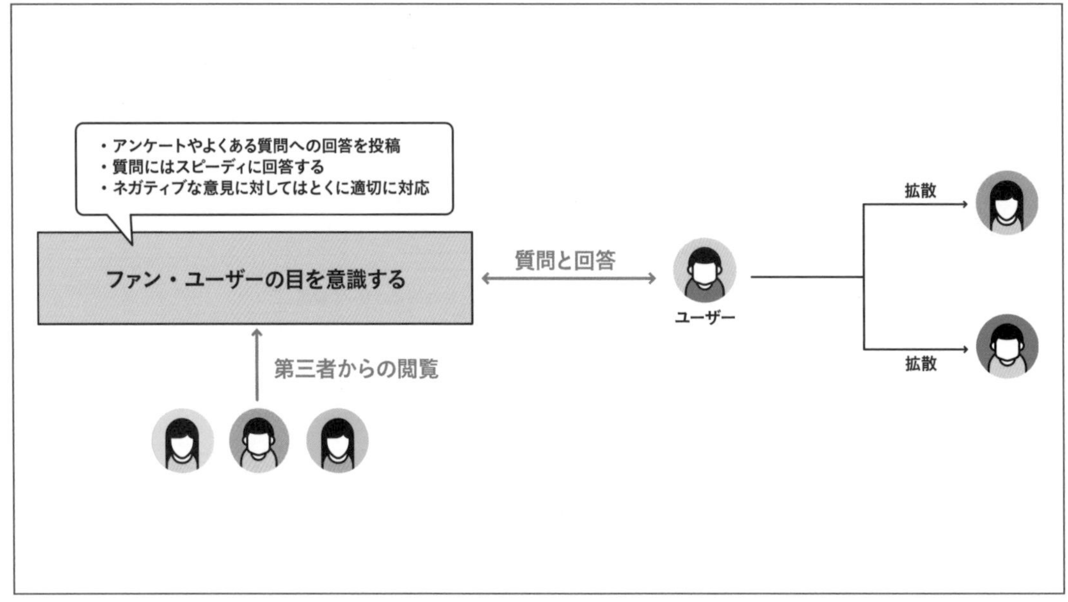

1人のユーザーに対する回答でも、常に第三者に見られていることを意識して対応したい

09

コンテンツタイプによる投稿ポイントをおさえよう

SNSの代表的なコンテンツタイプとして、テキスト、画像、動画などがありますが、各コンテンツにはそれぞれ適切な規格があります。既存のコンテンツを流用したり、ほかのSNSと併用したりする場合は、Facebook用に修正・カスタマイズが必要です。そうしたポイントを、コンテンツタイプごとに把握しておきましょう。

テキストは文字数・行数に注意する

SNSの中でもっとも汎用性が高いコンテンツタイプ※1がテキストですが、どのようなSNSでも安易に使い回せるというわけではありません。SNSごとにテキストの表示されるスペースが異なり、見え方が大きく変わってくるからです。Facebookにおけるテキストの投稿でもっとも気を付けなければいけないのも、やはりそうした見え方を左右するテキストの長さです。Facebookの投稿では、一定の文字や行数を超えるテキストの場合、テキストが途中で省略されてしまい、「もっと見る」や「続きを読む」というリンクをクリックしなければ全文が読めません。ユーザーはこうしたわずかな手間を嫌うため、極力省略されない文字数に抑えて投稿しましょう。また、パソコンとスマートフォンでも見え方が異なるため、テキスト投稿の仕様について確認しておきましょう 01。

01 テキストの見え方の違い

パソコンの場合

スマートフォンの場合

150文字程度に収めると双方で読みやすくなる

※1　**コンテンツタイプ**
一般的には、ファイルやデータの種類を指す場合が多い。ここでは、SNSに投稿可能なテキスト、画像、動画などのコンテンツの種類を意味する。

画像は推奨サイズで投稿する

画像単体で投稿するケースは少ないと思いますが、画像だけの投稿では意図や内容が伝わりにくくなってしまいます。テキスト単体よりも、画像とテキストをあわせて投稿したほうが、リーチ数やクリック数の向上に効果があるため、基本的にはテキスト＋画像での投稿を心がけましょう。

画像を美しく見せるには、Facebookから推奨されている画像のサイズを守りましょう。写真の長辺が720、960、2,048pxの場合、最適に表示されます。この推奨サイズをオーバーしても画像は表示されますが、推奨サイズ以上の画像はリサイズされてしまい、上下または左右が表示されなくなるため、画像全体をはっきりと美しく見せたい場合は、やはり推奨サイズに合わせたほうがよいでしょう。また、もっとも画像の圧縮率が低いのは、長辺が2,048pxの場合です。写真を高画質で見せたい場合は、長辺を2,048pxにリサイズしてから投稿するようにしましょう。ただし、推奨サイズで投稿しても圧縮はされるため、ある程度画質が落ちることは想定しておいてください。

なお、スマートフォンの画面が縦向きであることも意識しましょう。縦長の投稿画像に比べると、横長の投稿画像は小さく表示されます02。ひと目ではっきりと画像を見せたい場合は、正方形や縦長の画像を投稿するとよいでしょう。

02 画像の見え方の違い

パソコンの場合

スマートフォンの場合

スマートフォンは縦長の画面のため、横長の画像が小さく表示される点に注意したい

動画では無音再生を意識する

テキストや画像よりも動画のほうが視認性に富んでいるため、Facebookでプロモーションを行う際に、動画が多くのユーザーの目に留まり効果的であるというのは事実でしょう。しかしながら、動画を用意する際に念頭に置いておきたいことがあります。それは、約80%以上もの動画が「無音」で再生されているといわれているということです。それというのも、Facebookの初期設定では、動画の音声はオフになっているからです。

無音のままだと、約半数の動画で意図が伝わらないものになってしまうといわれています。そのため、YouTubeなどで効果のある動画をそのままFacebookに投稿するだけでは十分な効果は期待できません。無音再生されることを踏まえて、無音でも効果のある動画を作るために工夫する必要があるのです。そのために講じておきたいものの1つは、動画に字幕を付けて、ユーザーの興味を誘い、理解を促すという対策です。

動画が無音で再生される場合、字幕などの補足説明がないかぎりは意味がほとんど伝わらず、そもそも長く閲覧する気が起きません。しかし、動画に字幕が付いていれば内容が理解できるようになり、ユーザーの興味を引きつけることができます。字幕を付けるとイメージが損なわれてしまうような内容の場合は、映像だけで内容が伝わる構成・演出を意識するとよいでしょう。

最初の3秒で強烈なインパクトを与える動画を

動画を使用する際に意識したいもう1つのポイントは、最初の3秒でユーザーになるべく強烈なインパクトを与えるべきだということです。つまり、最初の3秒で強烈に興味が引かれる内容でないと、ユーザーに見られることなく、ほかの投稿に埋もれてしまうということを意味しています。この3秒という基準は、Facebookの動画広告のディレクションに携わっているクリス・ペープ氏によって提唱されています。それほどユーザーはコンテンツを真剣に見てはいないのです03。

動画はテキストや画像と異なり、ユーザーを強く引きつけるプロモーションツールですが、結局、コンテンツが選ばれる要素は「クオリティ」や「面白さ」に尽きます。まずは、いかにユーザーに興味・関心を持ってもらえるか。それこそが成功の鍵といえるでしょう。

また、投稿に表示されるサムネイルも興味を喚起するうえで重要です。動画のアップロード時に動画のオプションで「Change Thumbnail」をクリックすれば、任意の画像をサムネイルに指定することができます。

03 動画の投稿例

CLOUDPLAY
2014年4月3日・

アクセス解析支援機能のムービーを公開しました。
・機能詳細
http://www.cloudplay.jp/cloudplayとは/アクセス解析支援/
・動画URL... もっと見る

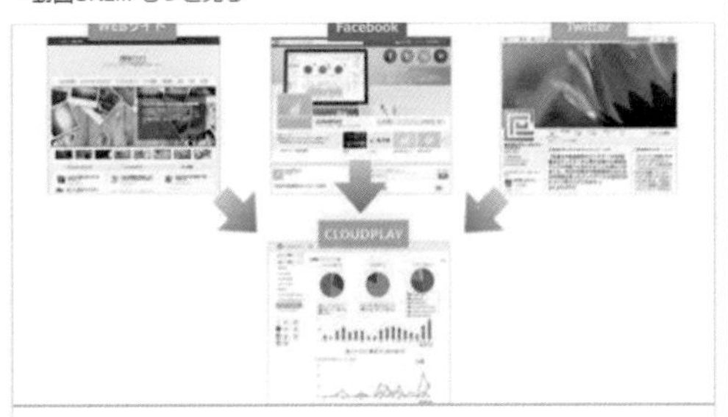

アクセス解析支援
コンテンツマーケティング支援ツール「CLOUDPLAY」に搭載されている「アクセス解析支援機能」の動作イメージです。■現状分析...

動画は最初の3秒でインパクトを与えて引きつけたい。サムネイルも動画の特徴を示すインパクトのあるものを心がける

10 インサイトにより投稿を最適化しよう

インサイトはFacebookページで使える専用の分析機能です。Facebookページのリーチやファンなどを拡大していくためには、絶えずユーザーの興味関心を引きつけられるようコンテンツ内容を分析して改善していく必要がありますが、そのためにはまずインサイトを使ってできることを理解しておくことが大切です。

ページの概要を確認する

Facebookページホームで左メニュー→「プロフェッショナルダッシュボード」→インサイトの「ホーム」の順にクリックすると、「ページの概要」を確認することができます01。

◎発見

投稿のリーチ、投稿へのエンゲージメント※1、ページへの新規「いいね！」、ページの新規フォロワー

◎インタラクション

リアクション※2、コメント、シェア、写真ビュー、リンクのクリック数

◎その他

すべての投稿を非表示にする、フォローをやめた数

01 ページの概要

ページの概要　投稿を作成する　過去28日間
発見
投稿のリーチ　29
投稿へのエンゲージメント　1
ページへの新規「いいね！」　0
ページの新規フォロワー　0

コンテンツごとの「リーチ数」と「エンゲージメント数」を確認する

左メニューの「コンテンツ」をクリックすると、記事ごとのリーチ数とエンゲージメント数が表示されます02。エンゲージメント数とは投稿に反応したユーザーが起こしたアクションの合計数です。 リアクション数（「いいね！」数）、シェア数、コメント数、クリック数（写真・リンク・その他）が含まれます。リーチ数は、その投稿を見たユーザー数です。

どの投稿がより拡散されたのか、その原因は何かを分析し次の投稿へつなげましょう。

02 プロフェッショナルダッシュボードの「コンテンツ」

「コンテンツ」に関するデータを確認できる

※1 エンゲージメント
投稿に対するユーザーの反応のことで、コメント、シェア、クリックなどの行動を指す。

※2 リアクション
投稿を見たユーザーが感情を表現できる機能で、「いいね!」、「超いいね!」、「大切だね」、「うけるね」、「すごいね」、「悲しいね」、「ひどいね」の7種類がある。

オーディエンスを確認する

左メニューの「オーディエンス」をクリックすると、Facebookページをフォローしているユーザーの属性の割合が「性別」「年齢」「居住地域」ごとに確認できます 03。

自社のFacebookページがどんな属性のユーザーに支持されているのかを把握しておくことで今後の投稿記事の方向性や、広告を実施する際のターゲット選定に役立てることができます。

03 オーディエンス分析

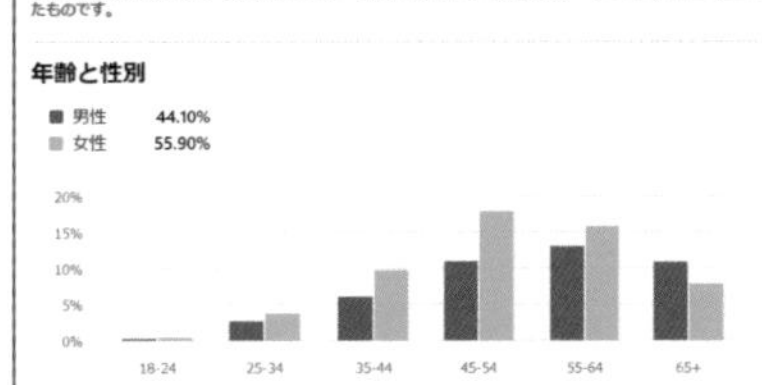

プラットフォームツール「Meta Business Suite」

ページやコンテンツの分析をより詳細に行う場合は、左メニューの「Meta Business Suite」をクリックし、さらに左メニューにある「インサイト」をクリックします。

「Meta Business Suite」では以下を確認できます。

- **概要**:ページ全体のリーチ数、オーディエンス数
- **結果**:日別のリーチ数、インタラクション数、リンククリック数、アクセス数、フォロー数、広告トレンドの推移
- **オーディエンス**:性別・男女別の割合、閲覧上位区域、閲覧上位国
- **ベンチマーキング**:競合ページとの比較

○コンテンツ

- **概要**:過去90日間のコンテンツのリーチ数やエンゲージメント数
- **コンテンツ**:コンテンツごとのリーチ数、アクション数、コメント数、シェア数、リンククリック数、スタンプタップ数、動画再生数、リピート視聴者数、広告の結果など

○動画

- **概要**:動画の再生時間、再生数(3秒/1分)、リアクション数の推移、直近のコンテンツごとのリーチ数、オーディエンス数
- **パフォーマンス**:再生時間とその内訳、コンテンツごとの再生数やリアクション数
- **ベンチマーキング**:ほかすべてのページとの比較
- **オーディエンス**:フォロワーによる動画再生数などの概要
- **ロイヤルティ**:フォロワーのアクティビティやリピート再生数など
- **リテンション**:トラフィックソース、再生時間の割合、平均再生時間、コンテンツごとの再生時間

次のページではそれぞれを詳しく解説していきます。

ページの「概要」、「結果」を確認する

「概要」をクリックすると、Facebookページで獲得した全体のリーチ数と推移およびページ「いいね！」数・フォロワー数・新規ページ「いいね！」獲得数と推移、動画の概要が表示されます。

各数値の推移が右肩上がりに成長しているのか、また際立って数値が伸びた日（もしくは減少した日）があるかどうかなど、全体的な動向をつかみたいときに確認するとよいでしょう。

「結果」は上記に加え、インタラクション数やクリック数の推移などが確認できます。

04 ページでの合計リーチ数やページ「いいね！」数データ

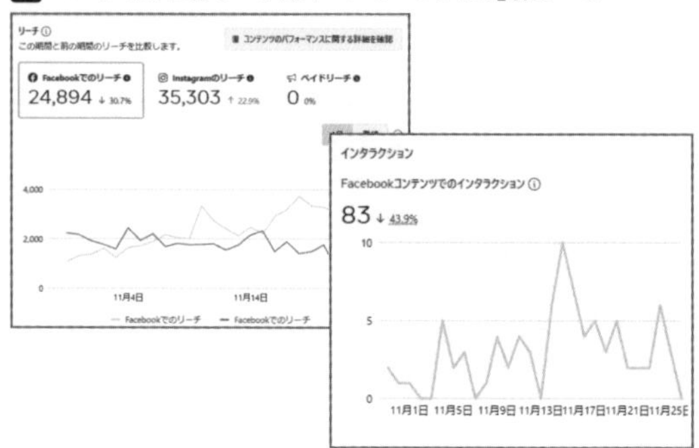

「コンテンツ」を確認する

○概要

過去90日のリーチ数およびエンゲージメント数の数値と前期間との比較が確認できます。投稿種別（画像／リンク／動画／テキスト）の効果も確認できるため、どのタイプの投稿が効果的かなど把握することができます。

05 概要

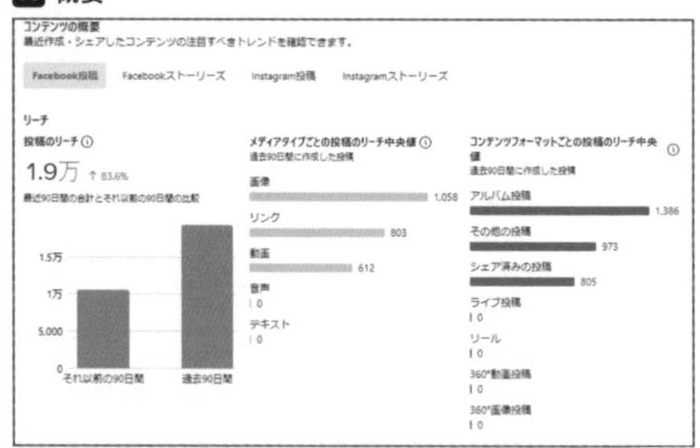

投稿ごとにリーチ数やエンゲージメント数が確認できる

○コンテンツ

投稿コンテンツごとのリーチ数やリアクション数、クリック数やシェア数など主要数値を確認することが可能です。リーチ数の多かった投稿はどれか、エンゲージメントが高かった投稿は何かなど詳しく分析することができます。どの投稿が効果的だったかをおさえておくことは、投稿戦略を考えるうえで非常に重要です。

フィルター機能がついているため、メディアタイプ（Facebook or Instagram）や投稿種別（投稿 or ストーリーズ）、広告の有無などで絞ってデータを抽出することができます。

また、エクスポート機能もあり、期間を指定して出力したいデータをエクスポートし、データ加工を行うことも可能です。

06 コンテンツ

「動画」を確認する

「動画」では投稿した動画に関するデータが確認できます。

○パフォーマンス

指定した期間の日別再生時間と投稿別の再生時間、および動画が1分／3秒以上再生された回数が確認できます。この数値が低い場合は、ユーザーの興味を引きつけることができていない可能性があるため、動画の冒頭を見直しましょう。また、エンゲージメント数も確認できるため、どの動画の反応がよかったかを分析のうえ、次回コンテンツに活かしましょう。

○パフォーマンスのインサイト

さらに動画一覧内にある「インサイトを見る」をクリックすると、動画ごとに詳しく視聴者のアクティビティが確認できます。

視聴時間推移やオーディエンスのリテンション（視聴維持）、エンゲージメント、属性などがわかりやすく表示されます。動画ごとの特徴や傾向を把握して、最後まで見てもらうために有効な内容を分析しましょう。

07 動画のパフォーマンス

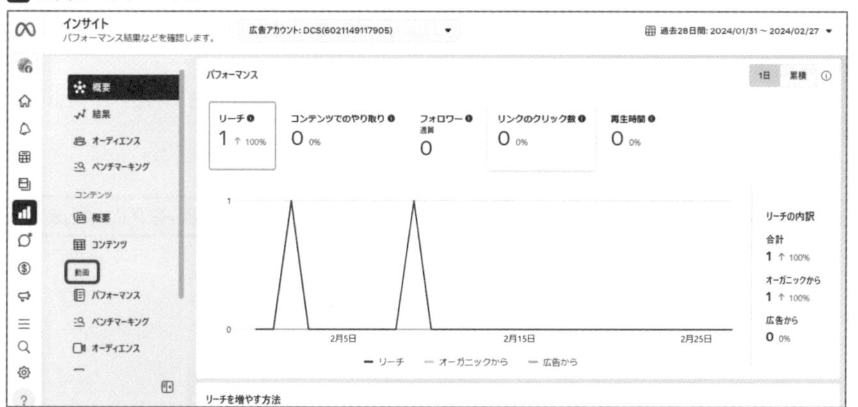

ベンチマーキング、オーディエンス、ロイヤリティ、リテンション

○ベンチマーキング

あなたのページに似たカテゴリーの他ページと指標パフォーマンスを比較したデータが表示されます。

○オーディエンス

オーディエンスの傾向が確認できます。フォロワーとフォロワー以外の数値も確認できるので、どんな投稿がフォロワーに支持されているか見ておきましょう。

○ロイヤリティ

動画を見たフォロワーのアクティビティが確認できます。フォロワーをやめた数なども表示されます。

○リテンション

動画発生場所や再生時間の割合（3秒以上／15秒以上／1分以上）、平均再生時間などの確認ができます。

11

Facebookライブを活用しよう

Facebookはテキスト・写真・動画を投稿することしかできませんでしたが、動画をリアルタイムに配信することが可能になりました。2016年の動画サービススタート時は使えるユーザーが限定されていましたが、現在はすべてのユーザーが利用可能になっています。また、新型コロナウィルス感染症蔓延の影響もあり、2020年頃から利用ユーザー数が増加傾向にあるようです。

「Facebookライブ」の配信方法

Facebookライブは個人アカウント、Facebookページ、Facebookグループからの配信が可能です。本書ではFacebookページからの配信方法について解説します。

パソコンやノートパソコンなどで配信を行う場合は、次の機材が必要になりますので準備してください。

- **Webカメラ**（パソコンまたはノートパソコンにカメラ機能がない場合）
- **マイク**（Webカメラまたはパソコン／ノートパソコンにマイク機能がない場合）

1 Facebookページ内の「ライブ動画」をクリックします。

2 「ライブ動画を作成」画面に遷移するので、実施するFacebookライブの目的に近いものを選択します。
・ライブ配信を開始
・ライブ動画イベントを作成

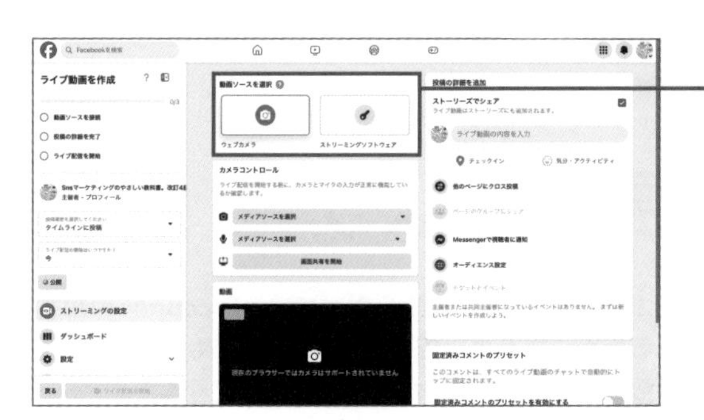

3 動画ソースを選択
ライブ動画の設定を選択してください。
- ウェブカメラ
- ストリーミングソフトウェア

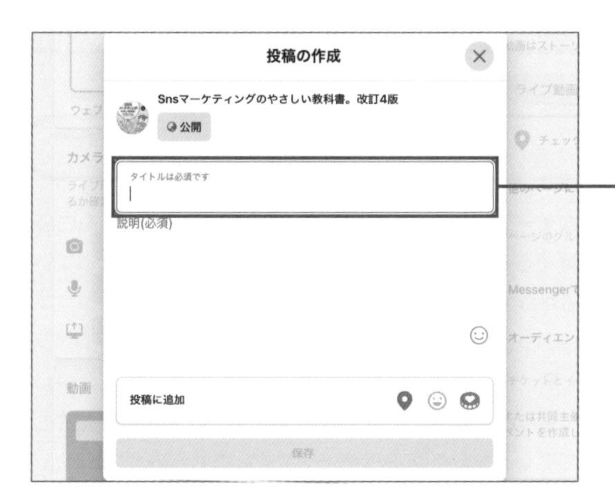

4 ライブ動画の内容を入力
ライブ動画のタイトルと説明を入力して、「保存」をクリックすると、Webカメラが起動するのでプレビュー画面を確認します。

5 ライブ配信を開始
「ライブ配信を開始」をクリックするとライブ配信がスタートします。
配信を終了する際は画面右下の「終了」をクリックします。

Facebookライブの注意点

Facebookライブを使用する際は、常にFacebookのガイドラインと法律を遵守してください。配信内容がコミュニティにポジティブな影響を与えるよう心がけ、不適切な行動は避けましょう。安全かつ責任ある配信で、素晴らしいコミュニケーションを実現してください。

12 規約を意識してキャンペーンを展開しよう

活用編

Facebookでキャンペーンを実施する場合に気を付けなければならないのは、Facebookの規約です。Facebookの規約は頻繁に変更されるため、過去の事例で秀逸だと思えるものを実施しようとしても、規約に触れてしまうケースが多数存在します。そのため、現在実施可能なキャンペーンと実施できないキャンペーンを確認しておきましょう。

実施できるキャンペーン

Facebookで実施できるキャンペーンは、主に以下の2つのパターンに集約されるのではないかと思われます01。それぞれのメリット・デメリットを考慮して、企業・商材に適したものを実施するとよいでしょう。

1つ目は、Facebookページからキャンペーンサイトへユーザーを誘導し、そこから応募してもらうパターンです。こちらのメリットとしては、外部サイトへ誘導するため、Facebookの規約に触れることなくさまざまなキャンペーンを実施することが可能だということが挙げられるでしょう。広告などからWebサイトへ誘導する場合と同様のパターンになります。デメリットとしては、遷移先のWebサイトが応募フォームなどの場合、多少のコスト増が想定されるということが挙げられます。このようなケースでは、SNSにログインすることでかんたんに応募できる外部サービスを利用することが主流になっているからです。

2つ目は、特定のハッシュタグなどを追加したコメントや、Facebookページへのコメントをユーザーに書いてもらい、コメントを書いたユーザーの中から抽選をしてプレゼントを贈るパターンです。こちらのメリットとしては、コメントが増えることでキャンペーン自体がほかのユーザーに拡散される可能性がある点が挙げられます。また、必要なコストはプレゼントに必要なコストのみである点も魅力です。デメリットとしては、抽選やプレゼント送付の手間がかかり、ある程度キャンペーン要員が必要になることです。

01 実施可能なキャンペーンの2つの例

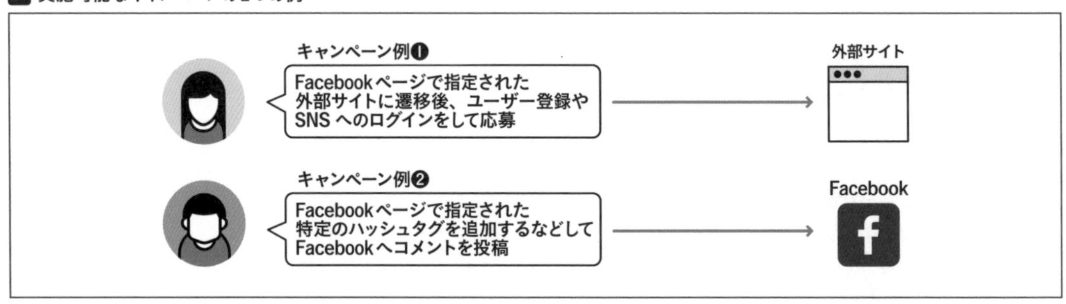

より自由なキャンペーンを行うには❶を、より拡散を狙うなら❷を採用するとよい

※1　タグ付け
一般的には検索、分類のために情報に付けるメタデータのこと。Facebookでは、投稿した写真に「タグ」を付ける行為を指す。タグ付けをすると、タグ付けされた友達の友達にも投稿が公開されるため、相手には事前に了解を得ておくことが望ましい。

実施できないキャンペーン

Facebookの規約の変更により、実施できないキャンペーンが多くあります。以下に例を挙げて解説するので、うっかり実施して規約違反にならないように気を付けましょう。

○タグ付け※1するだけで家具をプレゼント

Facebookに投稿された家具の写真に対して、ユーザーが自分の名前をタグ付けすると、その家具がプレゼントされるという家具量販店のキャンペーンがありました。タグ付けすると、そのユーザーのタイムラインに情報が投稿されるため、どんどんとキャンペーン情報が広がっていくというしくみです。拡散しやすいようにとてもよく考えられたキャンペーンですが、現在は自分でないものにタグ付けすることを推奨してはいけないという規約があります。

○友達に商品をプレゼント

飲料会社のキャンペーンで、友達に飲料会社の商品を贈れるというものがありました。専用のアプリを利用すれば、住所を知らない相手であっても、Facebookの友達であればプレゼントを贈れるという点が評判を呼びましたが、こちらも現在ではまず実施することができません。同じアプリに参加しているユーザーでないと、友達を呼び出すことができないという規約に変更されているからです。つまり、このキャンペーンのアプリに参加しているユーザーどうしでないとプレゼントを贈り合えないということです。この制約が付いた瞬間に、こうしたキャンペーンを自発的に広まっていくものにするのは困難になります。制約内では実施可能ですが、なかなか成果を上げられないでしょう。

○「いいね！」を押して参加するキャンペーン

かつては多く存在していたものとして、「いいね！」を押すことで参加できるようになるキャンペーンが挙げられますが、こちらも現在は行うことができません。何かのインセンティブのために「いいね！」を押させるということ自体を、Facebookは禁止してしまったからです。気軽に参加できることもあり、とても重宝された手法でしたが、この類のキャンペーンが広がりすぎると、低品質なキャンペーンが乱立する可能性があるのです。

規約変更によるチャンスもある

このように、さまざまな切り口でFacebookは規約を変更しています。考えている企画が実施できるかどうかを最新の規約でしっかりと確認してから、実施に進めるように気を付けましょう。その一方で、規約変更はチャンスでもあります。制限されるだけではなく、新たな活用方法が出てくることも多くあるからです。大きな規約変更のときには、一度「どう使えるか」ということも考えてみるとよいでしょう。

13

Facebook広告を活用しよう

Facebook広告は、現在多くの企業に活用されています。ほかの広告サービスよりも設定などが詳細にでき、広告を届けたいユーザーに効率的に広告を表示しやすいという利点があります。うまく活用できるように、Facebook広告の特徴や種類などの基本となるポイントから覚えておきましょう。

Facebook広告の特徴

Facebook広告は、主にニュースフィード上に表示されるディスプレイ広告です。Facebookページのフォロワー獲得や開催するイベントの告知はもちろん、外部サイトへの誘導やカタログ販売、アプリダウンロードを促すなどコンバージョン※1 獲得に特化した広告が可能、とさまざまな目的に対応した広告ができるため、多くの企業・団体で活用されています。

Facebook広告の特徴は、目的別に最適なキャンペーンを選択したり、ターゲットとなるユーザーの属性を詳細に設定することが可能という点です01。こうしたメリットから、無駄のない効率的な広告配信ができます。

ただし、あまりに細かく設定すると、ターゲット数自体が少なくなってしまうため、加減には注意が必要です。

01 Facebook広告では詳細な設定が可能

広告の目的
- 投稿を宣伝
- ページの「いいね！」を増やす
- WhatsAppで問い合わせを増やす
- 電話での問い合わせを増やす
- Webサイトへのアクセスを増やす
- Messengerで問い合わせを増やす
- リードを獲得する
- 近隣エリアにビジネスを宣伝

ターゲット設定
- 地域
- 年齢
- 性別
- 言語
- 詳細ターゲット
  例）興味関心
  利用者層
  行動

無駄がない
配信が可能

※1　コンバージョン
商品の購入や、問い合わせ、ユーザー登録など、Webサイトに来訪したユーザーの行動によって得られる成果のこと。CVとも。

Facebook広告の掲載場所

前述したように、Facebook広告の主な掲載場所はニュースフィードです。通常の記事と調和して掲載されるため、単なる広告よりも注目されやすくなっています。

配信面もFacebookだけではなく、InstagramやMessenger、Meta Audience Network（Metaが提携している外部サイト）など選択することが可能です。

ただし、目標の種類や使用する素材（画像または動画）サイズによって掲載できない配信面もあり、仕様も変更されることがあるので広告を実施する前に「Facebook広告ガイド」(https://www.facebook.com/business/ads-guide/update) を確認しておきましょう。

また、パソコンとスマートフォンでは掲載可能な配信面や見え方が異なるので、あわせて確認しておきましょう 02。

02 パソコンとスマートフォンで異なる掲載場所

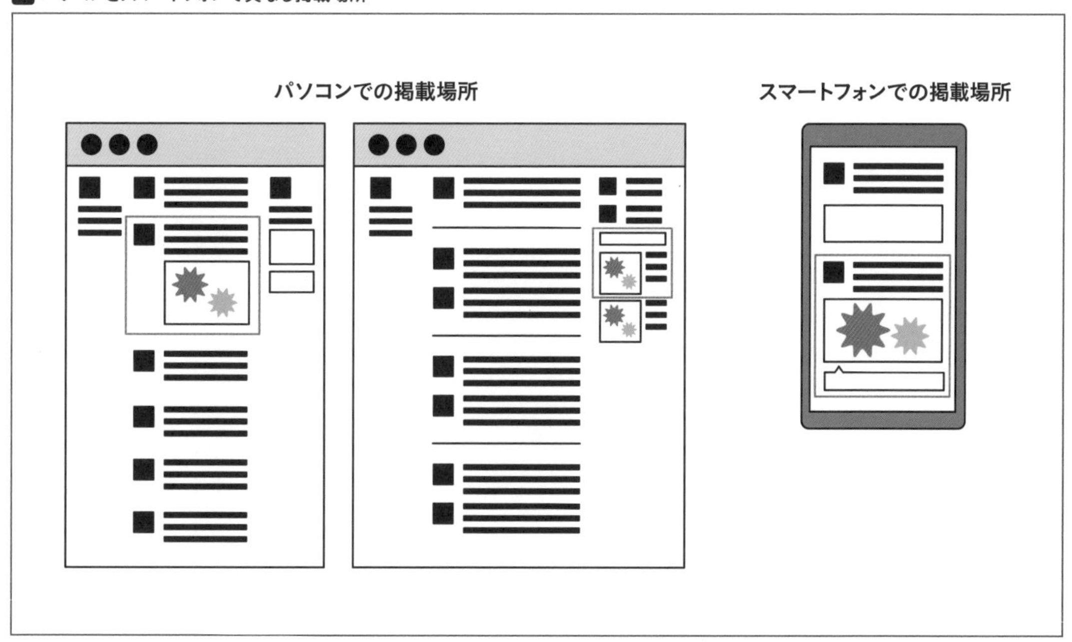

目標別に選べるFacebook広告

Facebook広告では、目的によって最適なキャンペーンが展開できるよう、「自動」を含む6種類の目標が用意されています03。

○電話での問い合わせを増やす

ビジネスで電話を発信する可能性が高い人に広告を表示します。

○ウェブサイトへのアクセスを増やす

サイトへのリンクをクリックしやすいユーザーに広告を配信します。

○問い合わせを増やす

Messengerを使用した問い合わせを増やしたい場合に使用します。メッセージを送信する可能性が高い人に広告を配信します。

○ページへの「いいね！」を増やす

ページをフォローしやすいユーザーに広告を配信します。

○リードを増やす

自社の商品に興味を持っているユーザーの情報（メールアドレスや氏名など）を、インスタントフォームを利用して取得することができます。

なお、「自動」は前述しましたが、これから行う広告の詳細設定に基づいてFacebookが自動でもっとも関連度の高い目標を選択してくれるものです。

このほかにも広告管理ツールである「広告マネージャー」を使用すれば、「認知度」「トラフィック」「エンゲージメント」「リード」「アプリの宣伝」「売上」などという目的でもう少し詳細に広告を配信することができます。ただし、これらの設定は少し専門的であるため、ここでは説明を割愛します（必要な場合は広告代理店に相談するなどしましょう）。

03 Faebook広告の目標

※1　最大5点
ビジネスアカウントを取得し、広告マネージャーを使えば最大10点まで画像や動画を表示させることができる。

※2　コレクション広告
コレクション広告は広告マネージャーからのみ作成可能。使用したい場合は広告代理店などへの相談を推奨。

Facebook広告4つのタイプ

広告デザインは4つのタイプから利用可能です04。どのデザインがより効果的かを試しながら自社に合った広告を作成しましょう。

○画像広告

画像フォーマットを使用して、製品やサービス、ブランドを紹介できます。

推奨される画像のアスペクト比は1.91:1 ～ 1:1、解像度1,080px×1,080px以上、ファイルタイプはJPGまたはPNGです。

○動画広告

動画フォーマットを使用して、商品やサービス、ブランドを新しい方法で紹介できます。動きや音声を入れることで、見る人を引きつけ、商品やブランドストーリーを伝えることができます。

推奨されるアスペクト比は1:1、またはモバイルの場合のみ4:5、解像度は1,080px×1,080px以上、ファイルタイプはMP4、MOVまたはGIFです。

○カルーセル広告

1つの広告で最大5点[※1]の画像や動画を表示し、それぞれに別のリンクを付けることができます。複数の商品を紹介したり、ブランドのストーリーを展開するようデザインすることも可能です。

推奨アスペクト比は1:1、解像度1,080px×1,080px以上、画像・動画のファイルタイプは前述の通りです。

○コレクション広告[※2]

コレクション広告にはカバー画像またはカバー動画があり、そのあとに3点の商品画像が続きます。利用者がコレクション広告をクリックするとフルスクリーンで商品画像が表示されます。

推奨アスペクト比は1.91:1 ～ 1:1、解像度は1,080px×1,080px以上、画像・動画のファイルタイプは前述の通りです。

04 Facebook広告の4つのタイプ

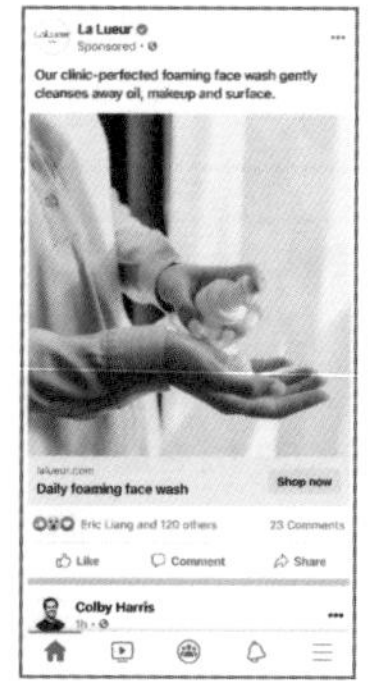

画像広告

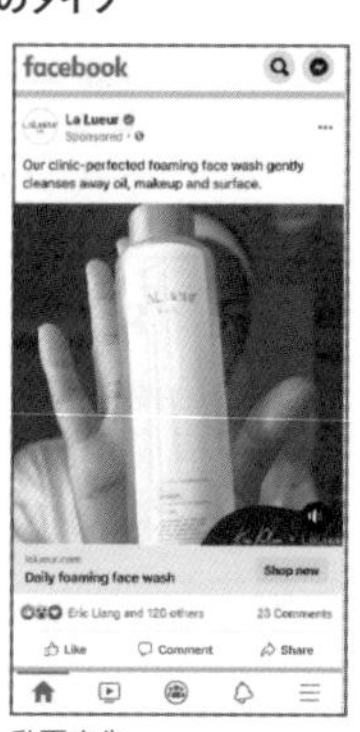

動画広告

カルーセル広告

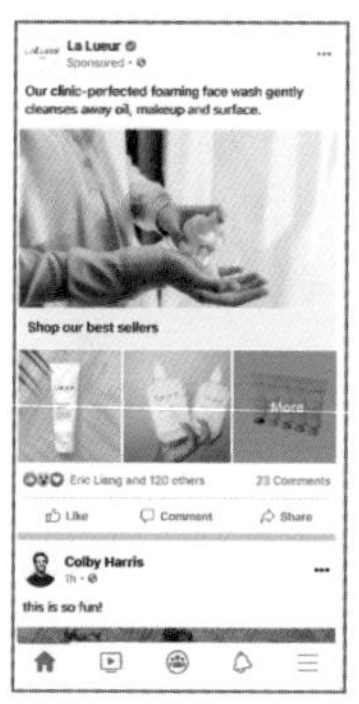

コレクション広告

14 Facebook広告を掲載しよう

Facebook広告は、1クリックあたりのコストが非常に低く、中小企業や個人でも掲載しやすい広告です。Facebookページでビジネスを効果的に展開していくために、ぜひ活用しましょう。ここでは、Facebookページを宣伝するための広告を例にして、一般的な掲載手順を紹介します。

Facebook広告を作成する

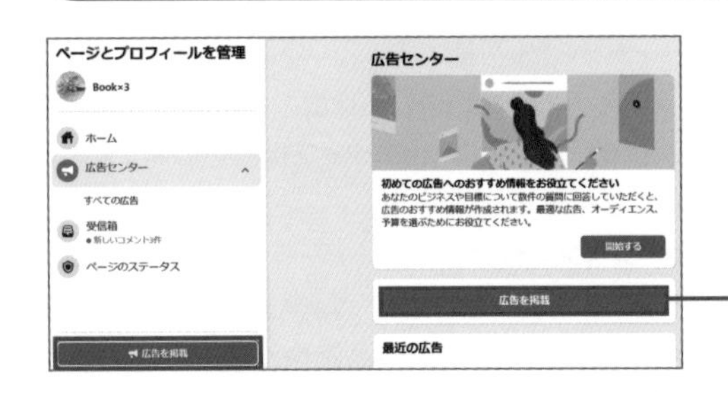

1 Facebookページ左メニュー下部、もしくは右側のフィードにある「広告を作成」、「広告センター」もしくは「宣伝する」をクリックします。
初めて広告を実施する場合は「広告を掲載」ボタンが表示されるのでクリックすると、「広告のタイプを選択」画面に遷移します。

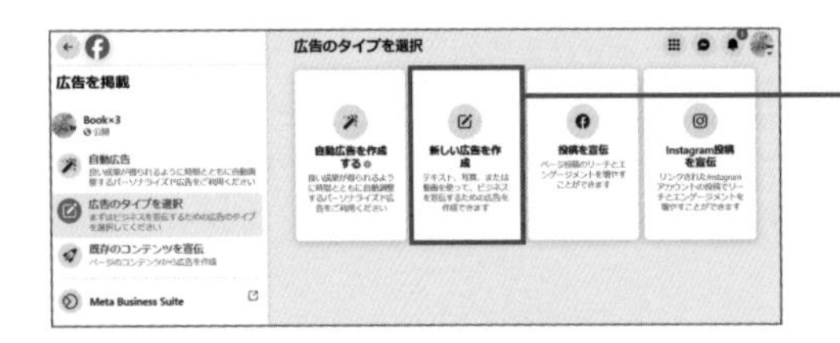

2 実施したい広告のタイプを選択します。
「自動広告を作成する」を選択すると、画面に出てくる質問に答えるだけで広告を作成することができます。
ここでは、自身で目的を選択できる「新しい広告を作成」を例に進めます。

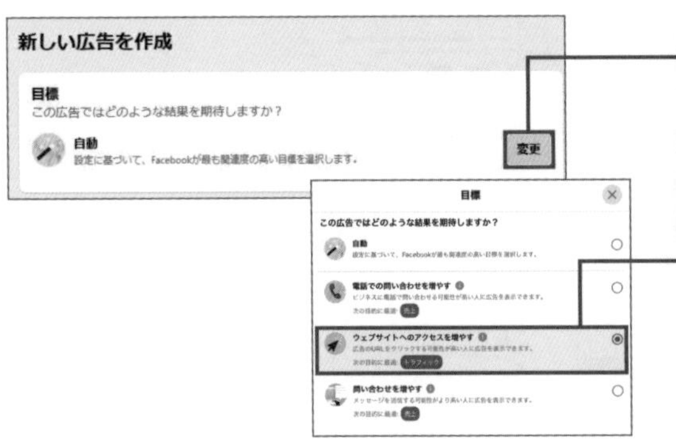

3 目標が「自動」になっているので、「変更」をクリックします。

4 「投稿の宣伝」以外の目標が記載されている一覧がポップアップします。
実施したい広告の目標を選択します。目標がわからない場合は「自動」のままで構いません。
ここでは「ウェブサイトへのアクセスを増やす」を選択します。

そのほかの広告

ビジネスアカウントを作成し、「広告マネージャー」を使用することでさらに「認知」、「アプリの宣伝」、などの広告も利用できるようになります。本書は初心者向けのガイドブックですので割愛しますが、初心者で実施したい方は、代理店などに相談してみましょう。

5 クリエイティブを作成します。まずはテキストを作成しましょう。推奨文字数は半角125文字です。長い文章は途中で「もっと見る」をクリックしないと表示されず、ユーザーにも敬遠される傾向があります。ただし、短すぎても伝わらないので、最初にもっとも伝えたい見出しのようなものを記載し、本文を記載するとよいでしょう。
投稿をそのまま使用することも可能です。その場合は右側の「投稿を使用」をクリックすると、今まで投稿した記事が表示されます。

6 「メディアを選択」をクリックし、広告に使用する画像や動画を設定します。以前投稿したメディアの一覧が表示されるので、その中から選択するか、「アップロード」ボタンをクリックして新たな画像（動画）をアップロードします。

7 リンクの見出し（上限25文字）、クリックボタンのラベル、誘導先のサイトのURLを記載します。
ボタンラベルは右側の下向き矢印をクリックした際に出てくる候補から選択します。

Advantage+ クリエイティブ

パフォーマンスの改善が見込める場合、Facebookのデータを活用して、見る人にさまざまな広告クリエイティブのバリエーションを自動的に配信します。

8 「Advantage+クリエイティブ」は、オンにすると配信する広告の効果改善が見込めます。デフォルトのまま「オン」にしておくことをおすすめします。

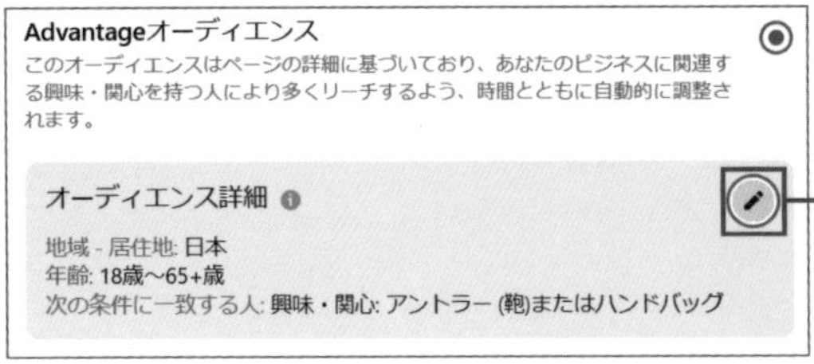

Advantageオーディエンス
このオーディエンスはページの詳細に基づいており、あなたのビジネスに関連する興味・関心を持つ人により多くリーチするよう、時間とともに自動的に調整されます。

オーディエンス詳細
地域 - 居住地: 日本
年齢: 18歳〜65+歳
次の条件に一致する人: 興味・関心: アントラー (鞄)またはハンドバッグ

9 「オーディエンス詳細」で広告を配信するターゲットを具体的に設定していきます。鉛筆アイコンをクリックすると、編集画面がポップアップします。

アップできる画像や動画の仕様

アップできる画像や動画の大きさ、仕様に関しては、Facebook 広告ガイドを参考しましょう。
https://www.facebook.com/business/ads-guide/update

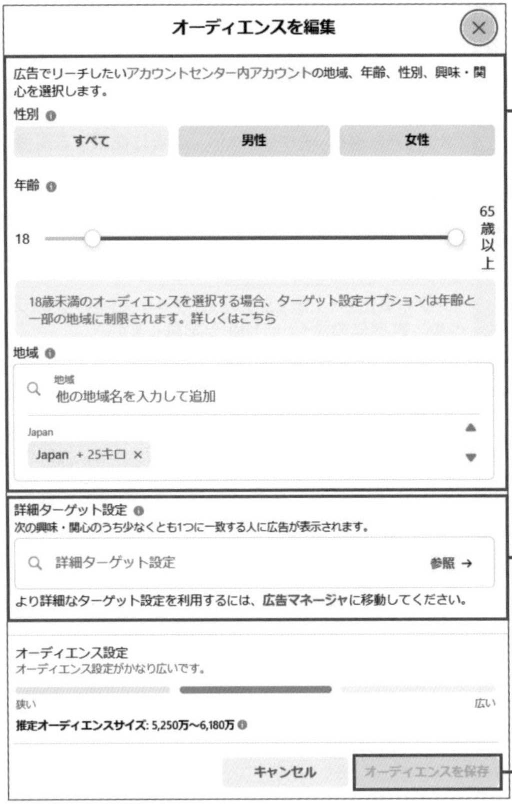

オーディエンスを編集
広告でリーチしたいアカウントセンター内アカウントの地域、年齢、性別、興味・関心を選択します。
性別
すべて 男性 女性
年齢
18 65歳以上
18歳未満のオーディエンスを選択する場合、ターゲット設定オプションは年齢と一部の地域に制限されます。詳しくはこちら
地域
地域
他の地域名を入力して追加
Japan
Japan + 25キロ ×
詳細ターゲット設定
次の興味・関心のうち少なくとも1つに一致する人に広告が表示されます。
詳細ターゲット設定 参照 →
より詳細なターゲット設定を利用するには、広告マネージャに移動してください。
オーディエンス設定
オーディエンス設定がかなり広いです。
狭い 広い
推定オーディエンスサイズ: 5,250万〜6,180万
キャンセル オーディエンスを保存

10 「性別」「年齢」「地域」を設定します。地域は日本の場合、「市」単位（東京都は区）まで設定可能です。

11 「詳細ターゲット設定」（ユーザーの興味関心など）はキーワードを入力すると候補が表示されます。また「参照」をクリックすると「利用者層」「興味関心」「行動」などのタブごとに候補が表示されるので、そこから任意のものをクリックして設定します。

12 最後に「オーディエンスを保存」をクリックします。ポップアップ画面の下に潜在リーチ数（対象ユーザーの数）が表示されるので、あまり狭くならないように調整しながら設定しましょう。

13 広告の期間を指定します。何日に設定しても大丈夫ですが、1週間程度は広告の学習期間です。終了日が決定しておらず、継続的に掲載を予定している場合は、「この広告を継続的に掲載」にチェックを入れてください。

14 1日の金額を指定します。金額を入れると1日の推定リーチ数が表示されます。画面右側でも推定リーチ数やリンククリック数を確認可能です。期間指定をしている場合は支払いの合計額も表示されます。

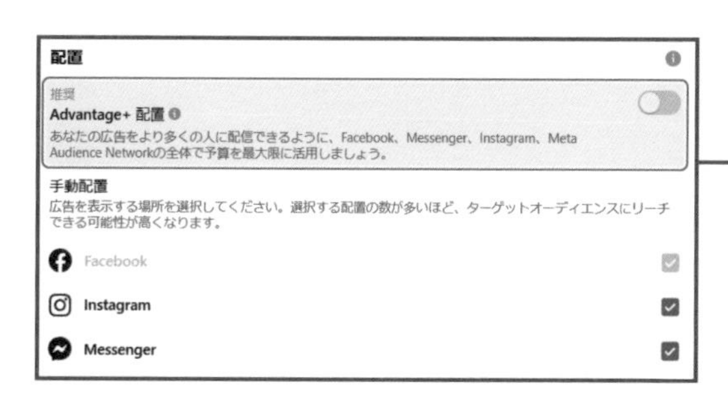

15 配信メディアを設定できます。デフォルトでは配信できるすべてのメディアにチェックが入っているので、出したいメディアが決まっている場合は「Advantage+ 配置」をオフにして配信メディアを決めましょう。
広告はFacebookだけではなくInstagramに出すことも可能です。Instagramのアカウントがなくても出稿可能です。

ヘルプセンターに助けてもらう

途中でエラーが出たりわからなくなったりした場合は、「ヘルプセンター」をクリックするとヘルプページを表示したりメールで問い合わせしたりできます。

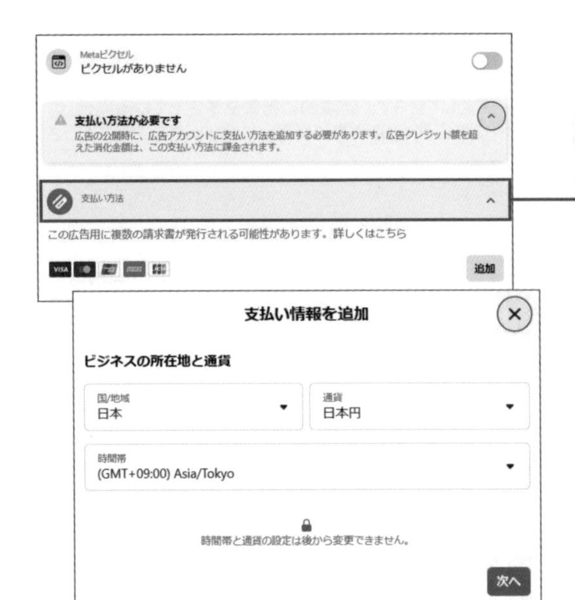

16 「支払い方法を追加」をクリックし、支払い方法を入力します。可能な決済方法はクレジットカードかPayPalです。
使用可能な国際ブランドはAmerican Express、JCB、MasterCard、VISAのいずれかになります。
ポップアップされる登録フォームに沿って、支払い情報を入力していき、最後に「保存」をクリックすれば終了です。

そのほか目的の広告も設定は同様

よく使用される「投稿の宣伝」やそのほかの目的の広告もターゲット設定などは同じです。「投稿の宣伝」は広告文を書く必要もなく、すでに投稿されている記事の中からどの投稿を宣伝するかを選択するだけです。

Facebook広告の審査

Facebook広告は、設定を確定しただけでは必ずしも掲載されるとはかぎりません。広告が掲載される前に、Facebook側の審査を通過する必要があるからです。広告の内容がFacebook広告のポリシーに則っているかどうかなどがチェックされ、通常は数分～数十分ほどで審査が完了します。無事審査に通過するとFacebookページ上部の「お知らせ」にメッセージが届き、掲載が開始されます。万一審査に通過しなかった場合は広告ポリシー（https://transparency.fb.com/ja-jp/policies/ad-standards/）を確認しましょう。

CHAPTER 7

SNSマーケティングの分析と改善

SNSの運用効果をさらに高めていくには、運用データを正確に把握して、投稿内容を適切に改善していく必要があります。SNSの専用ツールや外部ツールを駆使して成果や課題を洗い出し、継続的に改善を行いましょう。

01 分析ツールの使い方を覚えよう

SNSの運用効果を高めていくためには、データの分析が欠かせません。分析にはツールを用いますが、これまでのCHAPTERで紹介した各SNSの分析ツール以外にも、さまざまな分析ツールが存在します。ここでは、そうしたSNSの分析に有用な外部ツールと、その基本的な使い方を紹介します。

BuzzSumoの使い方

BuzzSumoでは、インターネット上に投稿されているコンテンツが主要なSNSでどの程度シェアされているのかを把握することができます。どのようなコンテンツがバズっているのかや、自社に関するコンテンツがどの程度拡散されているのかを把握する場合に重宝します。それ以外にも、インフルエンサーのデータやコンテンツの詳細なデータなどの分析が可能です。無料でも部分的に利用することができますが、機能に大きな制限が課せられているため、本格的に活用する場合は有料版（月額199ドル〜）を利用しましょう。BuzzSumoのWebサイト（https://buzzsumo.com/）にアクセスし、画面上部右側の「30-Day Free Trial」をクリックして、まずは試してみましょう。

◎シェア上位コンテンツの表示

SNS上でシェアされたコンテンツの上位を確認する場合は、「Enter a topic」で調査したいキーワードを入力して検索します01。各SNSごとのシェア数と、SNS全体のエンゲージメント数が表示されます。

◎インフルエンサーの表示

特定のキーワードに関して、X上で影響力のあるユーザーを確認する場合は上部の「Influencers」→「X」をクリックし、調査したいキーワードを検索欄に入力して、「SEARCH」をクリックします02。

01 シェア上位コンテンツの表示

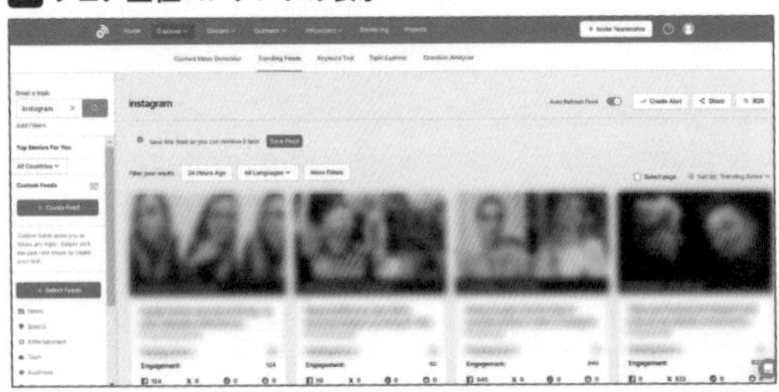

02 インフルエンサーの表示

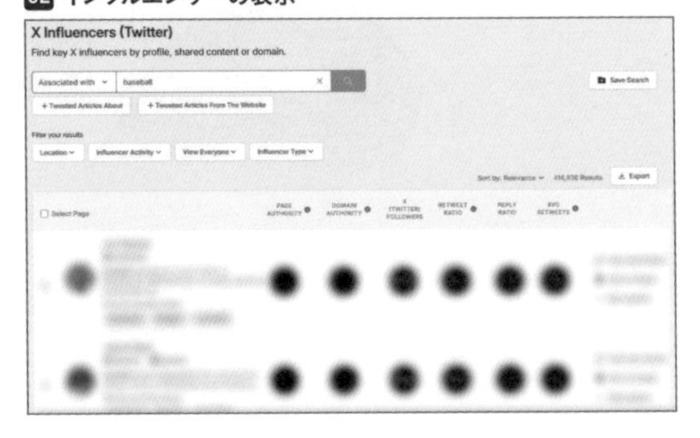

◎モニタリング

あらかじめ任意のキーワードなどを登録しておくことで、そのキーワードに関するコンテンツをモニタリングし、その通知をメールで受け取ることもできます。自社のブランド名や商品名、関連するキーワードなどを長期的に調査する場合に有効です。モニタリングの設定をするには、まず「Monitoring」をクリックし、「Keyword」をクリックします。次の画面03で、モニタリングしたいキーワードとメールに関する設定を行います。設定が完了すると、登録したメールアドレスに、キーワードと関連したコンテンツ情報が配信されます。

◎コンテンツの分析

「Content」→「Content Analyzer」をクリックすると、コンテンツの分析画面が表示されます。調査したいキーワードを検索欄に入力すると、そのキーワードに関するコンテンツの詳細な分析データが確認できます。たとえば、「View Analysis Report」04では、そのキーワードの月別のエンゲージメント推移や、どのSNSメディアでエンゲージメントが高いのか、また、どのコンテンツタイプ（動画または画像、レビューなど）でエンゲージメントが高いのかなどを確認することができます。同じキーワードに関するコンテンツであっても、SNSやコンテンツの種類によってシェアされる傾向が異なることも多いため、ここでSNSやコンテンツの種類ごとのデータを比較しておくとよいでしょう。

◎トレンドの分析

「Discover」→「Trending Feeds」をクリックして、さらに左メニューの「All countries」をクリックし、「Japan」を選択すると、日本のSNSでトレンドとなっているコンテンツが一覧表示されます。画面上部の「Sort by」でXやFacebookでの人気順に並べ替えることもできます。どのようなトピックが話題になっているのかを把握したい場合に参考にするとよいでしょう05。

03 モニタリングの設定

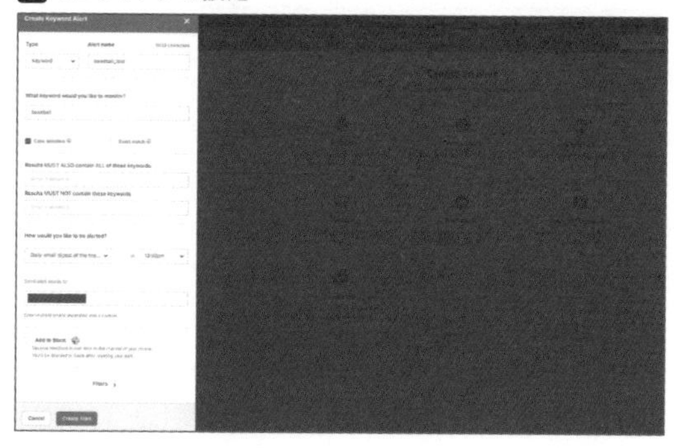

04 コンテンツの分析画面

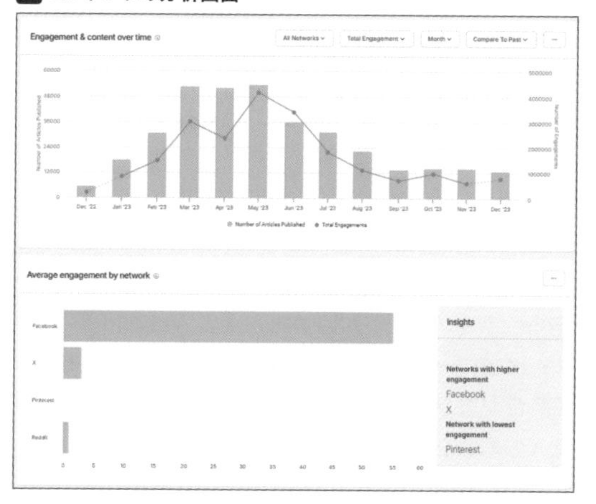

05 トレンドの分析画面

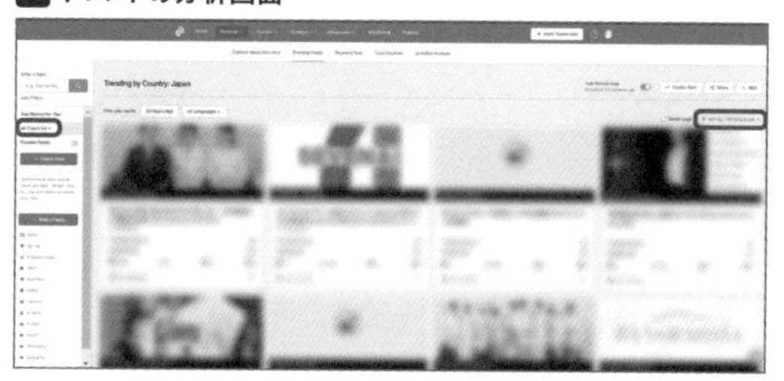

右：「All countries」　左：「Sort by」

Similarweb PROの使い方

Similarweb PROは、Webサイトのアクセス状況を解析できるツールです。自社サイトでなくとも解析することができるため、主に競合他社のWebサイトとのユーザー流入の比較に使われているツールですが、SNS関連データの分析にも優れています。競合他社のWebサイトとの差とあわせてSNS関連のデータを把握することで、新たな施策を検討するのに役立つでしょう。無料版と有料版がありますが、ここでは無料版の主な機能を紹介します。Similarweb PROのWebサイト(https://www.similarweb.com)にアクセスし、アカウントを作成後、表示される画面で「Search for a website or keyword」の入力欄に調査したいWebサイトのURLを入力します06。

◎流入もとの割合

左メニューの「ウェブサイト分析」→「トラフィック」→「マーケティングチャネル」から、そのWebサイトのトラフィックのチャネル別内訳が確認できます。流入もと別に割合が表示され、「ソーシャル」の項目でSNS経由の流入の割合を確認することができます07。

◎SNSごとの流入割合

SNSからWebサイトへの流入数を詳細に分析するには、左メニューの「ウェブサイト分析」→「ソーシャル」をクリックします。この画面にはSNSごとの内訳も表示されます08。また、SNSからの流入月別推移も確認可能です09。

Similarweb PROはトライアルで7日間試用することもできるため、まずは試してみるとよいでしょう。

06 Similarweb PRO

07 流入もとの割合

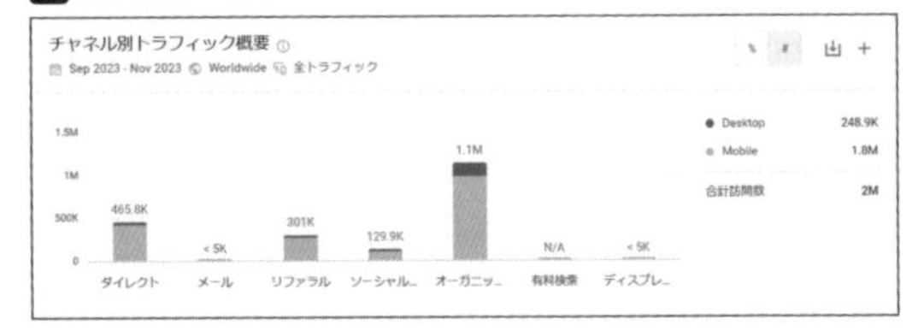

08 SNSごとの流入割合

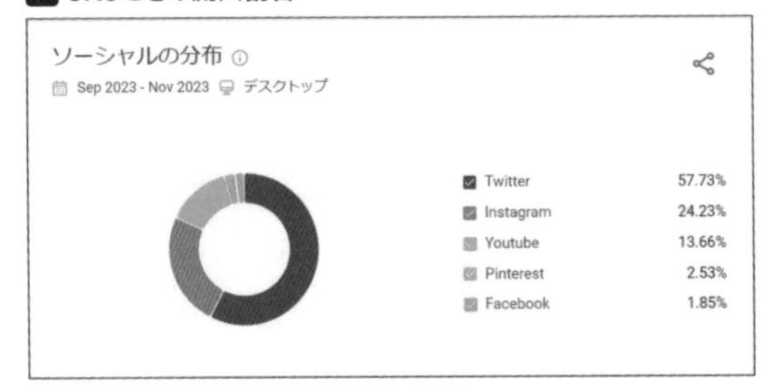

09 SNSからの流入割合

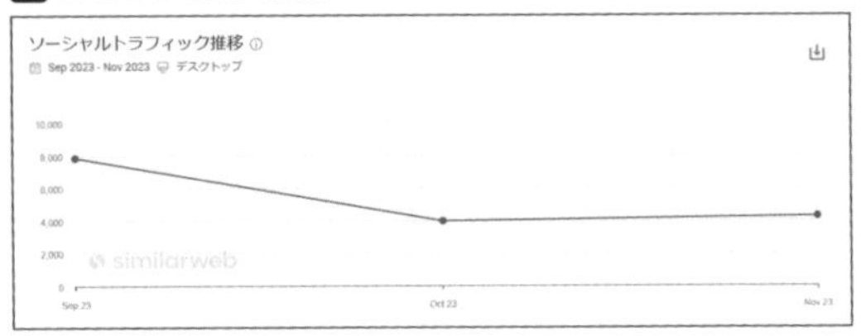

SNSマーケティングの分析ポイントを把握しよう

分析編

分析ツールの使い方を把握したら、実際にデータを分析していきましょう。SNSのデータを分析する方法やポイントは、SNSマーケティングの目的などによって異なります。ここでは、ブランディング、集客を目的とした場合を中心に想定し、それぞれの基本的な分析方法を解説します。

ブランディングでの分析ポイント

SNSの目的が認知度向上などのブランディングにある場合は、どれだけのユーザーにアカウントや投稿が見られたかを表す指標を見ることで、認知度が高まったかどうかを判断することができます。

◎アカウントの分析ポイント

まずはアカウント全体の状況を把握して、目標の達成状況や数値に大きな変化が起きていないかを確認してみましょう。ブランディングの向上の度合いを把握するために有効な、SNS別の確認箇所をまとめておきます。

InstagramおよびFacebookは、「Meta Business Suite」→「インサイト」(P.178以降参照)→「概要」でリーチ数やフォロワー数の推移を確認しましょう。Xでも「アナリティクス」という分析ツールが無料で利用できます。「アナリティクス」画面上部にインプレッションとフォロワー数の推移が表示されるので確認しましょう(P.097以降参照)。

◎投稿の分析ポイント

次に、投稿別の効果を確認して、ブランディングの向上に貢献しやすい投稿内容、貢献しづらい投稿内容の傾向を把握しましょう。投稿別のブランディング効果を把握するために有効な、SNS別の確認箇所をまとめておきます。

InstagramおよびFacebookでは、「Meta Business Suite」→「インサイト」→「コンテンツ」をクリックし、「公開済みの投稿」のリーチ数を確認します 01 。Xでは、「アナリティクス」画面に表示されたポストの右下にある「全てのツイートアクティビティを表示」をクリックして、ポスト別のインプレッション数を確認しましょう 02 。

01 「公開済みの投稿」のリーチ数の確認

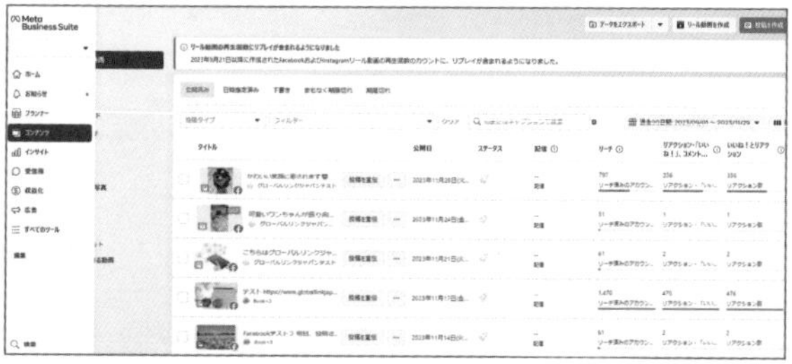

02 ポスト別のインプレッション数の確認

自社に関する情報をモニタリングする

「自社のアカウントや投稿がどれだけのユーザーに見られたか」などの内部のデータを把握することだけでなく、「自社に関する情報がどれだけ話題になっているか」という外部のデータをモニタリングして、定量的に把握することも重要です。SNSの活用目的が認知度向上などのブランディングにある場合は、認知度が高まったかどうかを判断するための基準として、この指標を利用するとよいでしょう。この場合、自社に関するキーワードやURLを含む外部コンテンツの拡散数や、自社に関するハッシュタグの出現数などを確認することが第一です。

◎キーワードやURLのモニタリング

自社に関するキーワードやURLは、BuzzSumoを使って分析します。BuzzSumoの管理画面で「Discover」→「Trending」をクリックし、検索欄に企業名やサービス名、ブランド名などのキーワードやURLを入力して検索すると、それらを含む外部コンテンツのうち、SNSで話題になっているものを把握することができます03。どのようなSNSでどれくらい自社のことが話題になっているのかを、SNSごとの違いを意識しながら確認してみましょう。また、「Monitoring」→「Keywords」をクリックしてキーワードを登録すると、そのキーワードを含むコンテンツのアラートをメールで受け取ることもできます(P.197参照)。

◎ハッシュタグのモニタリング

Yahoo!のリアルタイム検索（https://search.yahoo.co.jp/realtime）で、検索欄に任意のハッシュタグを入力して「検索」をクリックすると、そのハッシュタグを含むポストが新着順に一覧表示されます。画面右側のエリアには、そのハッシュタグを含むポスト数の分析グラフが表示されます04。タブで期間を切り替えると、過去30日間までの推移が確認できるため、話題性が上昇傾向にあるか下降傾向にあるかをかんたんに把握することができます。

◎アカウントや投稿のモニタリング

外部データの把握とあわせて、自社に関する内部データも確認しておきましょう。ここでは、SNSの情報の拡散性を示すエンゲージメント数の把握が重要です。

InstagramおよびFacebookの場合は、「Meta Business Suite」→「インサイト」→「結果」をクリックし、「コンテンツでのインタラクション」を確認してアカウント全体のエンゲージメント数を確認します。投稿別のエンゲージメント数は、左メニューから「コンテンツ」をクリックして確認します。Xの場合は、「アナリティクス」画面左上メニューの「ツイート」をクリックして、画面右側の「エンゲージメント数」からアカウント全体のエンゲージメント数を確認できます。この画面で投稿ごとの「ツイートアクティビティを表示」をクリックすると、エンゲージメントの内訳がわかります。

03 BuzzSumoによるキーワード検索

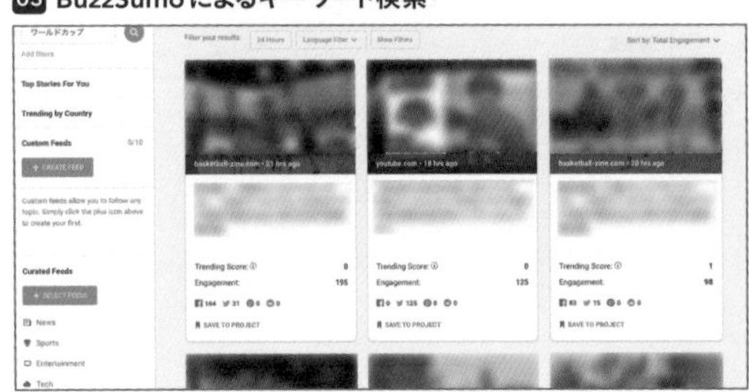

04 Yahoo!JAPANによるリアルタイム検索

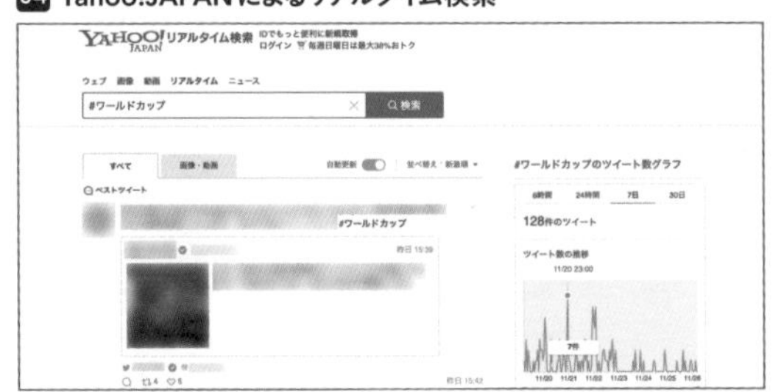

03 SNSマーケティングの改善ポイントをおさえよう

これまでにSNSのデータの分析方法を解説してきましたが、分析するだけでは、現状や問題点の把握に留まってしまいます。分析結果をもとに具体的な改善方法を導き出すことが大切です。改善するためのポイントにはさまざまなものがあるため、目的や状況に応じて使い分けられるようにしましょう。

ブランディングでの改善ポイント

SNSの活用目的をブランディングとしている場合、どれだけのユーザーにアカウントや投稿が見られたかを表す指標を分析し、数値に大きな変化があった際は直ちに要因を分析する必要があります。以下の手順を参考にして、SNSごとに分析した結果から投稿内容を改善してみましょう。

◎Instagram・Facebook

両メディアともに「Meta Business Suite」を使用して分析します。「インサイト」→「結果」から合計リーチ数やインタラクション数の推移を確認し、大きな変化が起こった日付または期間を特定します。抽出期間は画面右上で設定できます。次に左メニューから「コンテンツ」をクリックし、原因となった投稿を特定し、ほかの投稿と比べてインタラクションのどの数値が大きく変化したかを確認します。その要因を推測し、投稿内容を改善してみましょう。

◎X

Xアナリティクスの「ツイートアクティビティ」で日別のインプレッションを確認し、大きな変化が起こった日付または期間を特定します 01。続いて、すぐ下に表示されているポストの一覧から、その期間に投稿したポストをピックアップします。インプレッション数の多いほかのポストと比べて数値が大きく変化した要因を推測し、投稿内容を改善してみましょう。

◎改善のくり返し

その後も、「数値の比較」、「変化要因の推測」、「推測をもとにした投稿内容の改善」をくり返してコンテンツを継続的に改善していきます。また、数値が下降傾向にある場合やほとんど変化がない場合でも、SNSの運用効果を高めていくためには、投稿内容の改善が必要になってきます。そのような場合は投稿内容がニーズと一致していない可能性があるため、ファンやフォロワーの属性を確認して、その人たちに対して適切な投稿内容になっているかを見直してみましょう。

01 大きな変化に注目する

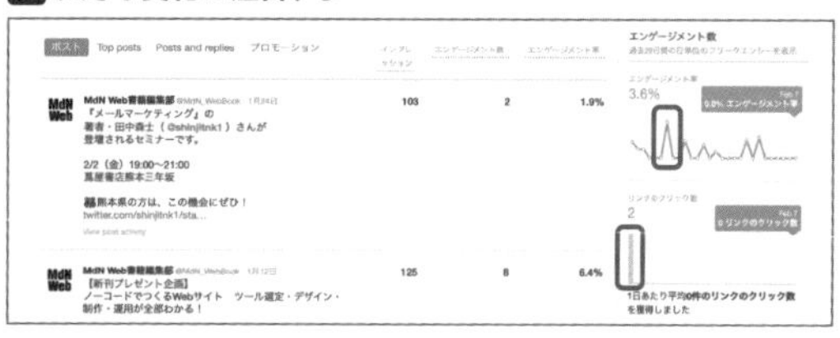

急増していたり急減していたりする部分に注目し、原因を突き止める

集客での改善ポイント

SNSの活用目的を集客としている場合は、SNSからWebサイトへどれだけのユーザー流入があったかを表す指標を分析します。Googleアナリティクス（P.204参照）では「セッションの参照元／メディア」画面を、Facebookページでは「投稿クリック数」を、Xでは「リンクのクリック数」を確認しましょう（Instagramはフィード投稿にリンクを貼ることはできません）。ここでもやはり、数値に大きな変化が見られる場合は、改善の緊急性が高いと考えられます。

また、競合他社のデータを分析して集客を改善する方法も有効です。

◎インサイトでの競合他社の分析

InstagramおよびFacebookの場合は、競合他社のデータを取得できます。Meta Business Suite左側の「インサイト」→「ベンチマーキング」→「チェックするビジネス」→「ビジネスを追加」をクリックして、競合ページ（Instagramであれば競合アカウント）を登録します。最大100件まで登録可能です。

設定したあとで、競合Facebookページ（Instagramであれば競合アカウント）のページいいね数（Instagramの場合はフォロー数）、いいね数（フォロワー数）の増加数、投稿数を確認できるようになります。フォロワー数の増加数と投稿数は過去28日間で集計されます。

急にページいいね数やフォロワー数が増加している場合は、競合のアカウントにページ遷移してエンゲージメントが高い投稿がなかったか確認してみましょう。

◎Similarweb PROでの競合他社の分析

Similarweb PROを利用する場合は、競合サイトのURLを検索欄に入力したうえで、「トラフィック概要」と「トラフィックソース」を確認しましょう。総トラフィックとソーシャル流入の割合から見て、自社サイトより競合サイトのほうがSNSからの流入が多い場合は、競合サイトがどのSNSから集客しているのかを「ソーシャル」で確認します。そのSNSにアクセスして、どのような内容を投稿しているのか、どのような文言や見た目でWebサイトへ誘導しているのかを確認し、自社の投稿に取り入れてみましょう。

02「Meta Business Suite」の「ベンチマーキング」ページ

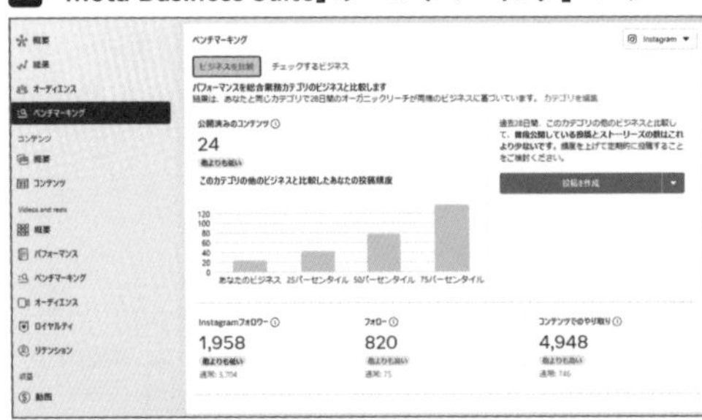

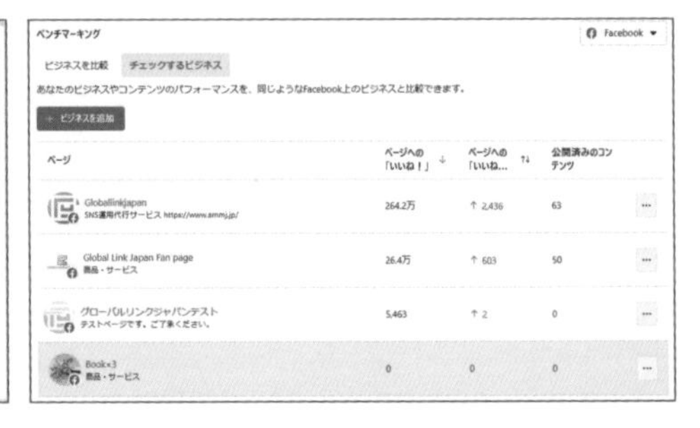

一度では改善できない

改善策を導き出すプロセスでは仮説や推測をともなうことが大半のため、一度の施策によって問題がすべて解消することは稀です。トライアルアンドエラーをくり返して改善を積み重ねることで、問題が解消されていくイメージを持つとよいでしょう。

自社情報のモニタリングからの改善ポイント

自社に関する情報のモニタリングから投稿を改善する場合は、P.199で解説した分析ポイントを確認します。その結果、前月や前日の数値と比べて大きな変化が見られる場合は、早急な対応が必要な異変が起こっている可能性があります。とくにアカウントや投稿の分析では、数値が変化した前後の投稿内容を比較してその要因を推測し、早急に投稿内容を改善しましょう。

◎長期的な改善

ブランディングをSNSの活用目的としている場合は、継続的にその変化をモニタリングしていかなければなりません。キーワード、URL、ハッシュタグの拡散数や出現数が停滞または減少している場合は、インフルエンサーやエンゲージメントの高いユーザーによる言及回数が伸びていない可能性が考えられます。BuzzSumoなどのツールでインフルエンサーを特定し、彼らの興味・関心が高そうな話題やハッシュタグを投稿内容に取り入れられないか検討してみましょう。

結局のところ、個々の投稿の改善を積み重ねていくことが、アカウント全体のエンゲージメントを改善することにもつながります。Meta Business SuiteやXアナリティクスでエンゲージメント数の多い投稿記事を定期的にピックアップし、その要因を推測して投稿内容をくり返し改善していきましょう。

◎短期的な改善

数値の異変がネガティブな要因によって起こっている場合、そのまま放置してしまうと炎上のリスクが高まります。すぐに異変に気付き、一刻でも早く対応することが肝心です。Meta Business SuiteやXアナリティクス、BuzzSumoなどを使って、定期的に関連数値の変化を確認するようにしましょう。また、数値の変化がネガティブな要因によって起こっている場合、InstagramおよびFacebookではコメントやメッセージ、Xではリプライやダイレクトメッセージなどにユーザーからの不平不満が現れやすいため、あわせてチェックするようにしましょう。

03 Buzz Sumo

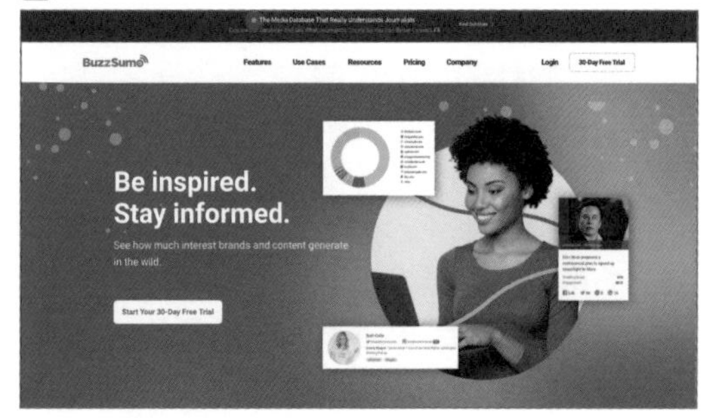

https://buzzsumo.com

優先順位を決めておく

モニタリングの改善には長期と短期の視点があることに注意が必要です。また、改善すべきポイントが多い状況にある場合は、どれから対処するのかという優先順位を付けるようにしないと、どれも中途半端な施策になってしまう可能性があります。留意して優先順位を定めておきましょう。

COLUMN

Google Analytics 4

Google Analytics 4（GA4）は、Webサイトやアプリのトラフィックを分析するための最新分析ツールです。このツールは、より洗練されたユーザー行動の理解と、Webサイトやアプリのパフォーマンス改善に役立つ洞察を提供することを目的としています。とくにSNSマーケティングにおいては、GA4が提供するデータと分析機能は非常に役立ちます 01。

従来のGoogle Analyticsと比較して、GA4はユーザー行動をより詳細に追跡し、SNS経由での訪問やSNSキャンペーンの効果を含む重要な指標を提供します。これによりマーケターは、SNSキャンペーンの成果を正確に測定し、改善点を見つけることが可能になります。

SNS別流入数の確認方法

1 GA4のホーム画面左メニューの「ホーム」下の「レポート」をクリックします。

2 右メニューの「ライフサイクル」→「集客」→「トラフィック獲得」をクリックします。

3 画面中央の「セッションのデフォルトチャネルグループ」→「セッションの参照元／メディア」をクリックします。

4 SNS別に流入数を確認できます 01。

GA4の仕様

GA4はイベントベースでユーザーアクションを追跡し、ページビュー、ボタンクリック、動画視聴などを詳細に記録します。これにより、SNSからの訪問者の行動分析が可能になります。加えて、ユーザーの行動や属性に基づくセグメント化によって、SNSユーザーとWebサイトの相互作用を深く理解し、パーソナライズされたマーケティング戦略を展開できます。これらの機能を駆使することで、SNSマーケティングの精度を高め、ユーザー理解を深化させることが可能です。

GA4は、SNS戦略の最適化とマーケティング成果の最大化を支援する強力なツールとして、マーケティング担当者にとって欠かせない存在です。

01 GA4使用画面

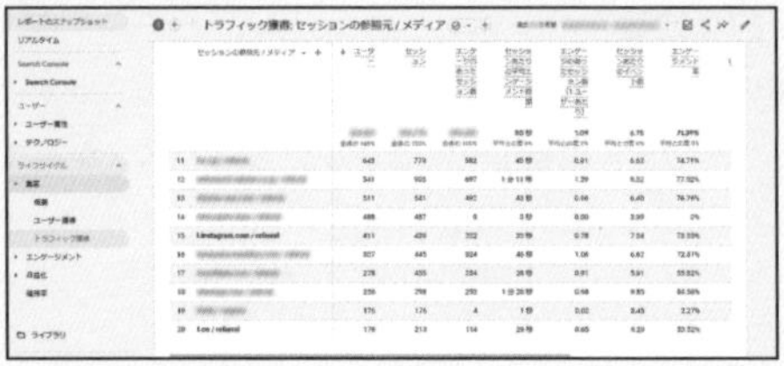

04

ランディングページを最適化しよう

ユーザーにSNSの投稿に興味を持ってもらい、リンクをクリックさせることに成功しても、リンク先にある肝心のランディングページが期待外れでは、シェアなどのエンゲージメントは獲得できません。そのような機会損失がないように、ランディングページを最適なものに仕上げておきましょう。文字数の最適化やスマートフォン対応などを中心に、改善ポイントを解説します。

記事の最適な文字数とは

文字数を増やしてもエンゲージメントが増えるかどうかわからないため、リンク先のランディングページの記事はなるべく少ない文字数で済ませたいと考えている人も多いのではないでしょうか。しかし「文字数を増やすとエンゲージメントが増える」という事実があるとすると、反対にしっかりとした文字数まで書こうとする人が多いのではないかと思います。そういった文字数の迷いを取り除かなければ、中途半端な文字数の記事に落ち着き、いたずらに無駄や機会損失を招くことにもなりかねません。そのようなことがないように、エンゲージメントを増やすために最適なランディングページの文字数について考えてみましょう。

もっとも、文字の量によってコンテンツに対する印象が変わるということはあるような気がしますが、文字数を基準にシェアするかどうかを決めるユーザーはさすがにいないと思ってよいでしょう。冒頭ではコンテンツを配信する側の立場で心境を述べましたが、実際にコンテンツを読む側の立場で考えてみましょう。たとえば今この記事を読みながら、「何文字以上だったらシェアしよう」などとは考えないはずです。それよりも、どれほど充実した内容であるのかのほうに、ユーザーは関心を持っているのではないでしょうか。しかし、「記事の文字数」と「エンゲージメント数」の関連性について調査された資料を調べてみると、こうした感覚に反するような結果が確認できるのです。

文字数と被リンク数はほぼ比例する

SEOの解析ツールなどで有名なMozの調査（https://moz.com/blog/what-kind-of-content-gets-links-in-2012）によると、コンテンツの長さとコンテンツが獲得したリンクの数には、明確な相関関係があるとされています。文字数の多い順に記事の被リンク数を示した調査グラフを見ると、確かに文字数が多くなるにつれて被リンク数が増えていく傾向が確認できます。文字数と被リンクの数はおおむね比例しているといえるでしょう。もっとも被リンク数の多い記事の文字数は、実に35,000字にもおよんでいるほどです。文字数が多すぎるとユーザーから敬遠されてしまうのではないかという印象があるものですが、実際は正反対だということです。記事の文字数を抑え目にしている場合は、とくに注意しましょう。

1,500字以上が基準になる

起業家であり著名なブロガーでもあるニール・パテル氏が300以上におよぶ自身のブログ記事を調べたところ、1,500字（欧文）を超える記事では、そうでない記事に比べて以下のような現象が見られたと述べています。

「Facebookでは22.6%も多く『いいね！』が獲得できた」

「Xでは68.1%も多くポストされた」

前述したMozの調査とは異なり、コンテンツが長ければ長いほど効果的であるかどうかまでは明らかになっていませんが、1,500という文字数を基準に見ると、やはり長いコンテンツのほうがシェアなどのエンゲージメントを獲得しやすいことは間違いなさそうです。

SNSに投稿されている記事を見ると、興味を誘う概要記事にリンクを付けて自社のWebサイトやブログにユーザーを誘導するケースが一般的です。読み手からすると、わざわざ別のWebサイトに移動するのであれば、それなりに読み応えのある記事を期待してしまいます。実際にWebサイトに訪れてみて、記事のボリュームの少なさにがっかりした経験がある人もいるのではないでしょうか。1,500字（和文の場合は最低750字）というボリュームを基準とし、読み応えのあるランディングページを用意するように心がけましょう 01。

01 ボリュームのある記事の例

thisPLAY

コンテンツマーケティングで活きる「トリプルメディアの設計図」

コンテンツマーケティングを考えるうえで「オウンドメディア」のみに目を向けている場合は、要注意です。コンテンツマーケティングは、トリプルメディアを効果的に組み合わせることが成功への近道です。

そもそも「トリプルメディア」という単語について聞いたことがある、大まかには理解しているという方は、WEBマーケティングに明るい方だと思いますが、いま一度それぞれの定義と、効果的な使い方について記述します。

①ペイドメディア

英語で「支払う」を意味するペイド(paid)メディア。前提として、そのメディアの「使用料」がかかります。イメージしやすいところですと、TVのスポット広告や、屋外広告や、WEBのバナー広告や動画広告などがこれにあたります。ペイドメディアは、ブランディングなど『伝えたい情報を正しく広めたいとき』や、『新規ユーザーへのリーチ』といった理由で使います。リーチに関しては、広告出稿量やターゲットのセグメントを変えることで、思い通りのターゲットへ情報を届けることができます。

②アーンドメディア

英語で「(信頼を)得る」を意味するアーンド(earned)メディア。他のメディアと最も大きく異なる点は「企業が主体となって発信しているメディアではない」こと。情報発信源となっているのは、ユーザー自身や、第三者の立場でブランドを評価する人物や、ニュース・クチコミ・専門系メディア。つまり、商品の自己紹介ではなく「他己紹介」にあたります。ユーザーと双方向でコミュニケーションがとれることと、自己紹介型のメディアに比べて、信頼を得やすいところが特徴のため、短期的に商品・サービスのファンをつくることができます。

③オウンドメディア

英語で「所有する」を意味するオウンド(owned)メディア。つまり、自社のWEBサイトや自社

SNSから誘導して読ませる以上、一定以上のボリュームの記事を用意したい

適正文字数は認知度で変わる

ただし、文字数が多ければ多いほどよいというわけでもなさそうです。Copy Hackers社がWebページの適正な長さの判断方法を分析していますが、ユーザーの課題や解決策の認知度によって、Webページの適正なボリュームが変わるとしています。

商品やサービスの認知度自体にも共通してると思いますが、商品やサービスがユーザーの課題をどのように解決していくのかが理解しやすいものであれば、説明は少なくても問題ありません。しかし、理解しにくいものであれば、ある程度の説明が必要になるということです 02。

自社の商品やサービスは多くの説明が必要なのかをあらためて考えてみましょう。説明が少なくても理解できるものであれば、必要以上に長い記事を書くのは適切とはいえません。商品やサービス自体の認知度とあわせて、文章量を検討してみるとよいでしょう。

02 文字数と認知度の関係

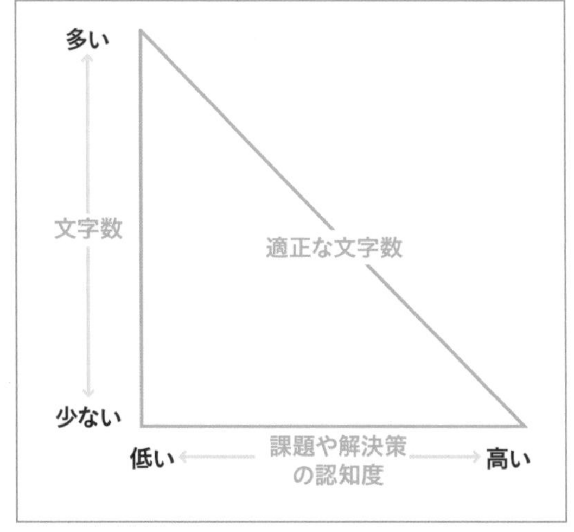

商品やサービスによる課題解決策の認知度が高ければ、必要な文字数は少なくなる

スマートフォンに最適化する

総務省情報通信白書令和5年版（https://www.soumu.go.jp/johotsusintokei/whitepaper/ja/r05/html/datashu.html#f00281）によれば、インターネットを利用しているユーザーの71.2%は、スマートフォンから閲覧しているとされています。そのため、ランディングページを最適化するためには、パソコンだけでなくスマートフォンに最適化されていることが不可欠です。

Googleが無料で提供しているWebサイト分析用拡張機能「Lighthouse」を使い、ランディングページがスマートフォンにどこまで最適化されているのかを確認しましょう。まずは、Google ChromeでLighthouseのWebサイト（https://chromewebstore.google.com/detail/lighthouse/blipmdconlkpinefehnmjammfjpmpbjk）にアクセスし、「Chromeに追加」をクリックして拡張機能を追加します。Google Chromeでテストしたいランディングページにアクセスし、画面右上の🧩→「Lighthouse」→「Generate report」をクリックすると、分析が始まり、しばらくすると結果が表示されます03。

モバイルフレンドリーに問題があれば「SEO」の「MOBILE FRIENDLY」以下にコメントなどが表示され、スマートフォンに最適化されていない理由が列挙されます。スマートフォンユーザーが小さな画面で閲覧していることを想定し、フォントサイズを大きくしたり、リンクの間隔を広くするなどして改善しましょう。なお、分析ツールの「Google Search Console」のアカウントを取得している場合は、ユーザビリティの問題も確認できます。

03 Lighthouseの分析結果

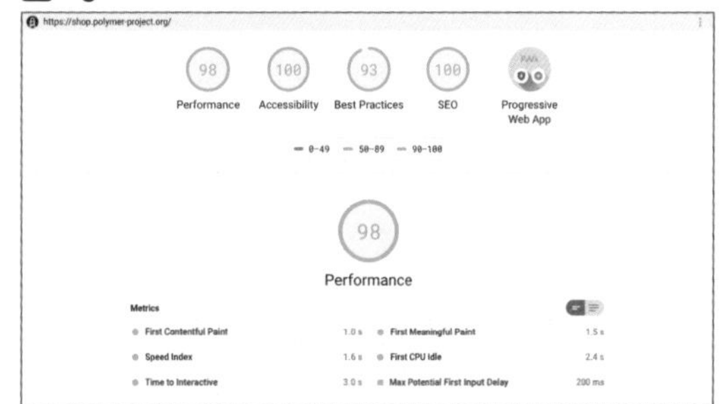

スマートフォンの表示速度を改善する

スマートフォンはパソコンよりも通信速度や処理速度が遅い場合が多いため、スムーズにランディングページが表示されるかどうかもポイントになります。そのため、Googleの「PageSpeed Insights」を使い、ランディングページの表示速度に問題がないかを確認しましょう。

まず、PageSpeed InsightsのWebサイト（https://pagespeed.web.dev/）にアクセスし、入力欄にテストしたいランディングページのURLを入力して、「分析」をクリックします。しばらくすると分析結果が表示されます。改善を推奨する項目がある場合は、「改善できる項目」に必要な対応が列挙されます04。それぞれの修正方法を確認して、ランディングページを改善してください。

04 PageSpeed Insights

05 炎上してしまった場合の対処法を確認しよう

SNSは効果的なプロモーションツールとして活用することができる反面、炎上のリスクをはらんでいます。炎上してしまうと収拾がつかなくなり、なかなか食い止めることができません。炎上は、起こってから対処するべきものではなく、起こる前に対処するべきものと考えます。あらかじめ必要なポイントをおさえておきましょう。

炎上の主な原因

一般社団法人 デジタル・クライシス総合研究所の炎上事案に関する調査では、インターネットにおける月別の炎上事案発生件数が年々増加していることが示されています**01**。また同調査では、炎上のきっかけとなったメディアの種類についても調査していますが、ほかのメディアと比べものにならないほど圧倒的に、Xが炎上のきっかけになっています。SNSの拡散力が高ければ高いほど、炎上に発展しやすいということを再認識しましょう。

企業アカウントは、以下のような原因から炎上に発展しやすいので注意しましょう。

◎SNSの誤操作

企業の運営担当者がSNSの操作を誤って、意図しない内容を投稿したことで炎上に発展するケースがあります。担当者がプライベートで利用している個人アカウントと勘違いして、企業アカウントに個人的な内容を投稿してしまうものがその代表例です。

◎不適切な投稿

事件や災害などの世の中の出来事を考慮しない内容を投稿してしまうことでも、炎上に発展する場合があります。大きな事故や災害が発生した直後は、そうしたものを連想させる内容の投稿は控えましょう。

◎サービスやビジネス上の不手際

実際の店舗やサービスで顧客に対して不快な思いをさせてしまったり、従業員の態度などに失礼があったりすると、SNSで批判が拡散されることもあります。SNS外でのサービスから炎上に発展する可能性があることも常に考慮しておきましょう。

01 月別の炎上事案発生件数

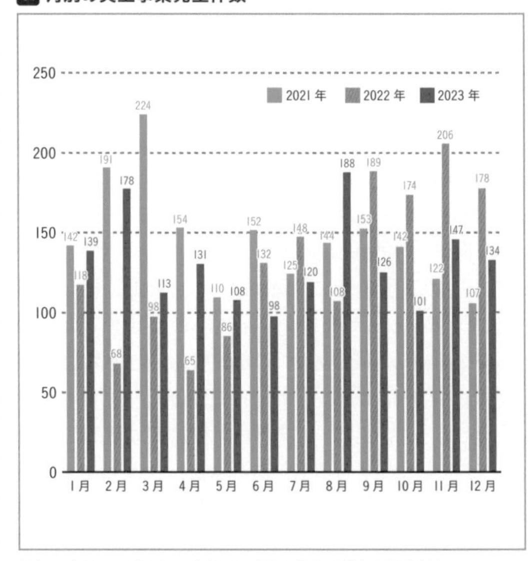

出典：デジタル・クライシス白書2024「炎上事案の特性に関する調査」
https://dcri-digitalcrisis.com

炎上を未然に防ぐための4つのポイント

SNSにかぎらず、各メディアに配信された情報は炎上するリスクがあります。炎上を100%回避することは困難ですが、事前に運用ガイドラインなどを作成しておくことで、炎上のリスクを軽減することが可能です。ここでは、運用ガイドラインなどを作成するうえでぜひ盛り込んでおきたい、4つのポイントを紹介します。

◎ニュースなどの情報を鵜呑みにしない

現在では、多くのインターネットメディアにおいてさまざまなニュースや情報が発信されています。しかし、情報の中には少なからずデマが存在します。もちろん、意図的なデマもあれば、意図しない誤報もあるでしょう。しかし情報の精査をせずに、SNSで安易に情報の拡散をしてしまうことは、その企業の信頼を落としかねない行為であり、炎上の火種にもなり得ます。まずは、確実な情報もとから発信されているのかを事前に確認する必要があるといえるでしょう。出回っている情報が二次情報、三次情報などの場合は、必ずオリジナルの情報源までさかのぼって裏付けをしてください。リンクも情報もとのページを掲載するとよいでしょう02。

◎未解決の問題に対する過激な見解は控える

企業アカウントは、運営担当者一個人の発信の場ではなく、あくまで企業・団体のものです。株主、顧客がいる立場のため、解決していない事案、ニュース、紛争に対する個人的な見解を持ち出すのは適切ではありません。少しの誤解や言葉足らずが原因で、大炎上したケースもあります。キャラクター性を高めるために個人的な内容を投稿するにしても、議論の対象となるような内容は避けましょう。

◎偽造アカウントなどの迷惑行為を逐一確認する

Xは匿名性が高いがゆえに、誰でもかんたんに偽造アカウントを作れてしまいます。逐一、自社の偽造アカウントが作られていないか、悪質なポストはないかなどの確認をする必要があるでしょう。炎上は、第三者経由で生じることもあるからです。

◎宗教や政治などに関する投稿を控える

宗教や政治に関しては、個々人によって見解が分かれます。何気ないひと言が、個人のみならず団体・組織、ひいてはその宗教観・政治観を支持している国を巻き込んだ大事に発展する可能性もあります。宗教や政治に関する話題は極力控えたほうが賢明でしょう。

SNSの炎上は、運用担当者の心がけと適切な使用により未然に防ぐことが可能です。大切なのは、画面の向こう側には相手がいるということを認識することです。そこを意識しながら、日々SNSを運用していきましょう。

02 引用情報の好ましい紹介例

情報を引用する場合は、このように情報もとのページリンクを掲載したい

それでも炎上してしまったら

SNSの炎上対策としては、事前の予防策が重要だと述べました。しかし、十分な予防策が施されていたにもかかわらず、予想外のきっかけから炎上に発展してしまうこともあるものです。実際に炎上してしまった場合は、まず炎上の状況を確認し、そのうえで早急に対応することがポイントになります。以下を参考にして、あらかじめシミュレーションを行っておくとよいでしょう。

◎まず状況を把握する

自社のアカウントが炎上してしまった場合は、まずはそれらの状況を正確に把握するところから始めましょう。Xの検索機能やYahoo!JAPANのリアルタイム検索（https://search.yahoo.co.jp/realtime）などで自社のアカウント名や関連キーワードを検索して、どのような経緯で炎上し、どの程度情報が拡散しているのかを確認しましょう。

なお、「Googleアラート」にあらかじめアカウント名や関連キーワードを登録しておくことで、それらに関する投稿が配信された場合に通知を受け取ることができます。炎上のきっかけを監視するためにも、登録しておくことを推奨します。Google アラートのWebサイト（https://www.google.co.jp/alerts）にアクセスし、検索欄で登録したいキーワードを検索したうえで、メールアドレスを設定しておきましょう03。

もっとも、これらの無料ツールでは把握できる情報に限界があります。不足を感じる場合は、有料サービスの導入も検討しましょう。炎上した場合に通知されるサービスもいくつかあり、監視業務を軽減するうえでも重宝します。たとえば、株式会社リリーフサインが提供するe-mining（https://www.reliefsign.co.jp/service/e_mining/）などが代表的な炎上監視サービスです。これらのサービスは、炎上だけでなく、風評被害や情報漏洩などを監視するうえでも効果的です。

◎早急に対応する

前もって炎上対応向けのマニュアルがある場合は、対応マニュアルに基づいて冷静に対応しましょう。対応マニュアルがない場合は、以下のポイントを参考にして対応策を検討してください。

まず、炎上のコメントに対応する必要があるかを確認しましょう。本格的な炎上の場合、殺到するすべてのコメントに対応することは困難ですが、炎上に直結するユーザーのコメントがあれば、場合によっては誠実な対応が必要です。これと関連して、公式に謝罪をする必要があるか確認しましょう。自社に落ち度があれば、素直に謝罪して、問題の解決策を明確にしましょう。謝罪の必要がない場合であっても、決して感情的にならず、冷静に状況を説明しましょう。

多くの場合、時間の経過ともに沈静化していくケースが多いと思いますが、沈静化しない場合は、弁護士など第三者に相談することで対処法が見つかる場合もあります。

03 Googleアラートの設定

キーワードとメールアドレスを登録するだけで、関連する投稿の通知を受け取ることができる

CHAPTER 8

SNSマーケティング活用事例

最後に、SNSの具体的な運用イメージをさらに深められるように、実際の企業が展開しているSNSマーケティングの事例を紹介します。各企業の目的に応じて異なる、さまざまな活用術に注目しましょう。

01 ブランディングでの活用事例 EY Japan

世界150以上の国と地域でアシュアランス、税務、ストラテジー・アンド・トランザクション、およびコンサルティングサービスを提供するEY。EY Japanでは、自社の事業やCR (Corporate Responsibility) 活動、社会課題の解決提案などをSNSで発信しています。ブランディングを目的としたSNSのあり方や運営方法について紹介します。

EY JapanのSNS活用目的

EY JapanはEYの日本におけるメンバーファームの総称で、EY新日本有限責任監査法人、EY税理士法人、EYストラテジー・アンド・コンサルティング株式会社などから構成されています。EYがパーパスとして掲げる「Building a better working world ～より良い社会の構築を目指して」の実現に向けて、人的価値を原動力に高品質のサービス提供と、長期的にクライアントや社会全体に価値をもたらすことにプライオリティを置いて事業を展開しており、日本市場に向けた広報・ブランディングを目的に、2016年頃からFacebook、YouTube、Xを開設して情報発信を行っています。オウンドメディア管轄チームが全体管理を行い、各部門が作成した投稿案を編集しています。また、ブランディングやガイドラインのチェックを担当部署に依頼したり、投稿スケジュールを調整したりするなど、社内ツールを活用して進行を管理しています。1日数本投稿というハイペースながら、投稿の品質と「EYらしさ」を高めることに成功しています。

EY JapanのSNSの取り組み例・活用例

EYでは、「人」にフォーカスした情報発信を心がけています。SNSは人をベースとしたプラットフォームであるため、顧客をはじめとする「個人とのエンゲージメント」を高められると期待し、積極的に活用しています。たとえば、各領域の専門家としての知見をもとに社会・業界の課題とその解決策をまとめたレポートを発信したり、次世代教育、起業家支援や環境保全を重点分野としたCR活動を紹介したりしています。さらにDE&I (Diversity, Equity & Inclusiveness) やウェルビーイングに関するテーマ、メディア掲載、セミナー開催などの情報も発信しています。その際、可能な限り画像に「人」を登場させて訴求するようにしています。どのSNSについても、EYのグローバルガイドラインに基づき、コーポレートカラーやロゴなどを用いたテンプレートを用意しており、そこに画像をレイアウトすることでスピーディな投稿が可能になりました。なお、FacebookやInstagramで展開する採用活動用のSNSアカウントにも同様のテンプレートを使用することで、あらゆるメディアとアカウントでブランドイメージを担保しています。

EY JapanのSNSに関する今後の課題

BtoB特有ではありますが、具体的なサービスやビジネスが見えにくいことも多いと思います。その中でEYの活動が、よりわかりやすく、かつ読者の方々との接点を築けるようなコンテンツを届けられるアプローチを必要としています。そのため、今のトレンドからも短時間でポイントが伝わるコンテンツ作りを目指しています。

Facebook
「メタバース」など注目されているキーワードは反応がよく、オウンドメディアの閲覧にもつながった。

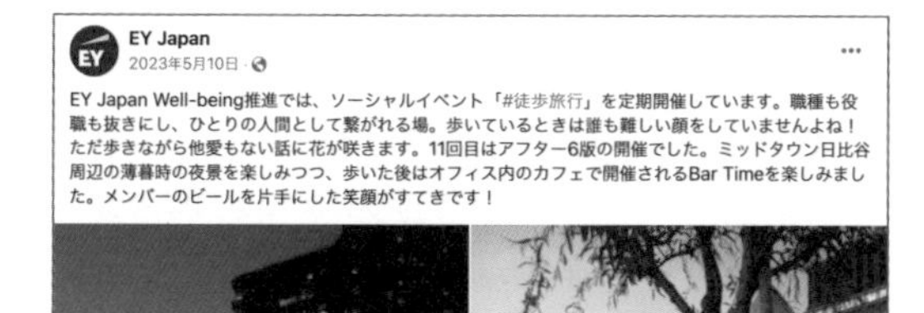

Facebook
ウェルビーイング推進活動として社内イベント徒歩旅行を開催。
参加者の写真を含め、開催日翌日には投稿。社内外共に大きな反響があった。

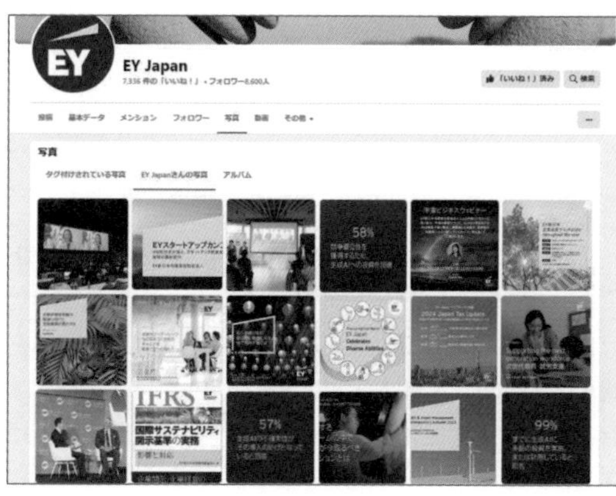

Facebook
コーポレートカラーである黄色や、フォントなどテンプレートを揃えることでトーンが揃い、「EYらしさ」を感じさせる。

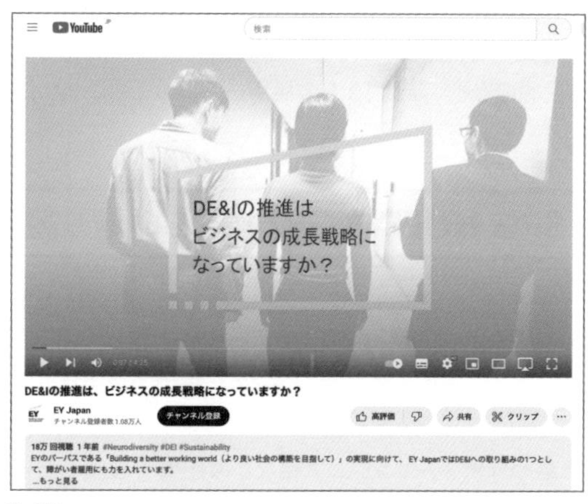

YouTube
障がい者雇用について、各部門のリーダーが「自分の言葉」で語ることで人の胸を打つ。

02 採用での活用事例 株式会社SPG HOLDINGS

住宅・不動産関連事業およびBPOサービスなどを展開する、株式会社SPG HOLDINGSでは、採用を目的として2023年12月からSNSを開設しました。「企業は人」の信条から、取締役COOの前田桂尚氏自ら働き方や仕事観などを発信しています。TikTokを中心に注目を集め、閲覧数やフォロワー数も順調に伸長し、わずか2か月で3人を採用するに至りました。

SPG HOLDINGSのSNS活用目的

SPG HOLDINGSは、「志す事業を通じて自走社会を構築し、ストレスフリーな世界を創り上げる」をビジョンとし、傘下に住宅・不動産関連事業、BPOサービスなどの事業会社を擁しています。2022年の設立後、順調に業績を伸ばす中で、費用をかけて人事紹介会社に採用支援を依頼していましたが、思うような成果が得られていませんでした。そこで経営者自らターゲットとなる若年層に直接メッセージを届け、アピールするという目的のもと、年間10人の採用を目指して2023年12月からInstagramとTikTokを運用開始しました。創業メンバーであり、取締役COOを務める前田桂尚氏が登場し、2023年10月出版の著書『凡人の戦術』(講談社刊)でも紹介している内容を中心に、自己破産からV字回復した経験や、経営者としての信念、働き方などについて語る動画を配信しています。動画編集などで代理店のサポートを受けながら、企画・出演に加えてコメントバックなども前田氏が1人で行っています。

SPG HOLDINGSのSNSの取り組み例・活用例

SPG HOLDINGSの採用活動とはいえ、「企業は人であり、一緒に仕事をする人どうしのつながりを持ちたい」という思いから、前田桂尚氏個人名でのアカウント(maeda_coo)を使っています。ターゲットとなる、営業職やサポートエンジニア職などの仕事で成長したい20代、幹部候補となる30代を意識しながら、運用代行サービスの担当者が聞き役となって月2回インタビューし、TikTokとInstagramリールに合わせた形で編集・配信しています。スタート時から月10本以上とハイペースで更新し、前田氏の知り合いでもあるビジネスインフルエンサーとのコラボ動画や、フォロワーの多い知人からのシェアなどもあって、順調に閲覧・フォロワーを獲得してきました。その結果、わずか2か月でDMでの問い合わせが10件、採用3人という成果につなげることができました。これまでTikTokとInstagramではインパクトやわかりやすさを重視していましたが、さらにしっかりと訴求するために、2024年3月からYouTubeチャンネルを開設し、週1回15～60分の長尺動画の配信を開始しています。

SPG HOLDINGSのSNSに関する今後の課題

　現在はTikTok、Instagramのリールおよび広告に同じ動画が使用されていますが、TikTokは自己破産などのエピソードやインフルエンサーとの対談、Instagramはマインド面や働き方についての反応がよいなど、徐々に閲覧者の反応や傾向が見えてきました。今後は、ターゲットやコンテンツの出し分けなども行っていく予定です。

TikTok
「人は人の不幸を好む?」と思えるほど、「自己破産」ネタへの反応が高い。

TikTok
資産20億おじさん＠もとのり社長とのコラボも人気コンテンツに。

Instagram
静止画は一切投稿せず、リールに特化。マインド面や働き方をテーマにしたコンテンツが人気。

YouTube
1本目の動画は1時間の長尺モノ。TikTokやInstagramで興味を持った人を誘導し、より深く理解してもらうことを目的として、週1回配信予定。

03 集客での活用事例 Dtto株式会社

Dtto株式会社が運営する大学生専用SNS「Dtto（ディット）」は、台湾の大学生の約9割が利用するSNS「Dcard」の日本版です。2021年4月に東京都内の12大学からスタートし、2024年3月現在は日本全国の大学生約10万人が利用しています。順調に利用者を獲得してきた施策の1つには、SNSを活用した「共感性を重視したコンテンツ」によるプロモーション活動がありました。

DttoのSNS活用目的

SNS「Dtto」は、匿名による掲示板方式ながら、アカウント取得には所属大学が発行するメールアドレスまたは学生証での認証が必要なため、安全性が担保されていることが大きな特徴です。誰でも閲覧が可能なグルメやファッションなどのテーマのほか、大学別の専用掲示板も用意されており、授業やサークルなどの情報交換も活発に行われています。ローンチ直後のアカウント登録を目的とした初期プロモーションでは、コロナ禍の最中だったこともあり、チラシ配布やフリーペーパーへの広告掲載などのオフライン施策が難しく、オンラインの施策がメインとなりました。当初はYouTubeやFacebookなども活用しましたが、より効果の高かったInstagramとTikTokに注力し、さらに2023年からはTikTokの予算を増やしています。運営は、ユーザーと年齢の近い若手メンバーが中心となって行っています。彼らはいずれもターゲット層に近い20代で、SlackやGoogle スプレッドシートを活用して連携しながら、企画から配信までの一連の作業を進めています。

TikTok
大学生のインタビュー動画をショート動画に編集しており、興味関心や悩みなどリアルな内容が人気。閲覧数の伸びとともにDttoへの登録数も急増しており、ターゲット予備軍として高校生にも訴求。

DttoのSNSの取り組み例・活用例

ローンチ当初は都内12大学のみだったこともあり、SNSでの配信コンテンツは当該の大学の周辺情報に限定していましたが、対応大学やエリアを拡大するに従って、配信内容も変化させてきました。ターニングポイントになったのは、2022年にスタートさせた、学生インタビューの動画コンテンツでした。キャンパス内で実際の学生に話を聞いて、30秒ほどにまとめたものをTikTokに上げたところ、エンゲージメントが高く、実際のアカウント獲得にもつながりました。インサイトとして、同じ大学生の生活に興味があり、ほかの学生の体験や考え方に触れたいと思っていると分析しています。中でも大学生が気になっている、興味が高いと思われるテーマを「Dtto」での掲示板の傾向から推測し、企画に活かしています。一方、Instagramでは、「大学生の役立ち情報」「流行りのお店やスポット」など、大学生が欲しいと思っている情報をタイムリーに配信し、フォロワー数も着実に増えています。最近は、「Dtto」内でのアンケート調査結果や、TikTokで人気のショート動画をリールに掲載するなど、新しい企画にも挑戦しています。

Instagram
Instagramのリールでも大学生インタビュー動画を掲載。TikTokと同じ素材を使いつつ、あくまで「役立ち情報」のトーン&マナーを踏襲している。

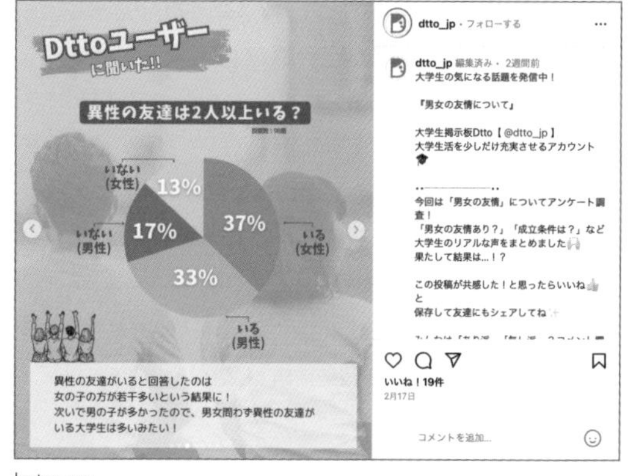

Instagram
すぐに情報をシェアするタイプが多い台湾人に比べ、日本人はシャイで「見るだけ」という人が多い。そこで参加を促すアンケートなどの施策を実施し、結果をコンテンツとして配信している。

DttoのSNSに関する今後の課題

Dttoの利用可能大学数の増加とともに、より多くのターゲットユーザーに自社の存在を認知してもらうことが今後の課題です。

SNS上での投稿とコンテンツの連携を強化し、SNSで同社を知った学生たちが同社の魅力を感じ、コアユーザーになってもらえることを目指しています。

04 オンライン美術鑑賞での活用事例 パナソニック汐留美術館

コロナ禍は美術館・博物館と鑑賞者の関係にマイナスの影響を与えましたが、一方で、オンラインでの教育普及が加速的に広がり、よい変化も生み出しました。パナソニック汐留美術館では、いち早くYouTubeでの映像配信に取り組み、オンラインとリアルの融合によりユーザーとのつながりを深めています。

パナソニック汐留美術館のSNS活用目的

パナソニック汐留美術館は2003年4月、パナソニック東京汐留ビルの4階に社会貢献の一環として開館しました。フランスの画家ジョルジュ・ルオー（1871－1958）の初期から晩年までの絵画や、版画作品など約260点を所蔵しています。これらを世界で唯一ルオーの名を冠した「ルオー・ギャラリー」で常設展示するほか、「ルオーを中心とした美術」「建築・住まい」「工芸・デザイン」という3つのテーマを主軸に、多彩な展覧会を開催しています。SNSの活用は2012年4月から始まり、Xを2020年10月、YouTubeを2021年5月、Instagramを2023年10月に開設し、さまざまな投稿企画を通じてユーザーとコミュニケーションすることで、絆を深めています。

X
「開館20周年記念展 コスチュームジュエリー 美の変革者たち
シャネル、スキャパレッリ、ディオール 小瀧千佐子コレクションより」(2023年)

Instagram
「開館20周年記念展／帝国ホテル二代目本館100周年
フランク・ロイド・ライト 世界を結ぶ建築」(2024年)

YouTube
「クールベと海 展― フランス近代　自然へのまなざし」(2021年)
オンラインギャラリートーク「展覧会のツボ👍」
2021年5月17日～31日まで期間限定公開
映像制作：パナソニック映像株式会社

YouTube
「開館20周年記念展 ジョルジュ・ルオー ―かたち、色、ハーモニー ―」(2023年)
WBEスペシャルコンテンツ「高精細で紐解くルオーの絵画」
映像制作：NHKエンタープライズ

パナソニック汐留美術館のSNSの取り組み例・活用例

新型コロナウイルス感染症の影響で美術館ファンが展覧会に来場できなくなったことを受け、同館はオンラインでのアクセスを企画しました。その一環として、YouTubeに「パナソニック汐留美術館チャンネル」を設立し、さまざまなコンテンツが提供されました。

「クールベと海 展― フランス近代 自然へのまなざし(2021年)」では、臨時休館期間に学芸員によるギャラリートークをYouTubeで期間限定公開し、1万人以上の視聴者を魅了しました。その間、XやYouTube、Facebookのファンやフォロワーが増加し、海外からのアクセスを含め、多くの直接的なフィードバックを得ました。現在もオンラインを継続活用し、所蔵作品の研究成果や、展覧会の理解を深めるための講演会などを発信しています。

パナソニック汐留美術館のSNSに関する今後の課題

同館は、国内外の訪問者に展示内容の魅力を伝えることに注力しています。そのために、SNSのさらなる活用が重要と考えています。同館では展覧会の魅力を多角的に伝える方法を研究し、美術ファンとのよりよいコミュニケーションを目指しています。

担当者より

個人でつながるメディアだからこそ、単なる情報提供だけでなく「きれい」「かわいい」「面白い」「すごい」など、フォロワーの皆さまと想いを共有できるよう、選りすぐりの画像や動画を使って投稿しています。美術館として「本物を見ていただきたい」という願いは変わりませんが、今後もリアルとオンラインを融合させ、芸術との触れ合いを通じて新たな価値観と感動をお届けしてまいります。

INDEX 索引

記号

アルファベット

著者紹介

株式会社グローバルリンクジャパン

2002年よりSEOコンサルティング業務を開始。2010年にはSNSマーケティングのサービスや分析ツールを開発し、2015年からは新たにコンテンツマーケティングを活用したサービスを展開。
https://www.globallinkjapan.com

清水将之(しみず・まさゆき)

IT企業に入社後、大手企業のサイトデザインやディレクションを担当する。新たにマネージメントや新規事業開発を経験し、同社退社後(株)グローバルリンクジャパンの取締役に就任。著書に『SNSでシェアされるコンテンツの作り方』、『SNSマーケティングのやさしい教科書。 Facebook・Twitter・Instagram — つながりでビジネスを加速する技術』(以上、MdN)、『効果が上がる! 現場で役立つ実践的Instagramマーケティング』(秀和システム)、『自治体広報SNS活用法 — 地域の魅力の見つけ方・伝え方』(第一法規)等がある。

STAFF

本文執筆	株式会社グローバルリンクジャパン 清水将之
執筆協力	伊藤真美 (CHAPTER8-01,8-02,8-03)
装幀・本文デザイン	吉村朋子
カバー・扉イラスト	フクイヒロシ
編集・DTP協力	リンクアップ
編集長	後藤憲司
担当編集	田邊愛也奈

SNSマーケティングのやさしい教科書。改訂4版
——写真・動画から広告まで、ビジネスを加速させる最新技術

2024年5月1日 初版第1刷発行

著者	株式会社グローバルリンクジャパン/清水将之
発行人	山口康夫
発行	株式会社エムディエヌコーポレーション 〒101-0051 東京都千代田区神田神保町一丁目105番地 https://books.MdN.co.jp/
発売	株式会社インプレス 〒101-0051 東京都千代田区神田神保町一丁目105番地
印刷・製本	中央精版印刷株式会社

[内容に関するお問い合わせ先]
株式会社エムディエヌコーポレーション カスタマーセンター メール窓口

info@MdN.co.jp

本書の内容に関するご質問は、Eメールのみの受付となります。メールの件名は「SNSマーケティングのやさしい教科書 改訂4版 質問係」とお書きください。電話やFAX、郵便でのご質問にはお答えできません。ご質問の内容によりましては、しばらくお時間をいただく場合がございます。また、本書の範囲を超えるご質問に関しましてはお答えいたしかねますので、あらかじめご了承ください。

ISBN978-4-295-20652-1 C3055

[カスタマーセンター]
造本には万全を期しておりますが、万一、落丁・乱丁などがございましたら、送料小社負担にてお取り替えいたします。お手数ですが、カスタマーセンターまでご返送ください。

落丁・乱丁本などのご返送先
〒101-0051 東京都千代田区神田神保町一丁目105番地
株式会社エムディエヌコーポレーション カスタマーセンター
TEL：03-4334-2915

書店・販売店のご注文受付
株式会社インプレス 受注センター
TEL：048-449-8040 / FAX：048-449-8041